Introduction to OPTICAL ENGINEERING

기초입문 광통신공학

손경락 · 김응수 지음

홍릉과학출판사

머리말

흔히 현대의 초고속 통신망은 광통신 기술을 기반으로 획기적인 발전을 이루었다고들 한다. 그러나 정작 전자공학이나 통신공학을 전공한 학생들조차도 광전송 및 광통신에 대한 기본개념을 제대로 이해하지 못하여 통신 인프라를 이해하는데 어려워하고 있다. 그동안 광통신 및 광전자 관련 많은 전문서적과 교재들이 편찬되어 관련분야를 연구하거나 공부하는 이들에게 많은 기여를 하고 있지만, 이론적인 부분에 많이 치우쳐져 있거나 또는 학부생 수업에 적합하지 않는 내용들이 포함되어 있어 교재 활용도가 다소 떨어지기도 한다. 실습내용의 경우에도 따로 시간을 내어야 하므로 학습량이 늘어나는 데에 대한 부담감이 가중될 수 있다. 따라서 본 교재는 학부 3학년 또는 4학년을 대상으로 강의할 수 있는 내용 중심으로 집필하였으며, 예제와 실습내용을 관련분야에 적절히 삽입하고 결과를 제시함으로서 교재만으로도 학습내용을 충분히 소화할 수 있게 하였다. 광 송수신 회로 해석을 위해 전자회로 CAD를 이용하였으며, 광학적 해석에는 MatLAB를 사용하였고, 몇 가지 통신시스템 해석은 상용화된 시뮬레이션 프로그램을 이용하여 제시하였다.

본 교재는 다음과 같이 총 9개의 장으로 구성되어 있고 각 장에서 다루는 내용은 아래와 같다.

1장에서는 광통신의 기원과 발전 및 장점에 대하여 기술하여 광통신에 대한 개략적인 내용을 이해할 수 있도록 하였다. 2장에서는 광 도파이론을 설명하고 평면도파로에서 도파모드를 이해하고 전파상수를 찾을 수 있도록 하였다. 3장에서는 광통신의 채널로서 광섬유에 대한 소개와 장단점 및 통신 관점에서 분산이 미치는 영향을 언급하였다. 4장에서는 광원으로서 LED의 구조와 특징을 기술하였다. 5장에서는 레이저 다이오드의 발진원리와 공동 공진을 위한 구조 등에 대하여 언급하였다. 6장에서는 수신소자로서 광 검출기의 구조와 동작원리 및 특징에 대하여 소개하였다. 7장에서는 광통신 소자

머리말

관련하여 광증폭기와 파장분할다중화에 대하여 설명하였다. 8장에서는 광통신시스템을 위한 송신 및 수신 회로와 시뮬레이션, 그리고 통신성능을 보기위한 아이 다이어그램을 소개하였다. 9장에서는 광통신 관련 측정을 위한 중요 계측기를 소개하였다. 10장은 광 인터커넥션 기술과 응용분야에 대하여 다루고 있으며 11장은 LED를 이용한 가시광 통신 기술에 대하여 다루고 있다.

각 장에 제공된 실습과제는 광통신시스템을 이해하는데 도움을 줄 수 있는 내용으로 구성되어 있으므로 학생들이 교재내용을 충분히 학습하여 이해할 수 있기를 바랍니다. 마지막으로 이 책의 검토와 자문을 맡아준 이남권 박사께 고마움을 전하며, 이 책의 출판을 위해 많은 도움을 주신 홍릉과학출판사 김기용 이사님과 관계자 여러분께도 깊은 감사를 표합니다.

2014년 3월
저자 일동

차례

1장 광섬유 통신 개요

2장 광 도파이론과 평면도파로

3장 광섬유 이론

차 례

4장 발광다이오드

5장 레이저 다이오드

6장 광 다이오드와 수신기

7장 광 증폭기와 파장분할다중화

8장 광섬유 통신시스템

9장 광 인터커넥션

차 례

01 CHAPTER 광섬유 통신 개요

학습목표

1. 통신의 기원과 광통신의 발전사에 대해서 알아본다.
2. 광통신의 이점을 알아보고 광통신 시스템의 기본구성을 학습한다.
3. 기본통신 이론을 이해한다.

1.1 통신의 기원

고대 이래로 지금까지 인간의 가장 근원적인 요구는 통신이었다. 이러한 요구는 한 장소에서 다른 장소로 메시지를 보내기 위한 통신시스템을 고안하는 관심을 촉발시켰으며 다양한 형태의 통신시스템이 오랜 세월을 거치면서 등장하고 진화하였다. 새로운 유형의 통신수단이 나타나게 된 근본적인 동기는 전송 신뢰성을 높이고, 더 많은 양의 데이터를 보내기 위해 전송속도를 높이고, 통신거리를 증가시키는데 있었다. 오늘날과 같은 초고속 통신수단과 네트워크가 개발되기 오래전부터 불이나 연기, 거울의 반사를 이용한 통신이 존재하였으나 몇 가지 사전에 약속된 메시지만 전달할 수 있는 매우 제한된 수준의 통신이었다.

1837년 사무엘 모르스에 의한 전신기(telegraph)의 시연은 최초의 전기적 통신 시대를 열었다. 전신기에 의한 데이터 전송은 초당 수 비트 정도였으므로 메시지와 비교하면 전송속도는 매우 미미한 수준이었으며 전송매체는 유선이었다. 그 뒤 1875년 알렉산더 그레이엄 벨이 최초의 자석식 전화기를 발명하였고 1878년 최초의 전화교환기가 미국 동북부 코네티컷주 뉴헤이븐에 도입되었다. 당시의 대역폭은 4 kHz로 중거리 통신에 효과적인 대역폭을 제공할 수 있을 정도로 기술적 발전을 이루었다. 1878년 영국의 이론물리학자 겸 수학자인 제임스 클락 맥스웰이 전자파의 전송을 수학적으로 설명한 맥스웰 방정식을 발표한 후, 1888년 독일 물리학자 하인리히 헤르츠는 맥스웰 방정식을 기초로 라디오파를 만들어 내는 장치를 고안함으로써 전자기파의 존재를 처음 실증해 보였다. 통신 시스템에 적용되고 있는 전자파 스펙트럼은 [그림 1.1]에서 확인할 수 있다.

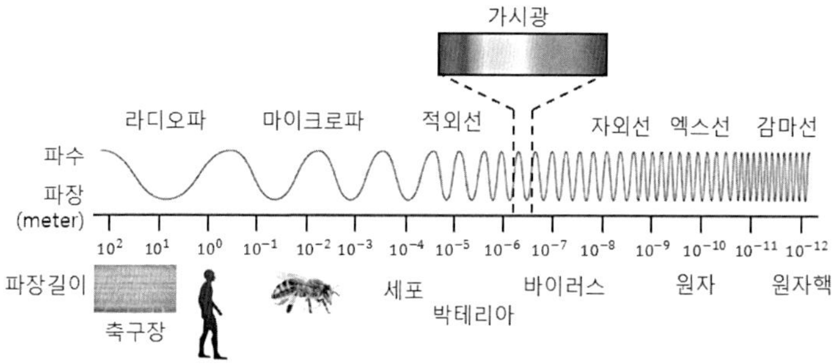

[그림 1.1] 통신 시스템에 활용되는 전자파의 스펙트럼

1895년 이탈리아의 전기공학자 굴리엘모 마르코니는 전자파를 이용한 무선통신을 시연하였다. 이러한 선구자들의 노력을 기반으로 과학자와 공학자들은 더 많은 양의 데이터를 더 빠른 통신기술을 이용하여 서비스할 수 있도록 연구개발에 노력하고 있다. 이러한 경향은 더 높은 반송 주파수를 통신에 적용하기 위함인데 정보전송을 위한 변조 대역폭이 비례적으로 증가하기 때문이다. 초기 라디오파의 경우 500 kHz~2 MHz 반송파에 15 KHz 대역폭으로 음성신호를 전송하였고, 텔레비전은 6 MHz의 대역폭을 요구하므로 반송 주파수는 100 MHz 대역을 이용하였다. 1940년에 이르러 레이더가 연구되면서 마이크로파 영역의 GHz 영역으로 주파수가 옮겨가게 되었고, 위성과 지상 기지국간 통신에 광범위하게 사용되었다.

1.2 광통신의 발전

1960대 초 레이저의 발명으로 인해 광통신이 재조명되기 시작하였다. 최초의 레이저 파장은 694 nm($\simeq$ 430 THz)이므로 1 퍼센트만 통신 시스템에 사용되더라도 4 THz 이상의 대역폭을 확보할 수 있다. 이것은 이론상 백만 개 정도의 텔레비전 채널을 수용할 수 있으며 전화통신의 경우 10억 가입자를 수용할 수 있다. 이런 엄청난 대역폭을 최대한 이용하기 위해서 반도체 집적회로의 전자속도 제한에 의한 병목 현상을 해소할 수 있는 집적광학소자에 관심이 집중되었다. 광학 스위치와 광학부품들의 개발로 다양한 파장을 이용한 광통신이 자유공간상에서 가능해졌다. 그러나 레이저를 이용한 자유공간에서의 통신은 신뢰성 있는 통신채널 확보에 적합하지 않음이 입증되었다. 기상조건에 민감하고 비행물체에 의한 빔의 진행을 방해하는 등의 문제점이 발생하므로, 가시권 영역의 조준선(line-of-sight: LOS) 링크가 확보되어야 완전한 신뢰성을 갖춘 통신이 가능하다. 더군다나 레이저 빔은 난기류를 통과할 경우 왜곡되거나 돌발적인 비정상적 형태를 보인다. 그러므로 레이저를 이용한 자유공간 통신은 위성 궤도상의 우주선간 통신에 적합할지 모르지만 지상통신 응용에서는 진행 빔을 보호할 수 있는 통신채널이 필요하였다.

이 문제를 해결할 수 있는 방법은 빛을 가두어서 도파시킬 수 있는 도파로(waveguide) 이다. 유리 섬유의 경우 외경보다 코어의 굴절률을 높게 하여 도파하는 빛이 도파로의 중심으로 연속적으로 되돌아올 수 있게 한 구조이다. 이 도파로 구조는 표면 반사시 발생하는 문제를 해결함과 동시에 휘어진 형태의 도파로도 가능하게 하였다. 여기서 전송손실 문제가 고려되어야 한다. 밀한 매질을 통해 과도한 감쇠 없이 빛을 장거리 전송할 수 있는 방법은 무엇인가? 손실은 최소화 하면서 광학적인 도파로를 구현할 수 있는 가장 현실적인 대안은 유리였다. 지구상에 존재하는 매우 풍부한 재료로서 섬유형태로 제조가 가능하고 투명하다는 장점이 있다. 그러나 당시 이러한 유리를 통과한 근적외선 빛의 감쇠는 1000 dB/km로 측정되어 실용화에 문제점이 야기되었다. 1966년 영국의 중국계 물리학자인 카오 박사는 유리를 통과한 빛의 과도한 손실은 유리 자체 성질 때문이 아니라 유리에 포함된 불순물에 기인함을 발표하였다. 1970년 마침내 미국의 코닝사는 화학 기상 증착법(Chemical vapor deposition: CVD)을 이용한 고순도 유리를 제작하였고, 광 손실은 20 dB/km로 획기적인 진전을 이루었다. 현재 고순도 유리는 1500 nm 파장영역에서 0.2 dB/km 이하의 손실을 가지며 장거리 고속통신을 위한 채널로 각광받고 있다.

1.3 광통신의 이점

광섬유 통신의 장점은 넓은 대역폭, 경량, 전자파 간섭에 무관, 혼선 및 불꽃 발생 제거, 반도체 소자와의 호환성, 구리선 케이블 대비 저가격, 사용파장에 대한 규제가 없다는 것 등으로 요약할 수 있다. 광섬유의 재료는 실리콘 다이옥사이드로 지구상에 풍부하게 존재한다. 특수용도를 위한 투명 플라스틱으로 제조한 제품도 출시되고 있다. 통신 시스템 구성 측면에서 가격은 중요한 고려 대상이다. 광섬유가 금속성 케이블 보다 저가격으로 제공되므로 정보전송 단위당 가격에서도 비교우위에 있다. 통신선로를 설치하는 면에서는 광섬유가 훨씬 저렴한데 동일 길이 대비 부피가 작고 가볍기 때문이다. 광섬유를 포함하는 광케이블의 경우 km 당 손실은 5 dB, 무게는 6 kg 정도인데 반해서 동축 케이블의 km 당 손실은 22 dB 이상이고 무게는 1톤을 초과한다. 시스템을 운영하는 면에서는 큰 차이를 발견하기 어려우나 유지보수의 경우 광통신 시스템이 경우에 따라서는 더 많은 시간과 높은 숙련도를 요구할 수 있다. 예를 들면 사고나 시스템 교체 등이 발생하여 광케이블이 절단되었다면 광섬유를 연결하고 새로운 커넥터를 접속해야 하는 숙련된 작업이 요구된다. 한편 광섬유와 광케이블은 매우 강하지만 유연한 것으로 알려져 있다. 실리카 기반의 통신용 광섬유는 수 센티미터의 반경으로 휘어지더라도 부러지지 않기 때문에 수십 센티미터 반경의 스풀에 감아서 보관한다. 광섬유의 유연성은 통신선로 매설과정에서 발생하는 많은 꼬임과 방향전환에도 충분히 대응할 수 있도록 해 준다. 부가적으로 유리광섬유 외부에 코팅된 플라스틱은 인장력을 증가시키는데 기여한다.

현재 광섬유는 매우 낮은 전송손실을 가지도록 개발되어 상용화된 광섬유는 근적외선 영역에서 4 dB/km의 감쇠를 보이며 1300 nm 또는 1500 nm 파장영역에서는 1 dB 이하이다. 이러한 저 손실 특성은 장거리 통신 링크 구축을 가능하게 하였으며 약해진 신호를 복원하는 증폭기의 설치 간격을 더 멀리할 수 있었다. 동축 케이블의 경우 고주파로 갈수록 전송손실이 증가하는데 50 MHz 주파수에서 km 당 손실은 1 MHz에서 보다 수배 이상으로 커진다. 따라서 고속통신을 위해서는 증폭기 간격이 광통신 보다 훨씬 가까워야 한다.

광섬유 통신의 가장 큰 장점은 대용량 정보전송을 가능하게 해주는 넓은 대역폭이다. 채널내부에서 펄스퍼짐이 최대전송 데이터 율을 제한하지만 대부분의 데이터 처리 시스템의 요구를 충분히 만족시킬 대역폭을 제공한다. 광섬유는 절연체이므로 전자파 간섭을 유도하거나 주변 전자파 영향을 받지 않는다. 이러한 특징은 광섬유를 전자장 영향이 큰 발전소, 레이더 급전 혼 또는 안테나, 핵폭발, 강한 전자장을 발생하는 진원지에 적용할 수 있게 한다. 광섬유는 주변 환경으로부터 자체적으로 고립되기 때문에 여러 개의 광섬유를 다발로 묶어 통신 채널을 구성하더라고 인접한 채널간 간섭이 발생하지 않는다. 광섬유는 도파로 바깥으로 에너지를 방출하지 않기 때문에 도청이 불가능하여 우수한 보안성과 개인정보보호를 보장한다.

1.4 광통신 시스템의 기본 구성

[그림 1.2]는 광섬유 통신 시스템의 동작 영역과 링크상의 주요 요소인 광섬유, 광원, 광 검출기와 광 증폭기에 대한 특징을 보여준다.

광통신의 세 가지 동작 영역의 중심파장은 850 nm, 1310 nm, 그리고 1550 nm 이다. 1세대 광 링크는 초기 실리카 광섬유의 손실이 작았던 850 nm 이었으며, GaAs 기반의 광원과 실리콘 광 검출기, 그리고 다중모드 광섬유가 사용되었다. 모드간 분산과 광섬유 손실은 시스템의 성능을 제한하는 요인이다.

1300 nm 파장에서 동작할 수 있는 광원과 광 검출기의 개발은 장거리 전화 중계 회선을 위해 중계기 없이 통신할 수 있는 거리를 본질적으로 늘릴 수 있게 하였으며 광섬유는 저 손실과 낮은 분산을 보여주었다. 다중모드 광섬유에서 단일모드 광섬유로의 전환은 충분히 넓은 대역폭을 제공하였다. 로컬 영역 네트워크에서 1300 nm 파장영역의 단일모드 광섬유는 100 Mbps 속도의 데이터를 수십 km 까지 전송할 수 있게 하였다.

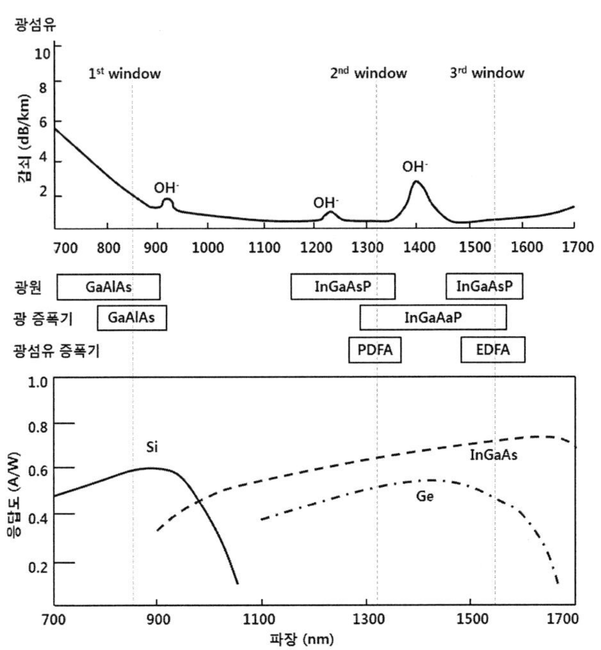

[그림 1.2] 광섬유 시스템의 동작영역과 중요 소자의 특징

1550 nm의 파장은 광섬유 시스템에서 가장 낮은 감쇠를 보인다. 그러나 분산은 1300 nm 영역보다 크게 나타나는 단점이 있다. 광섬유 제조업체는 분산 보상 또는 분산 천이 광섬유를 개발하여 이러한 단점을 극복하였다. 지상 또는 해저 등에서 장거리 고속통신을 위한 통신 링크에 관심이 쏠렸으며 2.5 Gbps 이상의 통신 속도에서 100 km 정도 통신 거리를 제공하였다. 1996년에는 레이저와 수신기의 성능향상으로 단일파장에서 10 Gbps 통신이 가능하였다.

광 증폭기는 1989년 처음으로 도입되었는데 광섬유 통신 성능을 끌어 올린 주요 기술이었다. GaAlAs 기반의 고체소자 광 증폭기가 처음 등장하였지만 1550 nm 파장영역에서 동작하는 어븀첨가 광섬유 증폭기(erbium-doped fiber amplifier: EDFA)가 광범위하게 사용되고 있다. 한편 프라세오디뮴 첨가 광섬유 증폭기(Praseodymium-doped fiber amplifier: PDFA)는 1300 nm 파장에서 동작할 수 있게 개발되었으며 튤륨 첨가 광섬유 증폭기(thulium-doped fiber amplifier: TDFA)는 S-band(1450~1490 nm)에서 동작한다.

파장분할 다중화기(Wavelength-Division Multiplexing: WDM)의 사용은 광섬유 시스템 전송용량을 한 층 더 끌어올리는데 기여하고 있다. 파장분할 다중화란 동일한 광섬유에 다수개의 서로 독립적인 일련의 연속 정보를 전송하기 위하여 약간 다른 파장들에서 동작하는 다수의 광원을 이용하는 것이다. 파장분할 다중화의 개념은 1970년에 출현하였으며 1978년 그 가능성이 실험실 수준에서 검증되었다. 처음 도입당시에는 1310/1550 nm 두 파장의 결합이 파장분할 다중화였으나, 최근에는 단일 광섬유에서 1.6 Gbps 데이터 160개 신호를 처리 할 수 있게 되었다. 통신사들은 파장분할 다중화를 이용하면 추가 망을 건설하지 않아도 네트워크의 용량을 획기적으로 확장하는 것이 가능하다.

국제전기통신연합(International Telecommunications Union: ITU)은 1260 ~ 1675 nm 파장영역에서 광통신을 위해 사용할 수 있는 6 구간의 스펙트럼 밴드를 규정하였으며 [표 1.1]과 같다. [표 1.1]에서 지정한 파장보다 짧은 770~910 nm 파장영역은 다중모드 광섬유 시스템에 적합하다.

[표 1.1] 광섬유 통신에 사용되는 파장영역의 명칭

명칭	스펙트럼	유래
O-band (original band)	1260-1360 nm	당일모드 광섬유 링크를 위한 최초의 파장영역
E-band (Extended band)	1360-1460 nm	수분 함량이 낮은 광섬유로 사용범위를 확장할 수 있는 파장영역
S-band (Short band)	1460-1530 nm	E 밴드 보다는 길지만 C 밴드 보다는 짧은 파장영역
C-band (Conventional band)	1530-1565 nm	기존의 EDFA를 사용할 수 있는 파장영역
L-band (Long band)	1565-1625 nm	C 밴드보다 긴 파장영역
U-band (Ultra-long band)	1625-1675 nm	EDFA 응답 능력을 뛰어넘는 파장영역

1.5 기본 통신이론

모든 통신시스템에 공통적으로 적용되는 통신의 기본적인 개념에 대해 설명한다. 아날로그 통신과 디지털 통신을 언급하고 아날로그 신호가 디지털 신호로 어떻게 변환되는지 소개한다. 기본적인 아날로그 신호는 [그림 1.3]과 같이 정현파이다. 신호의 세기는 파형의 크기를 의미하며 전압, 전류, 전력 등으로 표시되고 신호의 유형에 따라 달라진다. 주파수는 초당 한 사이클이 몇 번 반복하는지를 나타내는 것으로 Hz 단

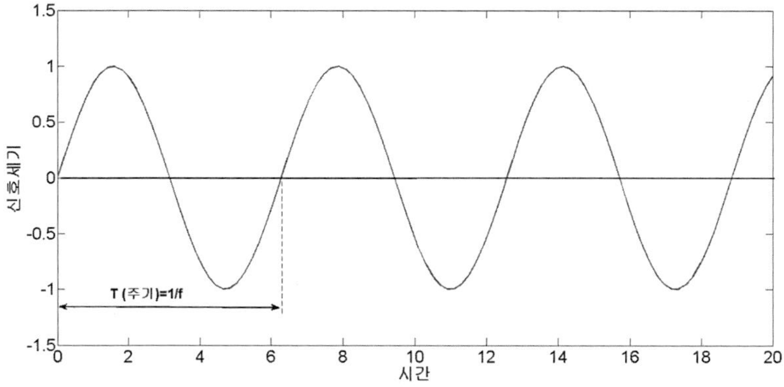

[그림 1.3] 기본적인 정현파와 주기

위를 사용한다. 주기 T는 주파수 f와 역수의 관계에 있는데 $T=1/f$로 표현된다.

예제 1.1 • • •

기본적인 정현파의 주파수 $f=10\,GHz$ 일 때 주기를 계산하시오.

풀이

$$T=\frac{1}{f}=\frac{1}{10\times10^{9}\,Hz}=10^{-10}s=0.1ns$$

예제 1.2 • • •

신호의 스펙트럼 범위가 최저 주파수는 900 MHz 이고 최고 주파수는 1 GHz 라면 대역폭은 얼마인가?

풀이

$$BW=f_H-f_L=1\,GHz-900\,MHz=100\,MHz$$

통신시스템에서 전송되어질 정보는 아날로그 또는 디지털 형태의 전기적인 신호로서 이용할 수 있다. 아날로그의 경우 [그림 1.4] (a)와 같이 시간축상에서 연속적으로 변하는 신호이다. 예를 들면 마이크로폰은 음성신호를 전기적인 아날로그 신호로 바꿔주는 역할을 한다. 한편 디지털 신호는 몇 개의 이산적인 값을 가진다.

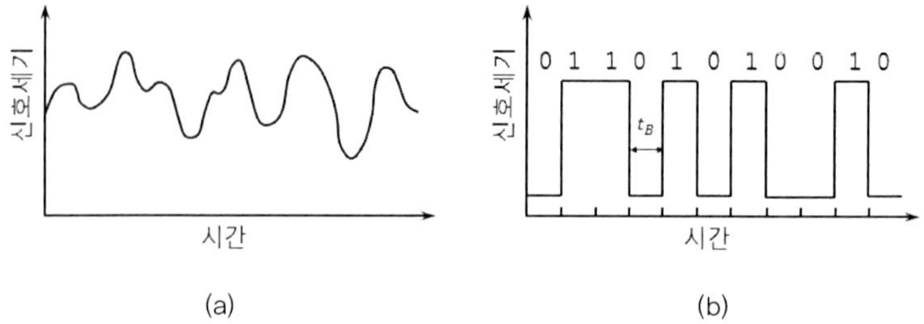

[그림 1.4] (a) 아날로그 신호: (b) 디지털 신호

디지털 신호가 이진으로 표현될 때는 [그림 1.4] (b)와 같이 단지 0과 1의 두 가지 값이 가능하다. 이진 디지털 신호의 가장 간단한 경우는 전류를 on 하거나 off 하는 것이다. 이 경우 가능한 표현은 “비트 1” 과 “비트 0” 이다. 각각의 비트는 일정한

시간 간격 t_B 만큼 지속된다. 그러므로 정보의 한 비트를 전달하는데 필요한 시간 간격은 t_B 이다. 비트율 B 는 초당 전송할 수 있는 비트수를 의미하므로 $B = 1/t_B$ 이 성립한다.

아날로그 신호는 일정한 시간 간격으로 샘플링을 통해 디지털 형태로 전환될 수 있다. 양자화를 통해 아날로그 신호가 디지털 형태로 바뀌는 과정을 [그림 1.5]에서 보여준다. 샘플링 비는 아날로그 신호의 대역폭 Δf_c에 의해 결정된다. 샘플링 주파수 f_s는 나이퀴스트 샘플링 이론에 따라 $f_s \geq 2\Delta f_c$ 를 만족해야 정보의 손실 없이 이산적인 샘플로 완전히 표현할 수 있다. 먼저 수행되는 것은 [그림 1.5] (a)와 같이 적절한 주파수에서 아날로그 신호를 샘플링 한다. 이때 아날로그 신호의 최대값은 M 개의 이산적인 간격으로 나누어진 것으로 가정한다.

샘플링된 신호는 크기에 따라 [그림 1.5] (b)와 같이 이산적으로 나눠진 간격에 해당하는 값으로 양자화된다. 양자화된 값은 적절한 변환 기술을 이용하여 디지털 형태로 전환할 수 있다. 펄스위치변조와 펄스부호변조가 대표적인 방법이 될 수 있

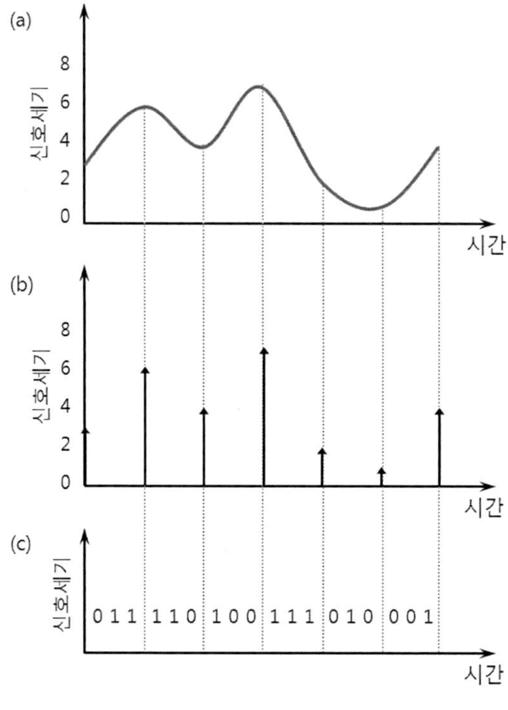

[그림 1.5] (a) 아날로그 신호의 샘플링, (b) 양자화, (c) 이진 디지털 신호를 위한 코딩

다. 펄스위치변조(pulse-position modulation: PPM)는 할당된 비트 안에서 펄스 위치를 샘플된 값으로 측정하는 것이다. 펄스부호변조(pulse-code modulation: PCM)는 펄스의 유무에 의해서 정보가 전달되는 이진화 기법에 바탕을 두고 있다. 각각의 샘플을 코드화하기 위하여 필요로 하는 비트수 m은 양자화 신호 수준을 나타내는 M 과 관련되며 식 (1-1)의 관계로 나타난다.

$$M = 2^m \rightarrow m = \log_2 M \tag{1-1}$$

펄스부호변조된 디지털 신호와 관련된 비트율 B는 식 (1-2)가 된다.

$$B = f_s \cdot m \geq (2\Delta f_c)\log_2 M \tag{1-2}$$

광통신 시스템을 설계함에 있어서 고려해야할 우선 사항은 전기적인 신호를 어떻게 광학적 비트 흐름으로 바꿀 것인가이다. 일반적으로 반도체 레이저의 광 출력을 직접 변조하거나 외부 변조기를 사용하여 변조하는 방법을 적용한다.

광학적인 비트 흐름을 변조하기 위한 두 가지 방법은 [그림 1.6]과 같이 RZ(return-to-zero)와 NRZ(nonreturn-to-zero) 형식이 대표적이다. RZ 형식에 있어서 비트 1을 나타내는 각각의 광 펄스는 할당된 비트의 간격보다 좁으며 비트가 지속되는 시간이 끝나기 전에 기저상태인 0으로 돌아와야 한다. NRZ 형식에서는 비트 1의 광 펄스가 할당된 비트 시간간격동안 유지되며 2 비트 이상의 연속적인 비트 1이 발생하더라도 기저상태로 돌아가지 않는다. 따라서 펄스폭은 비트 패턴에 따라 변하지만 RZ 형식의 경우와 동일하게 유지된다. NRZ 형식의 장점은 비트 흐름과 관련된 대역폭이 RZ 형식과 비교하여 2배정도 더 작아질 수 있다는 것인데 on-off 천이가 디 짧은 시간에 일어나기 때문이다. 그러나 전송도중 광 펄스 퍼짐이 발생하면 비트 패턴 의존 효과로 이어질 수 있으므로 펄스폭의 엄격한 관리가 요구된다. 실제로 NRZ가 더 작은 신호 대역폭을 요구하므로 많이 사용된다.

어떤 통신망을 분석함에 있어서 중요한 인자는 채널 용량이다. 이것은 메시지를 전송하는 곳에서부터 도착지까지 채널을 통해 보낼 수 있는 최대 데이터 율이 얼마인지를 나타내며 관련된 핵심이론은 섀넌 용량식(Shannon capacity formula)이다. 만약 채널의 대역폭이 BW 라면 최대 정보전송 용량은 다음의 관계식이 된다.

$$C = BW \times \log_2(1 + S/N) \tag{1-3}$$

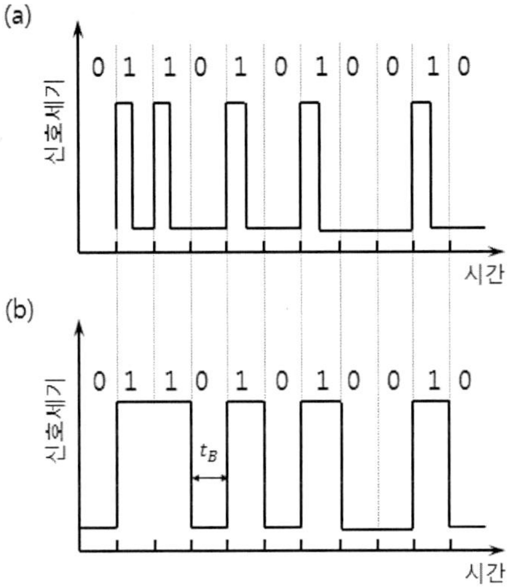

[그림 1.6] 01101010010... 디지털 비트 흐름의 코딩,
(a) RZ (return-to-zero), (b) NRZ (nonreturn-to-zero)

여기서 S 와 N 은 각각 평균 신호전력과 잡음전력이므로 S/N은 신호대 잡음비이다. $SNR_{dB} = 10\log_{10}(S/N)$로 계산된다. 일반적으로 신호들은 수신기에서 채널로부터 추출되고 처리되기 때문에 이 전력들은 수신기에서 측정된다. 섀넌의 식은 이론상으로 얻을 수 있는 최대 용량이며 열잡음만 고려되었다. 실제 통신 시스템에서는 열잡음뿐만 아니라 임펄스 잡음, 감쇠 왜곡, 지연왜곡 등을 고려해야 하므로 이론치 값에 도달하지 못한다. 신호 세기를 증가시킴으로써 미약하나마 채널용량을 증가시킬 수 있지만 신호세기는 시스템의 비선형 효과를 증가시켜 더 큰 잡음 전력을 유발한다. 그러므로 대역폭의 증가는 신호 대 잡음비 감소를 가져온다.

예제 1.3 • • •

대역폭이 10 MHz인 잡음채널의 신호 대 잡음비가 1 일 때 채널의 용량을 구하시오.

풀이

식 (1-3)에서 $C = BW \times \log_2(1 + S/N)$

$= 10 \times 10^6 \times \log_2(1+1) = 10\,Mbps$

파장분할 다중화의 사용은 광전송 시스템의 전송용량을 훨씬 배가시키는 역할을 제공하였다. 동시에 몇 개의 다른 정보들이 서로 다른 파장에서 동작하는 광원에 의해 하나의 통신채널을 통해 전송되는 시스템으로 [그림 1.7]과 같다.

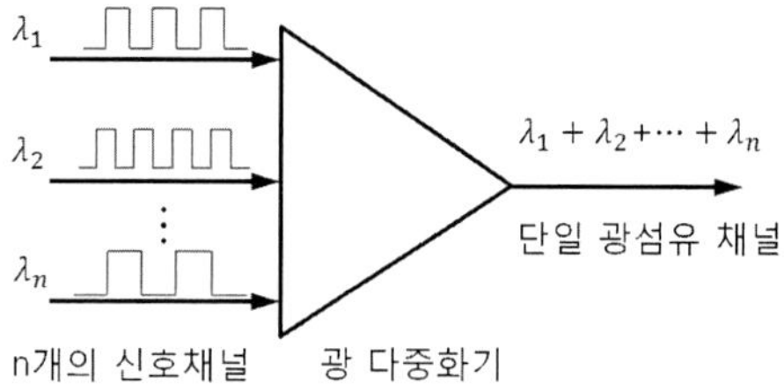

[그림 1.7] 파장분할 다중화 시스템의 기본개념

광학적으로 포맷된 일련의 정보가 n개의 독립된 파장에서 변조되어진 후 광 다중화기에 의해 결합되어 동일한 광섬유로 전송된다. 각각의 데이터 흐름은 다른 데이터 율을 가질 수 있다. 다른 데이터 흐름과 결합하여 다중화된 후에도 각각의 데이터 율은 그대로 유지된다. 개념적으로 파장분할 다중화는 고주파 통신이나 위성통신 시스템에서 주파수 분할 다중화와 같다고 할 수 있다. 1970년대 파장분할 다중화에 대한 연구가 시작되었지만 1990년에 들어서야 본격적인 기술의 발전이 있었다. 그 중에는 1550 nm에서 성능이 개선된 다중파장 동작에 적합한 광섬유가 등장하였고 C 밴드 영역의 광 신호를 증폭시키는 어븀첨가 광섬유 증폭기가 개발되었다.

통신 링크를 따라 광 전력이 유지될 수 있도록 시스템을 설계하는 것은 중요한 부분 중의 하나이다. 광 검출기에 입사되는 광세기는 올바르게 인지될 수 있는 수준으로 유지되어야 한다. 반대로 수신되는 광 전력이 너무 크지 않도록 설계하는 것도 필요하다. 상대적인 광 전력을 측정하는 수단으로 데시벨(decibel: dB)을 사용한다. 어느 한 지점에서의 광 전력을 P_a 라하고 다른 지점에서의 광 전력을 P_b 라고 했을 때의 상대적인 전력비를 데시벨로 표현한다. 여기서 P_a 와 P_b 의 단위는 동일하다.

$$dB = 10\log_{10}\left(\frac{P_b}{P_a}\right) \tag{1-4}$$

만약 P_b 가 P_a 보다 작다면 음의 데시벨 값을 가지면 손실이 발생한 경우이고, P_b 가 P_a 보다 크다면 양의 데시벨 값을 가질 것이며 이득이 생긴 것이다. 전자공학에 많이 사용하는 3 dB는 입력신호 대비 출력신호가 2배 증폭된 것이며, −3 dB는 입력신호 대비 출력신호의 2배 손실이 발생한 것으로 정의한다.

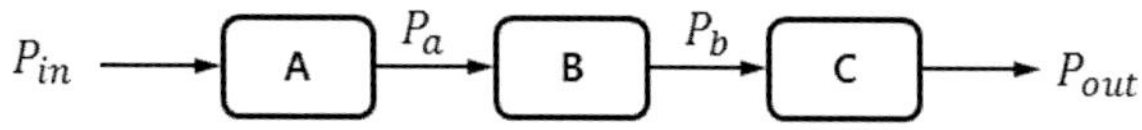

[그림 1.8] 세 개의 소자가 직렬 연결된 경우

[그림 1.8]과 같이 3개의 광소자가 직렬 연결된 경우 입력 광 전력에 대한 출력 광 전력의 비는 $\frac{P_{out}}{P_{in}} = \frac{P_{out}}{P_b} \times \frac{P_b}{P_a} \times \frac{P_a}{P_{in}}$ 이므로 다음과 같이 계산할 수 있다. 시스템의 전체 효율은 직렬 연결된 개별소자의 효율을 합한 것으로 계산된다.

$$dB = 10\log_{10}\left(\frac{P_{out}}{P_{in}}\right) = 10\log_{10}\left(\frac{P_{out}}{P_b} \times \frac{P_b}{P_a} \times \frac{P_a}{P_{in}}\right) \quad (1-5)$$

$$= 10\log_{10}\left(\frac{P_a}{P_{in}}\right) + 10\log_{10}\left(\frac{P_b}{P_a}\right) + 10\log_{10}\left(\frac{P_{out}}{P_b}\right)$$

[표 1.2]는 전력비와 데시벨의 관계를 보여준다. 입사전력과 출력전력이 동일한 $P_{out}/P_{in} = 1$ 이면 0 dB 이다. 지금까지 설명한 데시벨은 상대적인 전력비이지만 절대적인 전력으로 표현한 데시벨을 이용할 수 있다. 1 mW 의 입력 전력을 기준으로 한 전력비를 dBm 으로 정의한다.

[표 1.2] 전력비와 데시벨

P_{out}/P_{in}	dB	P_{out}/P_{in}	dB
10^{-5}	−50	10^5	50
10^{-4}	−40	10^4	40
10^{-3}	−30	10^3	30
10^{-2}	−20	10^2	20
10^{-1}	−10	10	10
0.5	−3	2	3

[표 1.3]은 데시벨로 주어진 전력손실을 손실 이 후 남아있는 전력의 비율을 계산한 것이다. 이것은 광 신호 모니터링을 위하여 탭을 달아 약간의 광 전력을 우회시킬

때 또는 광소자를 통과한 후의 광 전력을 다룰 때 중요하다.

[표 1.3] 전력손실과 남은 전력 비율

전력손실 (dB)	남은 전력 (%)	전력손실 (dB)	남은 전력 (%)
0.1	98	1	79
0.3	93	3	50
0.5	89	5	32
0.7	85	20	1

예제 1.4 • • •

어느 시스템은 13 dB의 이득이 발생했다. 이 시스템의 효율을 계산하시오.

풀이

$13\,dB = 10\log_{10}\left(\frac{P_{out}}{P_{in}}\right)$ 이므로 $\frac{P_{out}}{P_{in}} = 10^{1.3} = 19.95$

그러므로 출력신호는 입력신호의 19.95 배가 된다.

예제 1.5 • • •

광통신 시스템의 증폭기 이득은 20 dB 이다. 입력 전력 P_{in}이 1 μW 일 때 출력전력 P_{out}을 구하시오.

풀이

식 (1-4)를 이용하면 $20\,dB = 10\log_{10}\left(\frac{P_b}{P_a}\right)$

$P_{out} = P_{in} \times 10^2 = 1\,\mu W \times 100 = 100\,\mu W$

광 증폭기에 의해 입력신호가 100배 증폭되었음을 알 수 있다.

예제 1.6 • • •

LED에서 방사한 출력 광 전력의 일부가 광섬유에 입사하였다. 광섬유 손실이 $0.2\,dB/km$ 이고 $50\,km$ 진행 후의 출력광 전력이 $1\,mW$ 라면 입력광 전력은 얼마인가? 단 출력단의 반사손실은 무시한다.

풀이

$50\,km$ 길이 광섬유의 전체 손실은 $-0.2\,dB/km \times 50\,km = -10\,dB$ 이므로

$-10\,dB = 10\log_{10}\left(\frac{1\,mW}{P_{in}}\right)$ $10^{-1} = \frac{1\,mW}{P_{in}}$ 이므로 $P_{in} = 1\,mW \times 10 = 10\,mW$

그러므로 광섬유에 결합된 입사광 전력은 $10\,mW$ 이다.

[실습과제 1.1] RZ와 NRZ

임의 신호발생기를 이용하여 데이터를 RZ와 NRZ로 변조하였을 때의 비트 흐름과 주파수 대역폭을 비교한다. [그림 1.9]에서 1 Gbps의 비트열이 임의 신호발생기에 RZ 펄스발생기와 NRZ 펄스 발생기로 동시 입력시켜 변조결과를 살펴본다. 신호파형을 관찰하기 위하여 오실로스코프가 연결되어 있고 주파수 스펙트럼을 보기 위하여 RF 스펙트럼 분석기가 배치되었다.

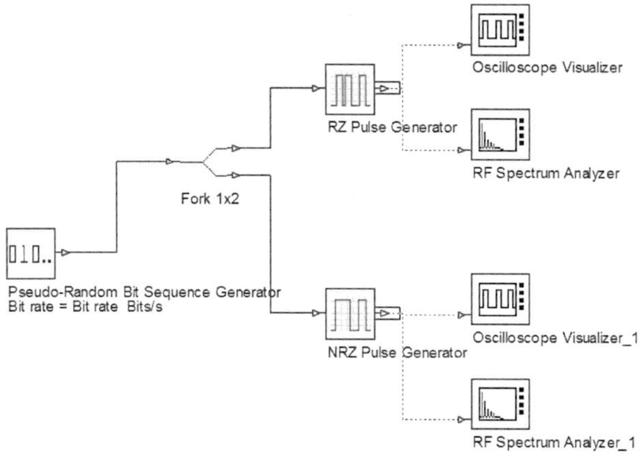

[그림 1.9] RZ와 NRZ 변조 시뮬레이션을 위한 레이아웃

[그림 1.10]의 비트흐름을 보여주는 신호파형은 [그림 1.6]과 동일한 유형으로 나타남을 알 수 있다. [그림 1.11]의 주파수 스펙트럼에서 NRZ가 RZ 보다 동일한 비트흐름에 대하여 대역폭이 2배로 좁음을 알 수 있다. 이것은 NRZ 형식이 RZ보다 대역폭 할당 측면에서 유리하다.

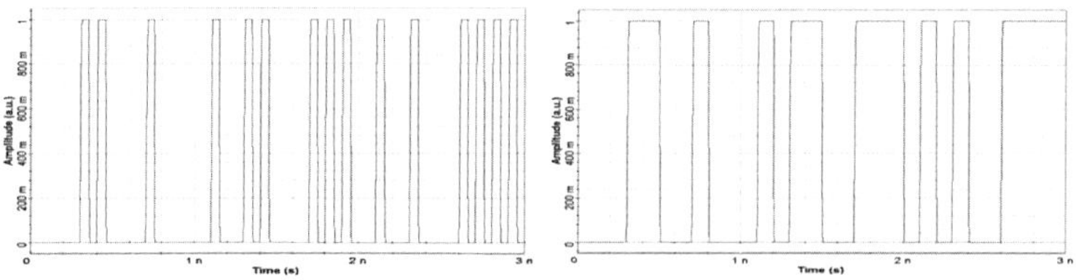

(a) (b)

[그림 1.10] 비트 흐름 (a) RZ, (b)NRZ

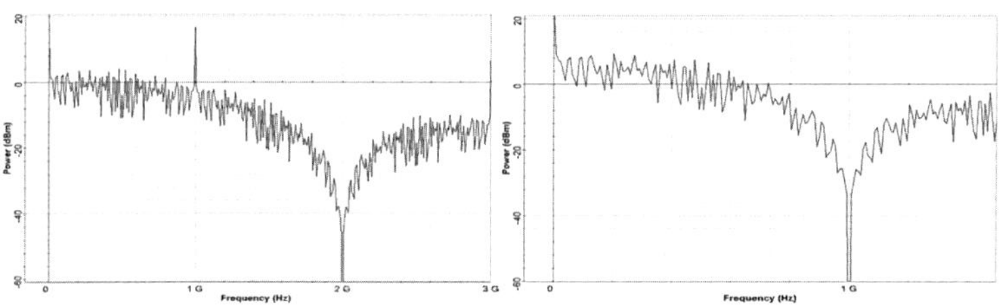

(a) (b)

[그림 1.11] 주파수 스펙트럼. (a) RZ, (b) NRZ

[연습문제]

1.1 동작 주파수 영역이 6-8 MHz인 시스템의 채널 용량을 구하시오. 단, 신호 대 잡음비는 25 dB이다.

1.2 다음 그림과 같은 전송경로에서 A지점과 D지점간의 전력비를 dB로 계산하시오. A지점에서 B지점간의 경로 손실은 15 dB이며 감쇠된 신호는 20 dB의 이득을 가지는 증폭기에 의해 증폭된 다음 D지점에서 다시 5 dB의 신호감쇠를 경험한다.

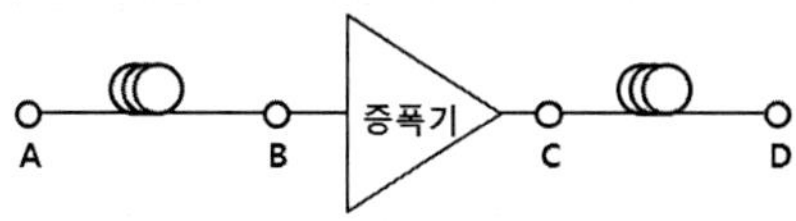

1.3 100 mW와 1 nW 전력을 dBm으로 나타내어라

1.4 어느 전송시스템에서 일정거리를 진행한 후의 신호가 입력신호의 절반이 되었다. 손실전력비는 얼마인가?

1.5 비트율이 5 Mbps인 시스템에서 한 비트의 펄스 지속시간은 얼마인가?

1.6 100 km 장거리 전송 광섬유의 전체 손실은 27 dB이다. 만약 500 μW의 광 전력이 광섬유로 입사되었다면 출력 광 전력은 몇 dBm 이며 몇 μW 인가?

1.7 어느 통신 채널의 대역폭이 2.5 MHz이고 수신단의 신호 대 잡음비가 25 dB 라면 이 선로에서 지원할 수 있는 최대 정보전송용량은 얼마인가?

02 CHAPTER 광 도파이론과 평면도파로

학습목표

1. 광섬유 통신의 이해에 필요한 기초광학의 개념을 이해한다.
2. 스넬의 법칙을 유도하고 내부전반사에 의한 빛의 도파원리를 이해한다.
3. 평면도파로에서 모드개념을 이해하고 평면도파로 해석을 통해 전파상수와 모드수를 구할 수 있다.
4. 두 매질의 경계면에서 반사파와 굴절파의 크기와 위상을 구하기 위한 프레넬의 방정식을 설명한다.
5. 전반사 조건에서 일어나는 Goos-Haenchen 천이를 이해하고 광 터널링을 설명한다.

2.1 광파의 기초이론

광섬유의 기하학적 특징을 언급하고 물리적인 형태를 특성 짓는데 사용하는 몇 가지 매개변수를 정의한다. 광섬유를 유용하게 만드는 빛의 가둠 과정, 이와 연관된 파라미터와 용어 등을 언급한다.

[그림 2.1]과 같이 정현파 형태의 전자파가 z 방향으로 진행할 때 파형의 마루상의 한 점 A가 얼마나 빨리 다음 파의 마루로 이동하는가? 이 마루는 파의 특정한 한 점에서의 위상을 나타내므로 점 A는 식 (2-1)과 같이 이동해야 한다.

$$e^{-j(kz-wt)} = \text{상수} \tag{2-1}$$

여기서 $kz - wt$가 상수가 되는 조건을 만족해야 하므로 $z(t)$는 식 (2-2)로 표현된다.

$$z(t) = \frac{wt}{k} + \text{상수} \tag{2-2}$$

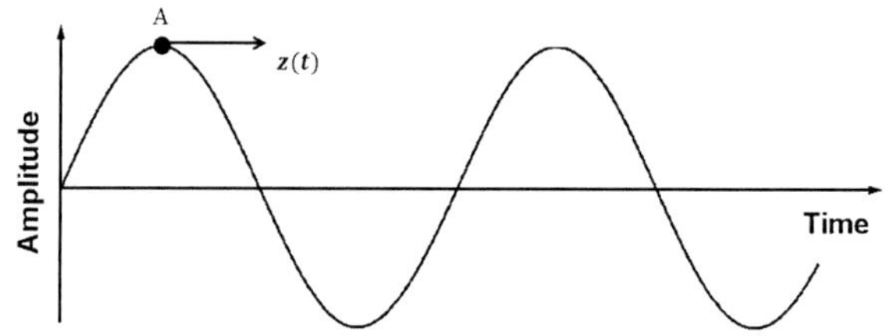

[그림 2.1] 위상 속도

식 (2-2)의 양변을 미분하여 위상속도 $v_p(t)$를 얻는다.

$$\frac{dz}{dt} = \frac{w}{k} = v_p \tag{2-3}$$

여기서 k는 파수이고, 각 주파수 $w = \frac{k}{\sqrt{\mu\epsilon}}$이므로

$$v_p = \frac{1}{\sqrt{\mu\epsilon}} \tag{2-4}$$

만약 특정 매질의 유전률 ϵ이 진공의 유전률 ϵ_0보다 크다면 위상속도는 광속보다 느려진다. 굴절률 n은 진공에서 빛의 위상속도와 매질 내에서의 빛의 속도비로 정의된다.

$$n = \frac{c}{v_p} \tag{2-5}$$

이를 매질의 재료특성으로 나타낸다면 식 (2-6)과 같다

$$n = \frac{\sqrt{\mu\epsilon}}{\sqrt{\mu_0\epsilon_0}} = \sqrt{\frac{\epsilon}{\epsilon_0}} \quad (\text{단}, \mu = \mu_0 \text{ 일 경우}) \tag{2-6}$$

굴절률은 광학설계 시 기본적으로 고려되는 매우 중요한 파라미터이다. ϵ/ϵ_0을 비유전율 또는 유전상수라 하는데 이를 이용하면 굴절률은 유전상수의 제곱근이 된다.

일반적으로 물질의 비유전율 또는 유전상수는 전자기파의 주파수에 의존한다. 그러므로 굴절률과 비유전율의 관계인 식 (2-6)은 동일한 주파수에 적용되어야 한다. 고주파와 저주파에서의 비 굴절률은 많은 물질에서 상당히 달라질 수 있는데 그 이유는 주파수가 달라지면 분극 작용이 달라지기 때문이다. 실리콘과 다이아몬드의

경우 저주파 비유전율은 각각 11.9와 5.7이며 굴절률은 3.45(@2.15 um)와 2.41(@0.59 um)로 식 (2-6)과 잘 일치한다. 이러한 물질은 공유결합을 하고 있다. 그러나 GaAs와 SiO_2와 같은 물질은 공유결합 물질이지만 원적외선 파장 이하의 주파수에서는 이온결합이 일부 존재하므로 식 (2-6)의 계산값보다 굴절률이 낮게 나타난다. GaAs와 SiO_2의 저주파 비유전율은 각각 13.1과 3.84 이지만 굴절률은 각각 3.38(@1.5 um)와 1.53(@1.5 um)이다.

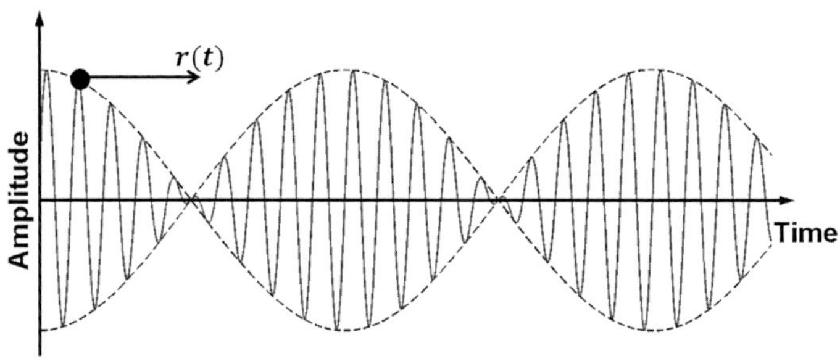

[그림 2.2] 파장이 약간 다른 두 파의 합성으로 파 패킷을 가지는 군속도

위상 속도는 단일파장을 가진 광원에서 이론적인 설명이 가능하지만 실제로 단일파장을 가진 광원은 존재하지 않으므로 [그림 2.2]와 같이 약간 다른 파장을 가진 파동의 군이 진행하는 현실적인 문제가 고려되어야 한다.

$$E_x(z,t) = E_0[\cos(w-\delta w)t-(k-\delta k)z] + E_0[\cos(w+\delta w)t-(k+\delta k)z]$$
$$= 2E_0\cos[\cos(wt-kz)\cos(\delta wt-\delta kz)$$
(2-7)

식 (2-7)에서 주파수가 약간 다른 두 파형을 합하면 파 패킷이 발생하여 $r(t)$는 합성파동의 최대점을 연결한 포락선을 따라 이동한다고 볼 수 있다. 포락선은 $\cos(\Delta wt-\Delta kz)$에 의해 결정되므로 $\Delta wt-\Delta kz$는 상수 값을 가지는 위상 인수가 된다. 따라서 군속도 v_g는 다음과 같이 유도된다.

$$v_g = \frac{dz}{dt} = \frac{\Delta w}{\Delta k} \tag{2-8}$$

여기서 두 파형의 주파수 차이가 매우 작다고 한다면 $\lim_{\Delta w \to 0}\frac{\Delta w}{\Delta k} = \frac{dw}{dk}$ 이므로

$$v_g = \frac{dw}{dk} \tag{2-9}$$

자유공간상에서는 $v_g = c$로 위상속도와 동일하다. 그러나 굴절률이 n인 매질속이라면 $k = \frac{wn}{c}$ 를 이용하여 군속도를 유도할 수 있다.

$$v_g = \left(\frac{dk}{dw}\right)^{-1} = \left(\frac{d}{dw}\left(\frac{wn}{c}\right)\right)^{-1} = \frac{c}{n - \lambda\frac{dn}{d\lambda}} \tag{2-10}$$

여기서 $n - \lambda\frac{dn}{d\lambda}$를 매체의 그룹 굴절률이라하고 N_g로 표현하면 식 (2-10)은 다음과 같이 정리된다.

$$v_g = \frac{c}{N_g} \tag{2-11}$$

파장에 대한 함수로서 굴절률 표현은 식 (2-12)과 같이 주어지며 특히 이를 Sellmeier 방정식이라 한다.

$$n^2 - A = \sum_k \frac{G_k \lambda^2}{\lambda^2 - \lambda_k^2} \tag{2-12}$$

여기서 A는 Sellmeier 계수, λ_k는 공진파장, G_k 발진기 강도를 의미한다. [표 2-1]은 가시영역에서 몇 가지 물질에 대한 Sellmeier 계수를 나타내었다.

[표 2.1] 가시영역에서 몇 가지 물질에 대한 Sellmeier 계수

SiO_2 (A=1.00055)		NaCl (A=1)		Al_2O_3 (A=1)	
$\lambda_k(\mu m)$	G_k	$\lambda_k(\mu m)$	G_k	$\lambda_k(\mu m)$	G_k
		0.05	0.198		
0.0684	0.69167	0.1	0.48398	0.0615	1.0238
		0.128	0.3869		
0.1162	0.40794	0.158	0.25998	0.1107	1.0583
9.8962	0.89748	40.5	0.08796	17.926	5.2808
		60.98	3.17		

2.2 반사와 굴절

광섬유는 유리로 만든 긴 가닥의 도파로 내부에 빛을 가두는 역할을 한다. 갇혀진 빛은 광섬유를 구성하는 두 유전물질의 경계면에서 전반사에 의해 전파된다. [그림 2.3]과 같이 굴절률이 다른 무한 경계면상으로 광 평면파가 θ_1의 입사각으로 입사한다면 경계면에서 반사와 굴절을 겪게 되므로 입사각과 굴절각의 관계는 식 (2-13)과 같으며 이를 스넬의 법칙이라 한다.

$$n_1 \sin\theta_1 = n_2 \sin\theta_2 \tag{2-13}$$

여기서 n_1과 n_2는 매질의 굴절률, θ_2는 투과각이다. 그리고 입사각과 반사각은 동일하다. [그림 2.3] (a)에서 광선이 밀한 매질에서 소한 매질로 진행할 경우 입사각은 굴절각 보다 크다. 입사각이 증가한다면 굴절파는 매질의 경계면으로 근접하다가 굴절각이 90° 가 되는 입사각이 발생한다. 그러나 [그림 2.3] (b)와 같이 광선이 소한 매질에서 밀한 매질로 진행하면 입사각보다 굴절각이 커진다. 입사각이 점점 증가하면 굴절파는 매질의 경계면에서 점점 멀어진다.

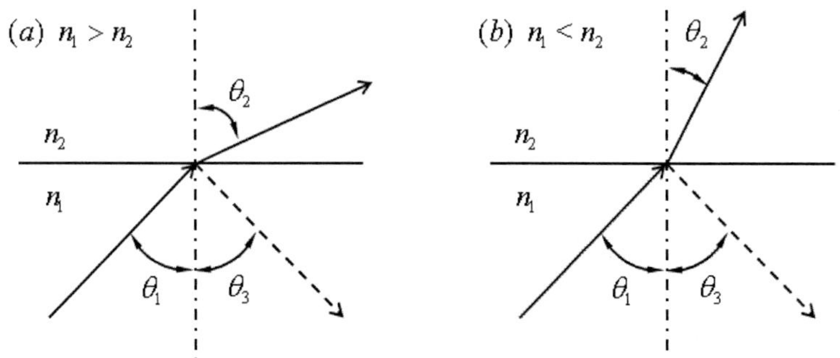

[그림 2.3] (a) 소한 매질에서 밀한 매질로 입사된 빔, (b) 밀한 매질에서 소한 매질로 입사된 빔

[그림 2.4] (a)의 $n_1 > n_2$ 조건에서 굴절각이 90° 가 되는 입사각을 구하면 식 (2-14)와 같고 이때 θ_c를 임계각(critical angle)이라 한다.

$$\theta_1|_{(\theta_2 = 90)} = \theta_c = \sin^{-1}\left(\frac{n_2}{n_1}\right) \tag{2-14}$$

[그림 2.4] (b)의 $n_1 > n_2$ 조건에서 입사각이 임계각보다 크다면 $(\theta_1 > \theta_c)$ 입사빔은 경계면에서 모두 반사되고 굴절파는 존재하지 않는다. 이를 내부 전반사

(total internal reflection)라고 한다. 광섬유를 포함한 대부분의 광통신용 도파로 구조는 코어의 굴절률이 클래딩의 굴절률보다 높게 설계하여 내부 전반사가 일어나도록 한다.

빛이 완전 내부 전반사를 할 경우 반사된 빛은 위상 변화를 보인다. 이에 대한 구체적인 설명은 2.7절의 프레넬 반사에서 다루기로 한다.

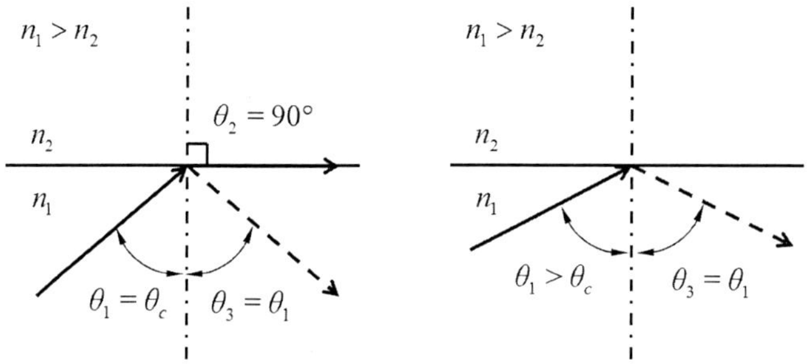

(a) (b)

[그림 2.4] (a) 임계 입사각 θ_c 에서 임계 광선을 보여주는 제한된 굴절 조건, (b) $\theta_1 > \theta_c$ 에서 내부 전반사

예제 2.1 • • •

[그림 2.4]에서 n_1 의 굴절률은 1.45이며 n_2의 굴절률은 n_1보다 1% 작다고 한다. 임계각을 구하시오.

풀이

$$n_2 = 0.99 \times n_1 = 0.99 \times 1.45 = 1.435$$

$$\theta_c = \sin^{-1}\left(\frac{n_2}{n_1}\right) = \sin^{-1}\left(\frac{0.99 \times n_1}{n_1}\right) = 81.9°$$

또는 $\sin^{-1}\left(\frac{1.43}{1.45}\right) = 81.9°$

2.3 빛의 편광

보통의 빛은 [그림 2.5] (a)와 같이 임의의 방향으로 진동하는 다양한 횡전자계들의

합으로 구성되며 이를 무편광 빛(unpolarized light)이라 한다. 임의의 방향으로 진동하는 횡전자계는 [그림 2.5] (b)와 같이 수평과 수직 진동의 조합으로 나타낼 수 있다.

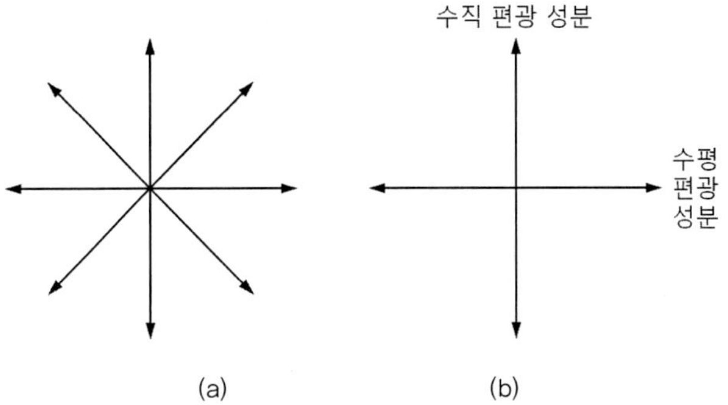

[그림 2.5] (a) 무편광, (b) 수평과 수직편광

그러므로 무편광 빛을 두 직교 면편광 성분으로 구성된 것으로 여길 수 있는데 하나는 입사면상에 놓여 있고 다른 하나는 입사면과 수직인 면에 놓여 있다. 이것은 각각 수평 편광과 수직 편광이다. 모든 다른 횡파의 전계면이 서로 평행하게 정렬되었다면 이 광파는 선형편광 되었다라고 한다.

무편광 빛은 두 다른 매질의 경계면으로 입사할 때 표면에서 반사하거나 다른 매질로 투과해 들어가면 분리된 편광 성분으로 나눠질 수 있다. [그림 2.6]에서 원과 ×의 조합으로 된 기호는 수직편광을 의미하며 양쪽방향 화살표는 수평편광을 나타낸다. 반사된 빔은 부분적 편광이 이루어지며 브루스터 각(Brewster angle)에서는 완전히 수직으로 편광된다. 굴절된 빔의 수평 성분은 완전히 n_2 매질로 진행하고 수직성분은 부분적으로 굴절된다.

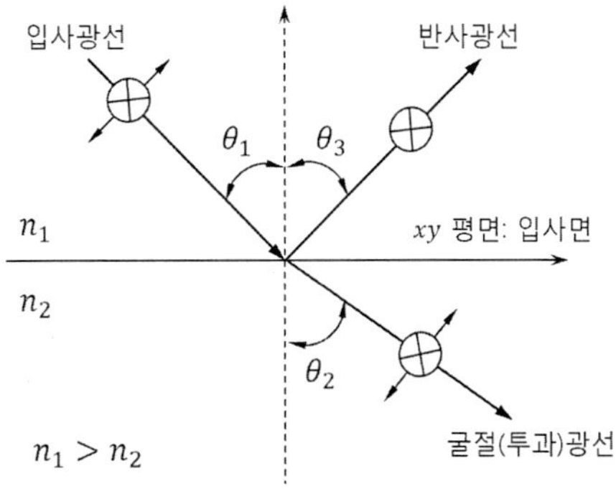

[그림 2.6] 두 매질의 경계면에서 무편광 광선의 반사와 굴절

[그림 2.7]에서 전장 E 가 x축과 y축 상에서 임의적으로 놓여있다면 E_x와 E_y 벡터로 나눌 수 있다. 임의의 공간상에서 어떤 시간에 파동의 전장을 나타내기 위한 벡터로 E_x 와 E_y 를 사용한다. 여기서 E_x와 E_y는 각각 동일한 각주파수 ω와 파수 k를 가져야만 하는 파동방정식으로 설명될 수 있다. 그러나 두 전장 사이에는 위상차를 포함한다.

$$E_x = E_{x0}\cos(\omega t - kz) \tag{2-15}$$

$$E_y = E_{y0}\cos(\omega t - kz + \phi) \tag{2-16}$$

식 (2–15)와 (2–16)으로 부터 ϕ는 E_x와 E_y 사이의 위상차이며 두 전장중의 어느 하나가 다른 것보다 지연될 때 일어난다.

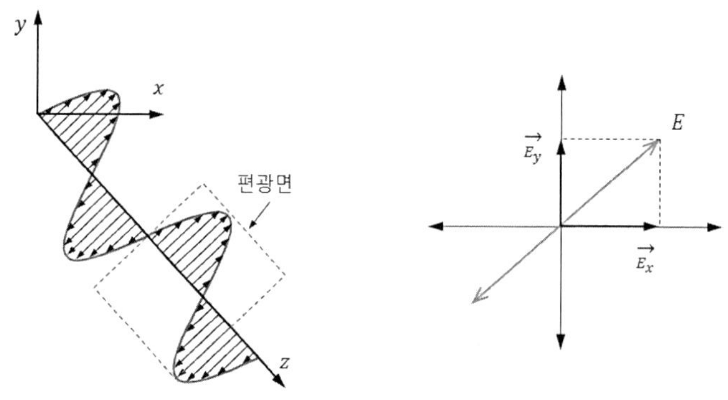

[그림 2.7] 두 개의 전장 E_x와 E_y의 중첩으로 나타낸 선형 편광된 빛

식 (2–15)와 (2–16)에서 $E_{x0} = E_{y0}$이고 $\phi = \pi$ 라면 파동의 전장은 다음과 같이 나타낼 수 있다.

$$E = E_x + E_y = \hat{x}E_{x0}\cos(\omega t - kz) + \hat{y}E_{y0}\cos(\omega t - kz) \tag{2-17}$$

$$= E_0\cos(\omega t - kz)$$

여기서 $E_0 = \hat{x}E_{x0} + \hat{y}E_{y0}$ 이다. 위 식은 벡터 E_0가 x축에 대하여 +45° 이며 z 방향을 따라 진행함을 의미한다.

[그림 2.8]의 선형 편광 외에도 몇 가지 다른 유형의 편광을 생각할 수 있다. [그림 2.9]와 같이 전장벡터 E의 크기는 일정하지만 벡터의 끝은 z축을 따라 회전하면서 원을 그린다. 이를 원형편광이라 한다.

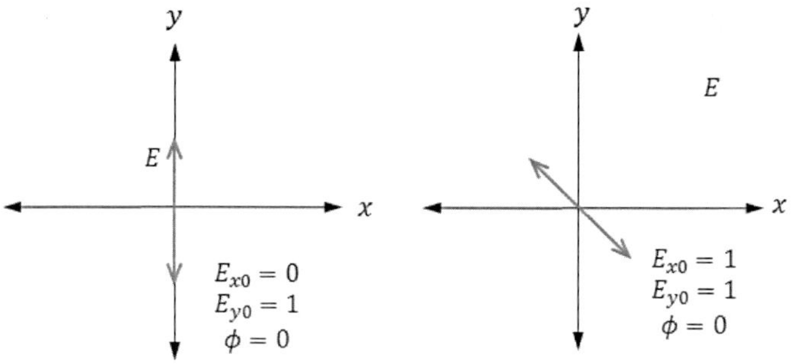

[그림 2.8] 선형 편광

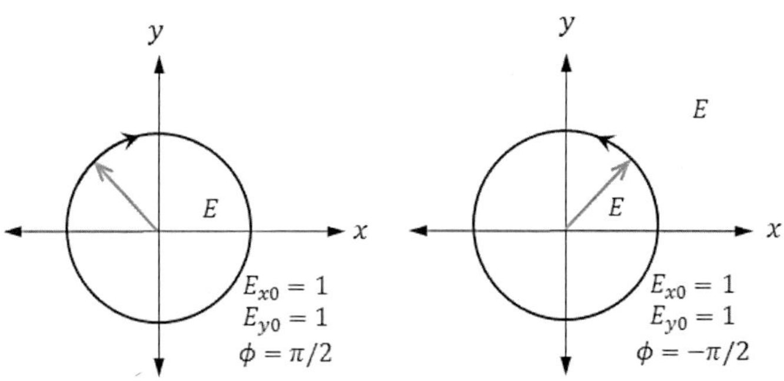

(a) (b)

[그림 2.9] (a) 우 원형편광과 (b) 좌 원형편광

시계방향의 회전이라면 [그림 2.9] (a)의 우 원형편광, 반시계 방향이면 [그림 2.9] (b)의 좌 원형편광이라고 한다. 만약 $E_{x0} \neq E_{y0}$ 라면 타원편광된 경우가 된다.

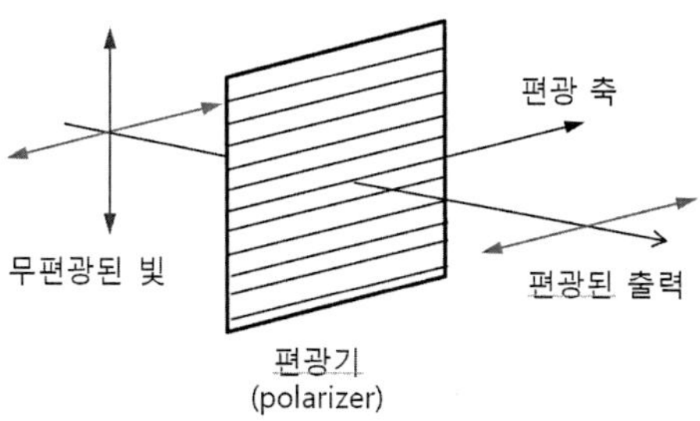

[그림 2.10] 수평방향으로만 편광된 빛을 통과시키는 편광기

빛의 편광 특성은 광 아이솔레이터나 필터와 같은 광학적인 소자의 동작을 조사할 때 중요하다. [그림 2.10]은 편광의존 소자로서 한 편광의 방향으로만 빛을 통과시키며 다른 방향은 차단하는 편광기이다. 무편광된 빛이 편광기에 입사하면 수평 편광된 성분의 빛만 통과한다. 예를 들면 선글라스의 편광 필터는 사람의 머리가 정상적인 상태로 정면을 주시한다면 섬광이 있는 방향에서 오는 편광된 빔을 차단해 준다.

패러데이 회전자(Faraday rotator)는 자신을 통과하는 동안 편광상태를 일정량 회전시켜주는 소자이다. 45° 편광회전이 가장 일반적인 소자인데 [그림 2.11]에서 45° 패러데이 회전자의 개념도를 보여준다. 이 회전자는 입력빔의 편광상태와는 무관하므로 회전각은 회전자를 통과하는 빔의 방향에 따라 달라진다. 즉 편광 회전 과정이 가역적이지 않다는 의미이다. 그러나 편광상태는 회전 후에도 그대로 유지된다. 즉 선형 편광된 빛이 45° 패러데이 회전자를 통과하더라도 크리스털 내부를 통과하는 빔의 편광은 선형으로 유지된다. 패러데이 회전자의 재료는 주로 YIG (Yttrium-Iron-Ganet)와 같은 비대칭 크리스털을 사용하며 회전각의 정도는 소자의 두께에 비례한다.

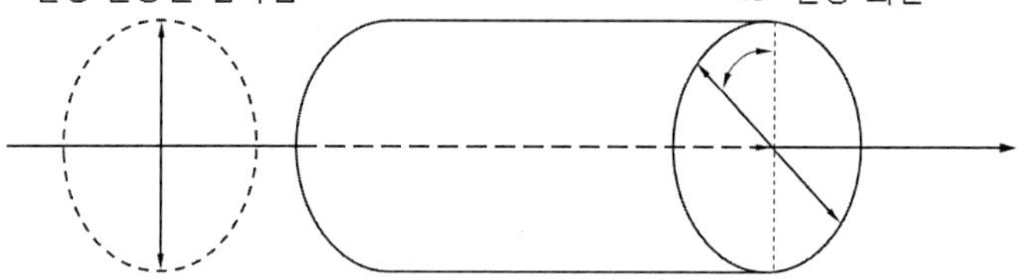

[그림 2.11] 45° 선형편광을 유도할 수 있는 패러데이 회전자

2.4 모드와 전파상수

[그림 2.12]는 평판 유전체 도파로로 광파의 전자기적 성질을 잘 이해할 수 있는 광 도파로이다. y축 방향으로 나오는 전기장을 고려할 때 z축과는 수직이며 도파로 내에서 코어와 클래딩의 경계면에 반사하면서 지그재그로 z축 방향으로 도파한다고 볼 수 있다. 광선이 진행하는 방향과 수직으로 내려진 점선은 위상이 일정한 파면(wavefront)을 나타낸다.

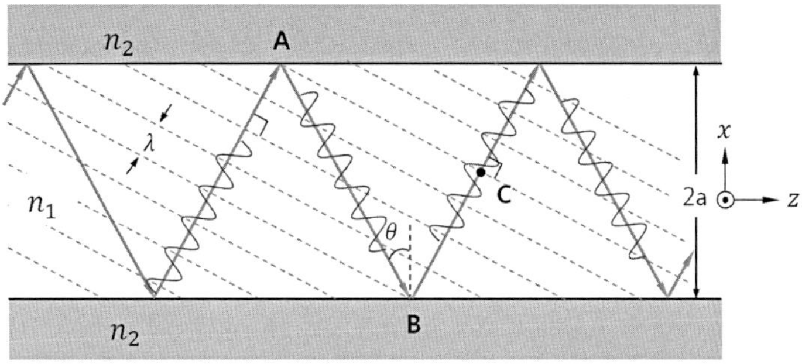

[그림 2.12] 도파조건을 해석하기 위한 평판 유전체 도파로

A 지점에서 출발한 광선은 B 지점에서 반사한 후 다시 C 지점으로 향한다. 이때 C 지점의 파면은 파가 시작한 A지점의 파면과 중첩함을 알 수 있다. 파는 자체적으로 간섭을 하게 되는데 동위상이면 보강간섭을 하지만 동위상이 아니면 상쇄 간섭을 하여 일정거리 진행 후 전기장이 사라진다. 그러므로 어느 특정한 각 θ에서 보강간섭이 일어날 것이며 이 조건하에서 도파모드가 존재할 수 있다.

A 지점과 C 지점간의 위상차는 광 경로 길이 AB+BC에 해당한다. 더군다나 A와 B지점에서는 전반사가 일어난다고 가정하면 ϕ에 해당하는 추가적인 위상 변화를 고려해야 한다. 굴절률이 n_1인 코어에서의 파 벡터를 k_1이라고 하면 $k_1 = 2\pi n_1/\lambda$이다. 여기서 λ는 자유공간에서의 입사파의 파장이다. 보강 간섭이 일어나기 위해서는 A와 C 지점간의 위상차는 2π의 정수배가 되어야 한다.

$$\Delta\phi_{AC} = k_1(\overline{AB} + \overline{BC}) - 2\phi = 2\pi m \qquad (2\text{–}18)$$

여기서 $m = 1, 2, 3, \ldots$으로 정수이다. $2a = \overline{AB}\cos\theta$이므로 $\overline{AB} = \dfrac{2a}{\cos\theta}$이다. $\overline{BC}$를 구할 때 $\triangle ABC$는 직각임을 이용하면 $\overline{BC} = \overline{AB}\cos(2\theta)$이 된다. 그러므로

$$\overline{AB} + \overline{BC} = \overline{AB}(1 + \cos(2\theta)) = \overline{AB}(1 + 2\cos^2(\theta) - 1) = 2\overline{AB}\cos^2(\theta)$$

이다. 따라서 $\overline{AB} + \overline{BC} = 2\dfrac{2a}{\cos\theta}\cos^2(\theta) = 4a\cos\theta$ 가 된다. 도파로를 따라 파가 진행하기 위한 위상 변화 조건은 특정한 θ와 ϕ에서 가능하다. 또한 ϕ는 θ에 의존하며 전기장의 편광상태에도 의존한다. 그러므로 각각의 m에 대하여 모드로서 허용되는 θ_m과 ϕ_m이 있을 것이므로 다음과 같이 정리할 수 있다.

$$\Delta\phi_{AC} = 4ak_1\cos\theta_m - 2\phi_m = 2\pi m \quad (2-19)$$

$k_1 = 2\pi n_1/\lambda$을 적용하여 다음과 같이 도파 조건을 얻을 수 있다.

$$\frac{4\pi n_1 a}{\lambda}(\cos\theta_m) - \phi_m = \pi m \quad (2-20)$$

여기서 ϕ_m은 ϕ가 입사각 θ_m의 함수임을 의미한다.

평면도파로는 가장 단순한 형태의 광 도파구조이다. [그림 2.13]과 같이 낮은 굴절률을 가지는 두 영역 사이에 슬래브(slab) 유전체가 끼어있다. yz 평면으로는 무한히 펼쳐져 있지만 x 축 방향으로는 도파로 두께 h로 제한되어 있다. 빛이 도파되는 코어영역의 굴절률 n_f는 기판의 굴절률 n_s와 상부영역의 굴절률 n_c보다 높아야 한다. 만약 n_s와 n_c가 동일하면 대칭형, 그렇지 않을 경우 비대칭형 도파로라고 한다.

평면도파로 해석에 있어서 먼저 두 가지 가능한 전기장 편광을 고려하여야 한다. 유도파의 파 벡터 k가 z축 방향으로 지그재그로 진행한다면 횡 전계(transverse electric field: TE)는 z축에 대한 세로방향의 전계벡터는 없으며 입사면에 대한 횡 방향(수직 성분) 벡터만 존재한다. 즉 전계가 y축 방향으로 편광 되어있다. TM의 경우 자계가 z축에 대한 횡 방향으로 존재하고 전계는 입사면에 수평이다. 이는 자계가 y축 방향으로 편광 되었다고 볼 수 있다.

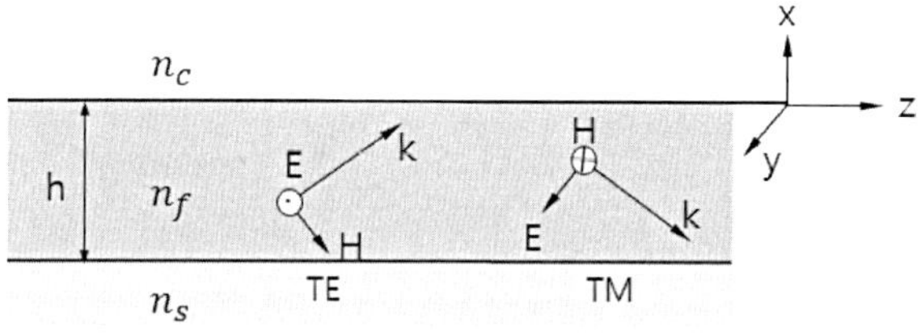

[그림 2.13] 평면도파로에서 TE와 TM의 구성 ($n_f > n_s, n_c$)

본 장에서는 TE 편광된 입사빔에 대한 평면 도파로 해석에 대하여 다룬다. 주파수 ω_0, 파 벡터 k_0를 가지는 광원으로 도파로가 여기되었을 때 허용되는 모드를 찾기 위하여 파동방정식을 풀어야 한다. 각 주파수 ω_0를 가지는 정현파에 대하여 전계 성분으로 파동방정식을 나타내면,

$$\nabla^2 E_y + k_0^2 n_i^2 E_y = 0 \quad (2-21)$$

여기서 n_i는 도파로의 위치에 따라 n_f(도파로 굴절율), n_s(하부클래딩 굴절율), n_c(상부클래딩 굴절율)를 의미한다. 도파로는 y 방향으로 무한하며 E_y는 y축에 대한 의존성이 없으므로 식 (2-21)의 해는 다음과 같다.

$$E_y(x,z) = E_y(x)e^{-j\beta_i z} \tag{2-22}$$

β는 전파상수를 의미하지만 그 크기를 알 수 없으므로 식 (2-22)를 식 (2-21)에 대입하면 식 (2-23)이 된다. $\dfrac{d^2E_y}{dy^2} = 0$에 유의해야 한다.

$$\frac{\partial^2 E_y}{\partial x^2} + \left(k_0^2 n_i^2 - \beta^2\right)E_y = 0 \tag{2-23}$$

$x > 0$인 영역에서 $n_i = n_c$이며 $0 > x > -h$에서는 $n_i = n_f$이다.

식 (2-23)의 일반해를 구하는 과정에서 β가 $k_0 n_i$보다 크다면 지수 함수적으로 감소하는 해가 구해진다.

$$E_y(x) = E_0 e^{\pm\sqrt{\beta^2 - k_0^2 n_i^2}\,x} \quad (\beta > k_0 n_i \text{의 경우}) \tag{2-24}$$

여기서 E_0는 $x = 0$에서 전계의 크기이다. 물리적으로 합당한 의미를 가지기 위하여 음의 부호를 선택함으로서 경계면에서 전반사할 때 발생하는 소산장(evanescent field)을 설명할 수 있다. 감쇠계수 γ는 다음과 같다.

$$\gamma = \sqrt{\beta^2 - k_0^2 n_i^2} \tag{2-25}$$

그러므로 식 (2-22)는 $E_y(x) = E_0 e^{-\gamma x}$로 표현할 수 있다.

β가 $k_0 n_i$보다 작다면 발진하는 형태의 해가 구해진다.

$$E_y(x) = E_0 e^{\pm j\sqrt{k_0^2 n_i^2 - \beta^2}\,x} \quad (\beta < k_0 n_i \text{의 경우}) \tag{2-26}$$

횡방향 파벡터 κ를 식 (2-27)로 나타낸다.

$$\kappa = \sqrt{k_0^2 n_i^2 - \beta^2} \tag{2-27}$$

그러므로 식 (2-26)은 $E_y(x) = E_0 e^{\pm j\kappa x}$로 표현할 수 있다. 전파상수의 값에 따라 파동방정식의 해가 발진하거나 또는 지수 함수적으로 감소함을 알 수 있다.

κ는 파벡터 k의 횡방향 성분, β는 파벡터 k의 종방향 성분을 나타내며, 코어층에서 $k = k_0 n_f$ 이다. β는 도파로의 개별적인 도파모드를 식별하는데 사용되며 모드의 고유치로서 정의된다. [그림 2.13]의 도파로에서 β는 최소값 $\beta_{\min} = 0$에서 최대값 $\beta_{\max} = k = k_0 n_f$ 사이의 값을 가질 수 있다. 여기서 굴절률 크기는 $n_c < n_s < n_f$ 이다.

$\beta < k_0 n_c$ 의 경우 파동방정식의 해는 모든 영역에서 발진하는 형태로 주어지므로 주어진 도파로에서 광선과 전자기장은 [그림 2.14] (a)과 같이 주어진다. 얇은 유리를 빛이 통과하는 것처럼 각각의 유전체 경계면에서 굴절을 하지만 코어내부에 갇히지는 못하므로 발진하는 파가 세 영역의 유전체에 나타난다.

$k_0 n_c < \beta < k_0 n_s$ 의 경우 광선은 중앙 도파로 영역과 상부 영역사이의 경계에서는 전반사가 일어나지만 하부 기판과의 경계에서는 굴절된다. [그림 2.14] (b)와 같이 전반사가 일어나는 경계에서 상부 영역으로는 전자장이 지수 함수적으로 감소하는 소산장이 나타난다.

$k_0 n_s < \beta < k_0 n_f$ 의 경우 기판 영역과 상부 영역에서 동시에 소산장 조건을 만족하므로 중앙 도파영역에서만 발진파가 존재하는 도파모드를 발견할 수 있다. 이 광선은 [그림 2.14] (c)와 같이 두 경계면 사이에 있는 도파로에 갇힌다. 그러므로 도파로에 유도되는 파의 전파상수 범위는 여기에 속한다.

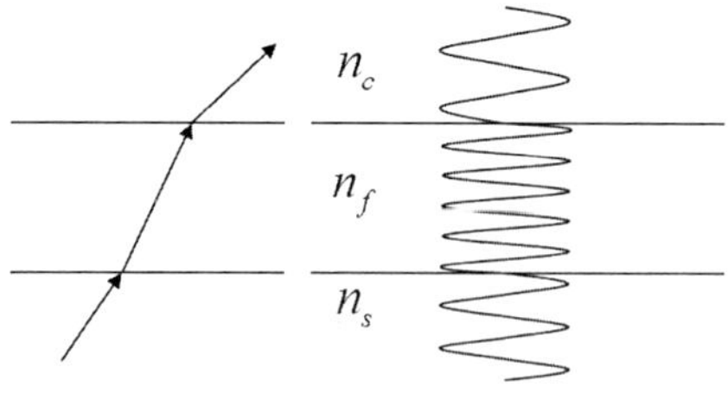

(a) $\beta < k_o n_c$ 의 경우

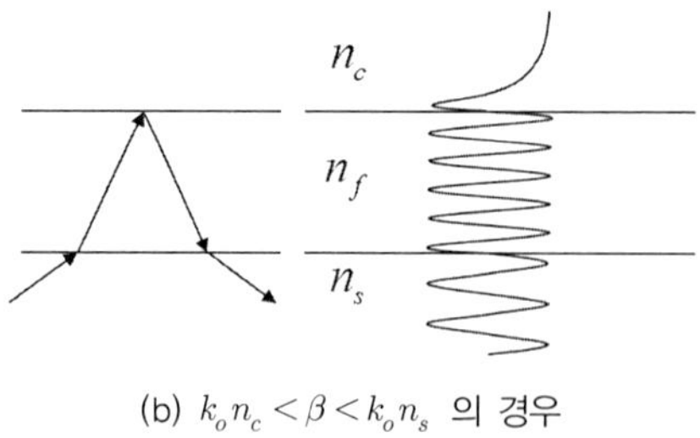

(b) $k_o n_c < \beta < k_o n_s$ 의 경우

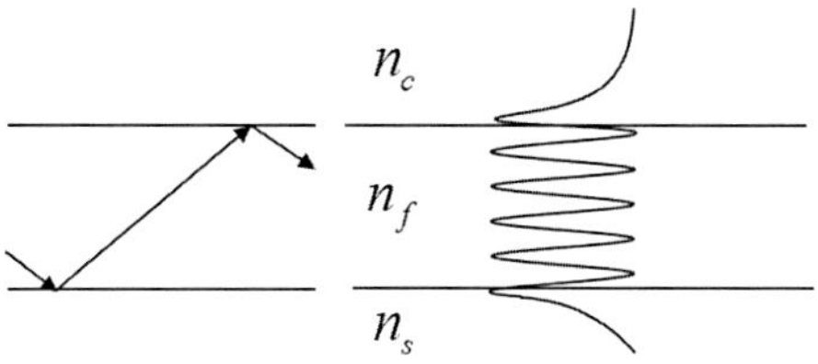

(c) $k_o n_s < \beta < k_o n_f$ 의 경우

[그림 2.14] β 의 값에 따른 도파로 영역에서 광선과 전자기 파동

2.5 전파상수 찾기

[그림 2.14] (c)로부터 전파상수 β가 $k_0 n_s < \beta < k_0 n_f$ 의 조건을 만족한다면 각 영역에서 전계의 횡 방향 성분은 식 (2-28)로 주어진다.

$$E_y(x) = C_1 e^{-\gamma_c x}, \quad 0 < x \tag{2-28}$$

$$E_y(x) = C_2 \cos(\kappa_f x) + C_3 \sin(\kappa_f x), \quad -h < x < 0$$

$$E_y(x) = C_4 e^{-\gamma_s (x+h)}, \quad x < -h$$

여기서 C_1, C_2, C_3, C_4 는 경계조건으로부터 정의되는 전계의 크기이고, γ_c 와 γ_s 는 상부층과 기판층의 감쇠계수이다. 경계조건은 전계와 자계의 접선성분이 경계면에서 연속인 성질을 이용한다. 자계에 대한 연속조건을 이용하기 위하여 전계의 크기에 대한 자계의 크기를 나타내는 식을 유도하면

$$\nabla \times E(t) = -j\omega\mu H(t) \tag{2-29}$$

식 (2-29)를 자계 H 의 접선 성분인 z축 성분으로 표현하면 식 (2-30)을 얻는다.

$$\tilde{z}\left(\frac{\partial E_y}{\partial x} - \frac{\partial E_x}{\partial y}\right) = -j\omega\mu H_z \tag{2-30}$$

y축 방향으로 무한한 평면도파로 구조이므로 y방향으로 E_x 의 변화는 없다. 그러므로 H_z 는 식 (2-31)로 주어진다.

$$H_z = \frac{j}{\omega\mu}\frac{\partial E_y}{\partial x} \tag{2-31}$$

C_1, C_2, C_3, C_4 를 결정하기 위하여 먼저 $x=0$ 인 경계에서 전장 E_y 는 연속인 성질을 식 (2-28)에 적용하면

$$C_1 e^{-\gamma_c x}\big|_{x=0} = \left[C_2\cos(\kappa_f x) + C_3\sin(\kappa_f x)\right]_{x=0} \tag{2-32}$$

이를 만족하기 위해서는 $C_2 = C_1$ 이다.

다음은 경계에서 자계가 연속인 조건을 만들기 위하여 식 (2-28)의 E_y 를 x에 대하여 편미분한다.

$$\frac{\partial E_y}{\partial x} = \frac{\partial}{\partial x}\left(Ae^{-\gamma_c x}\right) = -\gamma_c A e^{-\gamma_c x} \tag{2-33}$$

$$\frac{\partial E_y}{\partial x} = \frac{\partial}{\partial x}\left[C_2\cos(\kappa_f x) + C_3\sin(\kappa_f x)\right]$$

$$= -C_2\kappa_f\sin(\kappa_f x) + C_3\kappa_f\cos(\kappa_f x) \tag{2-34}$$

$x=0$에서 연속임을 이용하여 식 (2-33)과 (2-34)를 연립하여 풀이하면 $C_3 = -C_1\dfrac{\gamma_c}{\kappa_f}$ 가 얻어진다. C_4 를 찾기 위하여 $x=-h$ 에서 전계가 연속인 성질을 이용하면 $C_4 = C_1\left[\cos(\kappa_f h) + \dfrac{\gamma_c}{\kappa_f} sin(\kappa_f h)\right]$ 가 된다.

이상에서 얻어진 4개의 계수에 대한 관계를 식 (2-28)에 대입하여 정리하면 식 (2-35)가 된다.

$$E_y(x) = C_1 e^{-\gamma_c x}, \quad 0 < x \tag{2-35}$$

$$E_y(x) = C_1\left[\cos(\kappa_f x) - \frac{\gamma_c}{\kappa_f}\sin(\kappa_f x)\right], \quad -h < x < 0$$

$$E_y(x) = C_1\left[\cos(\kappa_f x) + \frac{\gamma_c}{\kappa_f}\sin(\kappa_f h)\right] e^{-\gamma_s(x+h)}, \quad x < -h$$

마지막으로 $x=-h$ 에서 자계의 접선 성분이 연속인 성질을 이용하여 κ_f 를 찾아야 하며 이를 이용하여 전파상수 β 를 구할 수 있다. 중앙 도파로인 필름층의 전장 E_y 를 편미분하면

$$\frac{\partial E_y}{\partial x}|_{x=-h} = C_1[\kappa_f \sin(\kappa_f h) - \gamma_c \cos(\kappa_f h)] \tag{2-36}$$

기판층의 전장 E_y 를 편미분하면

$$\frac{\partial E_y}{\partial x}|_{x=-h} = C_1\left[\cos(\kappa_f h) + \frac{\gamma_c}{\gamma_f} sin(\kappa_f h)\right]\gamma_s \tag{2-37}$$

전파상수를 위한 고유치 방정식을 얻기 위하여 식 (2-36)과 (2-37)을 $\cos(\kappa_f h)$로 각각 나누고 연속임을 적용하면 수치적으로 또는 그래프적으로 해석할 수 있는 식을 얻게 된다.

$$\tan(h\kappa_f) = \frac{\gamma_c + \gamma_s}{\kappa_f\left(1 - \frac{\gamma_c \gamma_s}{\kappa_f^2}\right)} \tag{2-38}$$

식 (2-38)을 슬래브 도파로의 TE 모드에 대한 특성 방정식이라 한다.
TM 모드에 대한 특성 방정식은 식 (2-39)와 같다.

$$\tan(h\kappa_f) = \frac{\kappa_f\left[\frac{n_f^2}{n_c^2}\gamma_c + \frac{n_f^2}{n_s^2}\gamma_s\right]}{\kappa_f^2 - \frac{n_f^4}{n_c^2 n_s^2}\gamma_c\gamma_s} \tag{2-39}$$

예제 2.2 • • •

[그림 2.12]에서 코어층의 굴절률(n_f)은 1.45이고 두께(h)는 4.5 μm, 기판층의 굴절률(n_s)은 1.43, 상부층의 굴절률(n_c)은 1.4이다. 광원의 파장이 1.550 μm 일 때 TE 모드에 대한 전파상수를 구하시오.

풀이

그래프적 해를 구하기 위하여 변수로써 κ_f 를 사용한다. 식 (2-38)의 좌변과 우변을 κ_f에 대하여 그래프를 그리고 그래프가 만나는 점의 κ 를 구한다. 모든 변수를 κ_f 에 대한 표현으로 나타내면

$$\gamma_c = \sqrt{\beta^2 - k_0^2(1.4)^2} \qquad (2-40)$$

$$\gamma_s = \sqrt{\beta^2 - k_0^2(1.43)^2}$$

$$\beta = \sqrt{k_0^2(1.45)^2 - \kappa_f^2}$$

여기서 κ_f의 범위는 0에서 $\kappa_{\max} = k_0\sqrt{n_f^2 - n_s^2}$ 까지 이다.

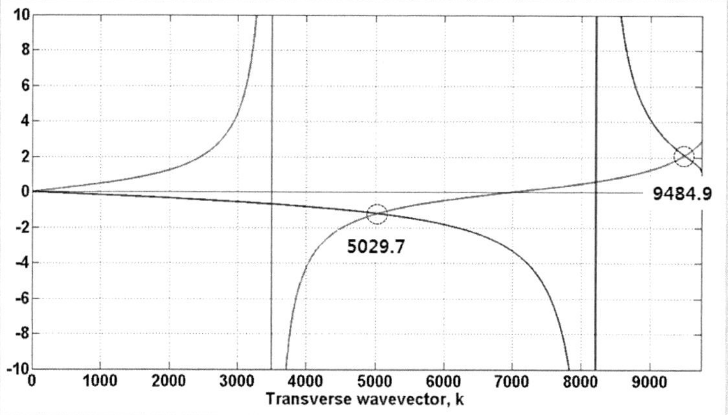

[그림 2.15] 식 (2-38)을 이용하여 주어진 도파로를 κ의 함수로 그린 그래프

[그림 2.15]로부터 두 개의 도파모드가 존재함을 알 수 있으며, 도파로에 허용된 κ는 5029.7 과 9484.9/cm 이다. 식 (2-40)을 이용하여 β를 계산하면 β_1은 60597, β_2는 6.0061 이다.

% 그림 2.15의 그래프적 해석을 위한 MATLAB 코드

```
kappa=1:kappa_max;
nc=1.4;
nf=1.45;
ns=1.43;
lambda=1.55*10^(-4);
h=4.5*10^(-4);
k0=(2*pi)/lambda;
kappa_max=sqrt(k0^2*nf^2-k0^2*ns^2);
beta=sqrt(k0.^2*nf.^2-kappa.^2);
```

```
gam_c=sqrt(beta.^2-k0.^2*nc.^2);
gam_s=sqrt(beta.^2-k0.^2*ns.^2);
f_left=tan(kappa.*h);
f_right=(gam_c+gam_s)./(kappa.*(1-(gam_c.*gam_s)./kappa.^2));
f_axis=0;
plot(kappa, f_left,'r', kappa, f_right, 'b', kappa, f_axis, 'k')
axis([0 kappa_max -10 10])
```

% kappa를 찾기 위한 MATLAB 코드

```
function FindRoot = propa_constant(kappa)
nc=1.4;
nf=1.45;
ns=1.43;
lambda=1.55*10^(-4);
h=4.5*10^(-4);
k0=(2*pi)/lambda;
beta=sqrt(k0.^2*nf.^2-kappa.^2);
gamma_c=sqrt(beta.^2-k0.^2*nc.^2);
gamma_s=sqrt(beta.^2-k0.^2*ns.^2);
FindRoot=tan(kappa.*h)-(gam_c+gam_s)./(kappa.*(1-(gam_c.*gam_s)./k
appa.^2));
```

% 전파상수 β를 계산하기 위한 MATLAB 실행

```
>> kappa=fzero('propa_constant',5000)
kappa =
  5.0297e+003
>> beta1=sqrt((2*pi/(1.55*10^(-4)))^2*1.45^2-kappa^2)
beta1 =
  5.8563e+004
>> kappa=fzero('propa_constant',9000)
kappa =
  9.4849e+003
>> beta1=sqrt((2*pi/(1.55*10^(-4)))^2*1.45^2-kappa^2)
beta1 =
  5.8008e+004
```

% TE 모드에 대한 전장 분포를 보여주기 위한 MATLAB 코드

```
kappa=9484.9;
beta=58008;
nc=1.4;
nf=1.45;
ns=1.43;
lambda=1.55*10^(-4);
h=4.5*10^(-4);
k0=(2*pi)/lambda;
gam_c=sqrt(beta^2-k0^2*nc^2);
gam_s=sqrt(beta^2-k0^2*ns^2);
x=linspace(0,0.0002);
plot(x/10^(-4),exp(-sqrt(beta^2-(2*pi/(1.55*10^(-4)))^2*1.4^2)*x))
hold on
x=linspace(-0.00045,0);
plot(x/10^(-4),cos(kappa*x)-sqrt(beta^2-(2*pi/(1.55*10^(-4)))^2*1.
4^2)/kappa*sin(kappa*x))
hold on
x=linspace(-0.001,-0.00045);
plot(x/10^(-4),(cos(kappa*4.5*10^(-4))+sqrt(beta^2-(2*pi/(1.55*10^
(-4)))^2*1.4^2)/kappa*sin(kappa*4.5*10^(-4)))*exp(sqrt(beta.^2-(2*
pi/(1.55*10^(-4)))^2*1.43^2)*(x+4.5*10^(-4))))
hold on
```

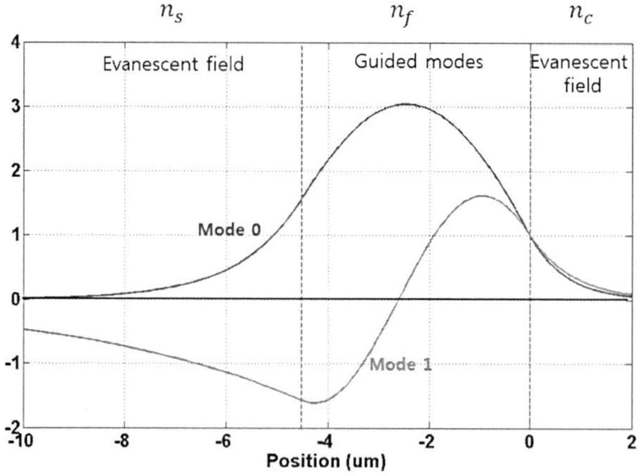

[그림 2.16] [예제 2.2]의 도파로에 존재하는 2 개의 TE 모드에 대한 전장 분포

예제 2.3 • • •

[그림 2.13]의 도파로에서 $n_c = n_s$ 이면 상부와 하부의 굴절률이 동일하여 대칭적인 구조가 된다. 만약 $n_f = 1.49$, $n_c = n_s = 1.485$ 인 대칭형 도파로에서 $h = 2\mu m$ 와 $h = 20\mu m$ 일 때 허용모드를 결정하라. 단 입사광원의 파장은 $1.3\mu m$ 이다.

풀이

TE 모드에 대한 전장분포는

$$E_y = Ae^{-\gamma(x-h/2)} \tag{2-41}$$

$$E_y = A\frac{\cos(\kappa x)}{\cos(\kappa h/2)} \text{ 또는 } A\frac{\sin(\kappa x)}{\sin(\kappa h/2)} \tag{2-42}$$

$$E_y = \pm Ae^{\gamma(x+h/2)} \tag{2-43}$$

TE 모드에 대한 특성 고유치 방정식은 다음과 같다.

$$\tan\left(\frac{\kappa h}{2}\right) = \frac{\gamma}{\kappa}, \text{ cos 모드에 대하여} \tag{2-44}$$
$$= \frac{\gamma}{\kappa}, \text{ sin 모드에 대하여}$$

여기서 $\gamma = \sqrt{\beta^2 - k_0^2 n_s^2} = \sqrt{k_0^2(n_f^2 - n_s^2) - \kappa^2}$ 이고 식 (2-44)의 양변을 만족하는 κ를 그래픽적 방법으로 구한 다음 $\beta = \sqrt{k_0^2 n_f^2 - \kappa^2}$ 을 이용하여 전파상수를 찾는다. [그림 2.17] (a) 에서 도파로 두께가 얇아도 최소 1개의 모드는 반드시 존재함을 알 수 있다. 이것은 비대칭형 도파로와 다른 점이다. 도파로 두께가 두꺼워질수록 도파모드 수는 증가한다. [그림 2.17] (b)에서 도파로 두께가 20 um 이면 4 개의 모드가 허용된다.

% 대칭형 도파로의 전파상수를 찾기 위한 MATLAB 코드

```
nf=1.49;
ns=1.485;
lambda=1.3*10^(-4);
h=2*10^(-4);
k0=(2*pi)/lambda;
kappa_max=sqrt(k0^2*nf^2-k0^2*ns^2);
```

```
kappa=1:kappa_max;
beta=sqrt(5.186*10.^9-kappa.^2);
gamma=sqrt(3.47*10.^7-kappa.^2);
fplot('[sqrt(3.47*10.^7-kappa.^2)/kappa,-kappa/sqrt(3.47*10.^7-kap
pa.^2),tan(kappa*2*10^(-4)/2)]',[0 kappa_max -10 10] )
```

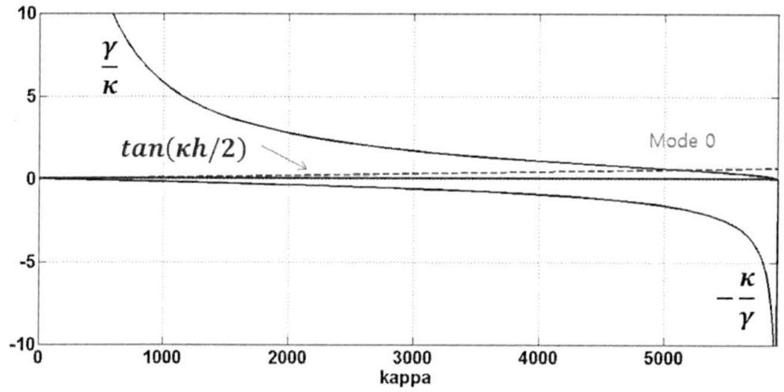

(a)

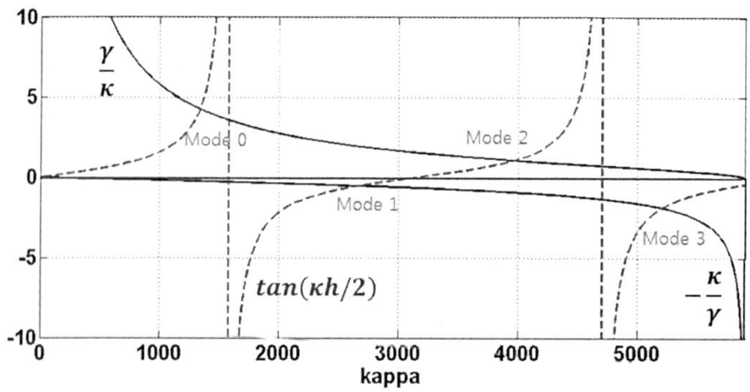

(b)

[그림 2.17] 대칭형 도파로의 두께에 따른 허용 모드 수.
(a) 도파로 두께 $h=2\mu m$, (b) 도파로 두께 $h=20\mu m$

[그림 2.12]와 같은 유전체 도파로를 진행하는 광선 중 모드가 되기 위한 조건을 알아본다.

도파조건인 식 (2-20)으로부터 각각의 m에 대응하는 이산적인 θ_m 이 존재하며 이에 대응하는 ϕ_m 이 있는데 여기서 m 을 모드 수(mode number)라고 정의하며, 주어진 도파로에 몇 개의 도파모드가 가능한지 예측할 수 있다. 모든 θ_m 은 경계면에서 전반사하는 임계각 θ_c 보다 크기 때문에 $\sin\theta_m > \sin\theta_c$이므로 최고차 모드는 임계각 부근에 존재한다.

$\sin\theta_m = \sqrt{1-\cos^2\theta_m}$ 이므로 $\sin\theta_c = n_2/n_1$를 이용하여 $\cos\theta_c$를 구면,

$$\cos\theta_c = \sqrt{\frac{n_1^2 - n_2^2}{n_1^2}} \tag{2-45}$$

$\cos\theta_c$를 식 (2-20의 $\cos\theta_m$을 대신해서 대입하여 m의 범위를 정의하면,

$$m \le \frac{2V-\phi}{\pi} \approx \frac{2V}{\pi} \tag{2-46}$$

$$V = \frac{2\pi a}{\lambda}\sqrt{n_1^2 - n_2^2} \tag{2-47}$$

여기서 V 를 정규화 주파수라고 한다. 이때 최대 허용모드 수 M을 식 (2-48)와 같이 정의할 수도 있다.

$$M = Int\left(\frac{2V}{\pi}\right) + 1 \tag{2-48}$$

예제 2.4 • • •

[그림 2.12] 의 평면도파로에서 두께가 $100\mu m$ 이고 자유공간 광원파장 $1.3\mu m$ 에서 도파로 굴절률은 각각 $n_1 = 1.5$, $n_2 = 1.46$ 이면 도파모드가 몇 개 존재하는가?

풀이

$m \le \frac{2V-\phi}{\pi} \approx \frac{2V}{\pi}$ 을 이용하면 $V = \frac{2\pi a}{\lambda}\sqrt{n_1^2 - n_2^2}$ 이므로

$$V = \frac{2\times\pi\times 50\times 10^{-6}}{1.3\times 10^{-6}} \times (1.5^2 - 1.46^2)^{1/2} = 83.15$$

$$m \le \frac{2\times 83.13}{\pi} = 52.9373$$

TE와 TM 모드를 모두 고려한 최대 허용 모드 수는 53 이다.

% 모드수 계산을 위한 MATLAB 코드

```
>> n1=1.5;
>> n2=1.46;
>> a=50*10^(-6);
>> lambda=1.3*10^(-6);
>> V=2*pi*a*sqrt(n1^2-n2^2)/lambda;
>> m=2*V/pi
m =
   52.9374
```

2.6 프레넬의 방정식

두 매질의 경계에서 일어나는 반사와 굴절을 이해하는데 일정한 위상을 가지는 파면을 이용한 광선해석법이 유용하지만, 반사파와 굴절파의 크기와 상대적인 위상을 얻기 위해서는 광파의 전계를 고려할 필요가 있다.

[그림 2.18]에서 TE파가 밀한 매질에서 소한 매질로 입사할 때 경계조건을 이용하여 반사되고 투과되는 파의 크기를 굴절률 n_1과 n_2, 그리고 입사각 θ_i의 함수로 구할 수 있다. 이러한 관계를 프레넬의 방정식(Fresnel's equation)이라 한다. 만약 n_1과 n_2의 굴절률 비를 $n = n_2/n_1$으로 나타낸다면 TE 입사파에 대한 반사계수와 투과계수는 다음 식과 같다. 스넬의 법칙을 이용하면 $\theta_t = \sin^{-1}\left(\frac{n_1}{n_2}\sin\theta_i\right)$이다. 이를 이용하면 주어진 식을 θ_i의 함수로 나타낼 수 있다.

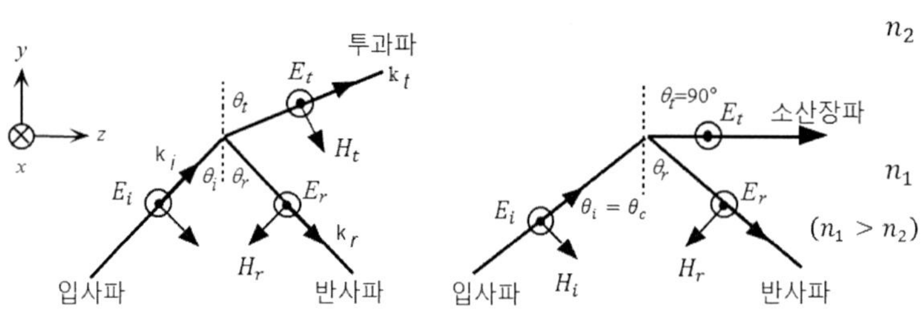

(a) $\theta_i < \theta_c$ (b) $\theta_i \geq \theta_c$

[그림 2.18] 밀한 매질에서 소한 매질로 입사하는 TE 파

$$r_{TE} = \frac{E_{r\perp}}{E_{i\perp}} = \frac{\cos(\theta_i) - n\cos(\theta_t)}{\cos(\theta_i) + n\cos(\theta_t)} = \frac{\cos\theta_i - \sqrt{n^2 - \sin^2\theta_i}}{\cos\theta_i + \sqrt{n^2 - \sin^2\theta_i}} \tag{2-49}$$

$$t_{TE} = \frac{E_{t\perp}}{E_{i\perp}} = \frac{2\cos\theta_i}{\cos\theta_i + n\cos\theta_i} = \frac{2\cos\theta_i}{\cos\theta_i + \sqrt{n^2 - \sin^2\theta_i}} \tag{2-50}$$

TM 파에 대한 반사계수와 투과계수는 다음의 식으로 계산된다.

$$r_{TM} = \frac{E_{r\parallel}}{E_{i\parallel}} = \frac{\cos(\theta_t) - n\cos(\theta_i)}{\cos(\theta_t) + n\cos(\theta_i)} = \frac{\sqrt{n^2 - \sin^2\theta_i} - n^2\cos\theta_i}{\sqrt{n^2 - \sin^2\theta_i} + n^2\cos\theta_i} \tag{2-51}$$

$$t_{TM} = \frac{E_{t\parallel}}{E_{i\parallel}} = \frac{2\cos(\theta_i)}{n\cos(\theta_i) + \cos(\theta_t)} = \frac{2n\cos\theta_i}{\sqrt{n^2 - \sin^2\theta_i} + n^2\cos\theta_i} \tag{2-52}$$

전반사되어진 파의 위상천이를 알아보는 것 또한 중요하다. 다중모드 광섬유에서 각각의 모드는 다른 각을 가지고 코어내부로 진행하기 때문에 경계면에서의 위상천이도 달라진다.

식 (2–49)와 식 (2–50)은 전반사 조건하에서 복소수가 된다. 이를 크기와 위상을 포함하는 식으로 표현하면 $r = |r|e^{j\delta}$ 가 된다. TE와 TM 파에 대한 위상천이 δ_{TE} 와 δ_{TM} 은 각각 다음의 식으로 주어진다.

$$\tan\frac{\delta_{TE}}{2} = \frac{-\sqrt{(n_1)^2\sin^2(\theta_i) - n_2^2}}{n_1\cos\theta_i} \tag{2-53}$$

$$\tan\frac{\delta_{TM}}{2} = -\left(\frac{n_1}{n_2}\right)^2 \frac{\sqrt{n_1^2\sin^2\theta_i - n_2^2}}{n_1\cos\theta_i} \tag{2-54}$$

식 (2–51)에서 TM의 반사계수는 영이되는 입사각 θ_i 가 존재하며 이를 브루스터각(Brewster's angle) θ_B 라 한다.

$$\theta_B = \tan^{-1}\left(\frac{n_2}{n_1}\right) \tag{2-55}$$

TE에 대해서는 식 (2–49)를 영으로 만드는 브루스터각이 존재하지 않는다. 브루스터각은 반사손실 없이 빛을 유전체 안으로 투과시키는데 유용하다.

예제 2.5 • • •

[그림 2.19]에서 $n_1 = 1.45$, $n_2 = 1$ 인 경우 입사각에 대한 반사계수를 보여주는 그래프를 보여라. 이 경우 임계각과 브루스터각은 얼마인가?

풀이

[그림 2.19]에서 임계각은 43.6028° 이며 브루스터각은 33.69° 이다. (MATLAB으로 확인)

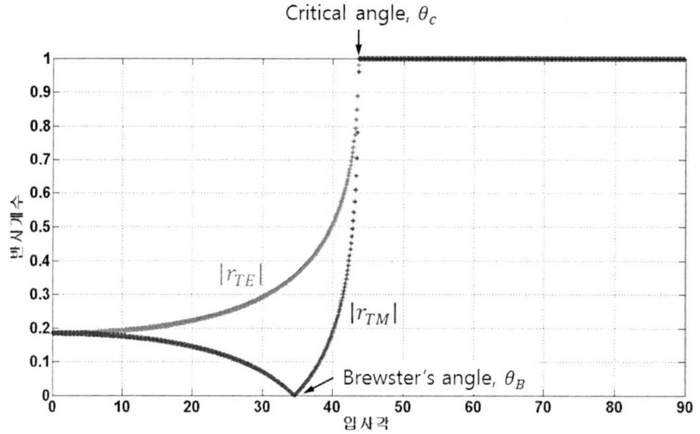

[그림 2.19] 입사각에 따른 반사계수의 크기 ($n_1 = 1.45$, $n_2 = 1$). 43.6° 부근에서 반사계수가 1인 전반사가 일어난다. TM 파의 경우 반사 없이 완전 투과만 존재하는 브루스터각이 존재한다.

% 입사각에 대한 반사계수 찾기 위한 MATLAB 코드

```
n1=1.45;
n2=1;
theta_c=asind(n2/n1);
theta_b=atand(n2/n1);
for theta_i = 0:0.1:theta_c       % for TE mode
    theta_t=asind(n1/n2*sind(theta_i));
    plot(theta_i,
(n1*cosd(theta_i)-n2*cosd(theta_t))/(n1*cosd(theta_i)+n2*cosd(thet
a_t)), 'r*')
    hold on
```

```
end
for theta_i = theta_c:0.1:90
    plot(theta_i, 1, 'r*')
    hold on
end
for theta_i = 0:0.1:theta_c       % for TM mode
    theta_t=asind(n1/n2*sind(theta_i));
    plot(theta_i,
abs(n1*cosd(theta_t)-n2*cosd(theta_i))/(n1*cosd(theta_t)+n2*cosd(t
heta_i)), 'b*')
    hold on
end
for theta_i = theta_c:0.1:90
    plot(theta_i, 1, 'b*')
    hold on
end
grid
```

% MATLAB COMMAND

```
>> theta_c=asind(1/1.45)
theta_c =
   43.6028
>>
>> theta_B=atand(1/1.5)
theta_B =
   33.6901
```

예제 2.6 • • •

입사광선이 공기에서 굴절률이 1.5인 유리로 수직 입사할 경우 반사계수와 반사된 광의 세기(intensity)를 구하시오.

풀이

$\theta_i = 0$에서 $\theta_t = 0$ 이므로 $r_{TE} = \dfrac{E_r}{E_i} = \dfrac{n_1 \cos(\theta_i) - n_2 \cos(\theta_t)}{n_1 \cos(\theta_i) + n_2 \cos(\theta_t)}$ 을 이용하여

$r_{TE}=\dfrac{n_1-n_2}{n_1+n_2}$ 이므로 $r_{TE}=\dfrac{1-1.5}{1+1.5}=-0.2$ 이다. 입사광의 20%가 반사함을 보여준다. 여기서 마이너스 기호는 반사파의 위상이 입사파에 대하여 180° 반전이 됨을 의미한다.

포인팅 벡터를 이용하면 입사광의 세기는 $S_i=\dfrac{1}{2}\dfrac{E_o^2}{\eta}$ 로 주어지므로 반사광의 세기는 $S_i=\dfrac{1}{2}\dfrac{(0.2E_o)^2}{\eta}=0.04\dfrac{1}{2}\dfrac{E_o^2}{\eta}=0.04S_i$ 이다. 입사광 전력의 4 % 가 반사함을 보여준다. 이것은 빛을 받아들이는 효율이 중요한 광학장비의 경우 상당한 부정적인 요인으로 작용한다. 예를 들면 카메라 렌즈의 경우 3개 이상의 광학계로 구성된다. 만약 3개라면 빛의 투과율은 $(1-0.04)^3=0.88$ 이 된다. 이 경우 충분한 빛을 받아들이기 위한 큰 어퍼쳐와 긴 노출시간이 필요하지만 사진에 고스트 이미지가 발생할 수 있다. 이러한 문제를 극복하기 위하여 렌즈에 반사방지용 박막 처리를 한다.

예제 2.7 • • •

[그림 2.18]에서 $n_1=1$, $n_2=1.44$ 인 외부 반사의 경우 입사각에 대한 반사계수를 TE와 TM에 대하여 그래프로 보여라. 이 경우 Brewster 각은 얼마인가?

풀이

[그림 2.20]에서 Brewster 각은 55.2222°이다. 여기서 입사각 $\theta_i=0$ 인 경계면 수직입사의 경우 r_{TE} 와 r_{TM} 은 동일한 반사계수에 음의 부호를 가진다. 이것은 수직입사에 의한 외부 반사의 경우 180° 위상 천이가 있음을 의미한다.

% MATLAB 코드

```
>> theta_B=atand(1.44)
theta_B =
   55.2222
```

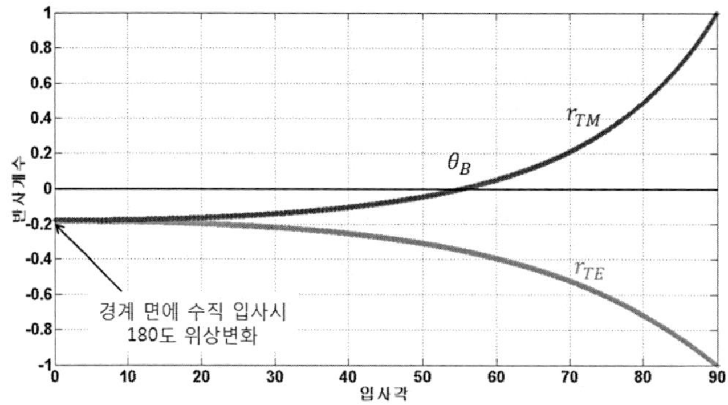

[그림 2.20] 입사각에 따른 두 직교 편광의 반사계수

예제 2.8 • • •

$n_1 = 1.5$, $n_2 = 1.0$ 인 내부 전반사의 경우 TE와 TM 파의 입사각에 대한 전반사되는 파의 위상 천이를 보이시오.

풀이

```
%MATLAB 프로그램
n1=1.5;
n2=1;
n=n1/n2;
theta_c=asind(n2/n1);

for theta_i =theta_c:0.01:90
   plot(theta_i,
2*atand(sqrt(n1^2*(sind(theta_i))^2-n2^2)/(n1*cosd(theta_i))),
'r*') %for TE
   plot(theta_i,
2*atand(n1^2/n2^2*sqrt((n1^2*(sind(theta_i))^2-n2^2))/(n1*cosd(theta_i
))), 'b*')
% for TM
   hold on
end
grid
```

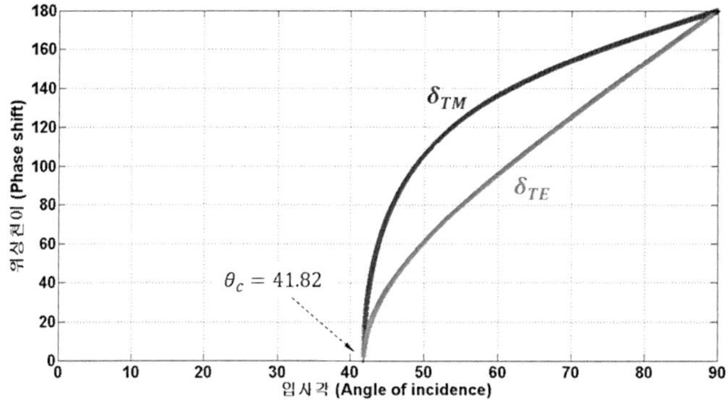

[그림 2.21] 두 직교편광에 대한 전반사시 위상 천이

2.7 소산장과 Goos-Haenchen 천이

광학적으로 밀한 매질내를 진행하는 빛이 임계각보다 큰 입사각으로 소한 매질에 입사할 때 전반사를 경험한다. [그림 2.22]로부터 전반사 조건에서 클래딩에 존재하는 전계를 살펴보자. 전계의 크기는 가로축 방향에 대하여 지수 함수적으로 감소한다. 이것을 소산장(evanescent field)이라 한다. 이러한 형태의 전계는 에너지로 저장되고 도파로의 종축방향으로 전송되며 횡축 방향으로는 도파되지 않는다.

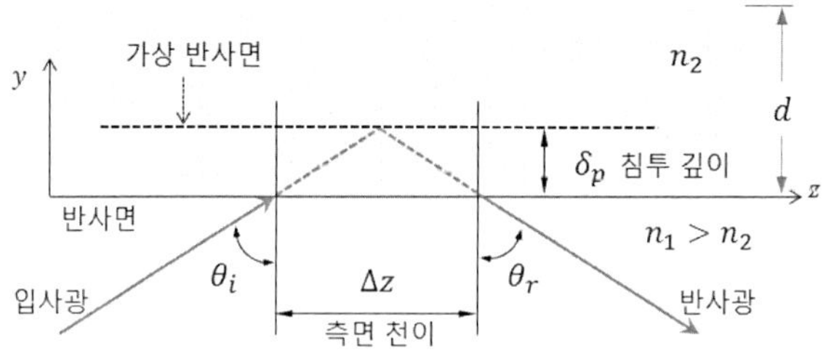

[그림 2.22] 전반사 조건에서 일어나는 Goos-Haenchen 천이

클래딩으로의 광 에너지 침투는 클래딩 재료 선택의 중요성을 의미한다. 먼저, 클래딩은 도파로가 동작하는 파장영역에서 빛에 투명해야 한다. 두 번째 클래딩은 도파로의 손상을 방지하고 도파로 벽에 이물질의 축적을 막기 위하여 고체물질이어야 한다. 초창기 광섬유는 공기층이 클래딩 역할을 함으로써 이러한 문제에 직면하였고 광손실이 매우 컸다. 마지막으로 클래딩의 두께는 소산장을 허용할 만큼 충분

히 두꺼워야 한다. 대부분의 경우 전계의 크기는 코어-클래딩 경계면에서 급격히 감소하며 도파빔 파장의 수배 정도 범위 내에서 일어난다.

광선 궤적 해석에 의한 [그림 2.18]을 참조하면 반사되는 광선은 입사한 광선이 경계면에 닿는 지점에서 곧 바로 되돌아오는 것으로 볼 수 있다. 그러나 정밀한 광학적인 실험을 통해 [그림 2.22]와 같이 반사파는 입사지점에서 측면으로 이동한 지점으로부터 나오는 것으로 확인되었다.

입사각과 반사각은 동일하지만 실제 반사는 밀한 매질 내부에 존재하는 가상 반사면에서 발생한다. 여기서 측면 천이 Δz 를 Goos-Haenchen 천이라 한다. 측면 천이는 입사각과 침투깊이의 함수로 표현되며 식 (2-56)으로 계산된다.

$$\Delta z = 2\delta_p \tan\theta_i \tag{2-56}$$

침투깊이 $\delta_p = 1/\alpha_p$ 로 소산장의 감쇠계수 α_p 와 역수 관계에 있다. 밀한 매질로 침투하는 전계의 감쇠계수는 식 (2-57)과 같다.

$$\alpha_p = \frac{2\pi n_2}{\lambda}\sqrt{\left(\frac{n_1}{n_2}\right)^2 \sin^2\theta_i - 1} \tag{2-57}$$

예제 2.9 • • •

[그림 2.22]와 같은 두 매질의 경계면으로 $1.3\mu m$ 파장의 광선이 입사하였다. $n_1 = 1.45$ 이고 $n_2 = 1.43$ 일 경우 다음을 계산하시오.

(1) 임계각은 얼마인가?

(2) 입사각이 임계각 보다 클 경우 입사각에 대한 감쇠계수와 침투깊이의 변화를 그래프로 보이시오.

(3) 입사각이 85° 일 때 침투깊이를 구하시오.

(4) Goos-Haenchen 천이는 얼마인지 계산하시오.

풀이

(1) $\theta_c = \sin^{-1}\left(\frac{n_2}{n_1}\right) = \sin^{-1}\left(\frac{1.43}{1.45}\right) = 80.47°$

(2) %MATLAB 프로그램

```
lambda=1.3;
n1=1.45;
n2=1.43;
theta c=asind(n2/n1);
```

```
%for attenuation
for theta_i = theta_c:0.001:90
    plot(theta_i,
 ((2*pi*n2/lambda)*((n1/n2)^2*(sind(theta_i))^2-1)^0.5), 'r')
    hold on
end
%for penetration depth
for theta_i = theta_c:0.001:90
    plot(theta_i,
 1/((2*pi*n2/lambda)*((n1/n2)^2*(sind(theta_i))^2-1)^0.5), 'r')
    hold on
end
grid
```

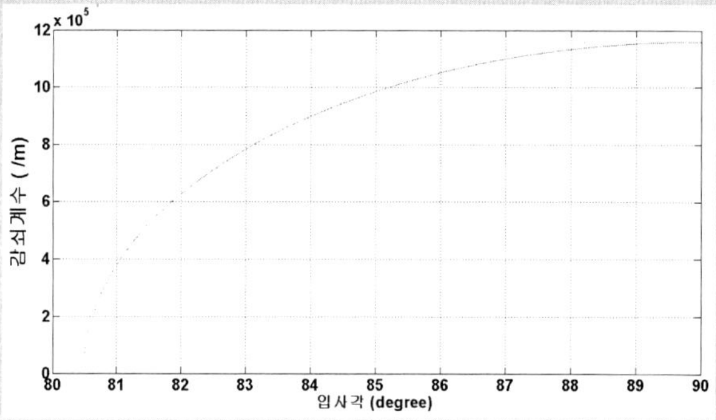

[그림 2.23] 입사각에 대한 감쇠계수

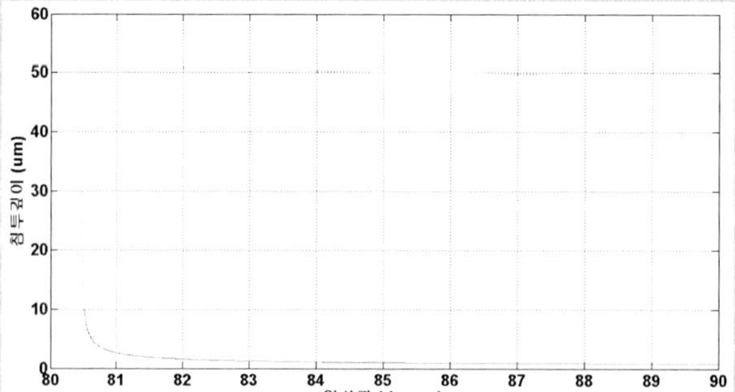

[그림 2.24] 입사각에 대한 침투깊이

(3) $\alpha_p = \frac{2\pi n_2}{\lambda}\sqrt{\left(\frac{n_1}{n_2}\right)^2 \sin^2\theta_i - 1} = \frac{2\pi \times 1.43}{1.3\times 10^{-6}}\sqrt{\left(\frac{1.45}{1.43}\right)^2 \sin^2(85) - 1}$

$= 0.98/\mu m$

$\delta_p = \frac{1}{\alpha_p} = \frac{1}{0.98\times 10^6} = 1.02\mu m$

(4) $\Delta z = 2\delta_n \tan\theta_i = 2\times 1.02 \times \tan(85) \approx 23\mu m$

2.8 광 터널링과 그 응용

[그림 2.22]에서 소한매질의 두께 d 가 충분히 얇아서 침투깊이 δ_p 보다 작아진다면 [그림 2.25]와 같이 소산장에 의한 광 터널링 현상이 발생한다. 이것은 중간층에 존재하는 소산장이 상부에 존재하는 매질에 도달할 수 있으므로 발생하는 것이다. 이것을 방해된 전반사(frustrated total internal refraction: FTIR)라고 한다. 이로 인하여 상부로 투과되는 파가 생기며 반사파의 광세기는 줄어들게 된다.

광 터널링 현상을 이용하여 광학 소자로 응용한 대표적인 예는 빔 분할기(beam splitter) 이다. [그림 2.26]은 프리즘을 이용한 빔 분할기를 보여준다. 굴절률이 낮은 박막물질에 의해 두 개의 프리즘이 분리된 형태로 구성된다. 임계각보다 큰 각으로 입사된 빔은 방해된 전반사에 의해 반사파와 박막을 통과하는 터널링 현상에 의한 투과파로 나뉘어져 프리즘 외부로 출력된다. 즉 하나의 입력빔을 두 개의 출력빔으로 분할하는 역할을 한다. 출력되는 두 빔의 광 전력비는 박막의 두께와 굴절률 n_2 에 의존한다.

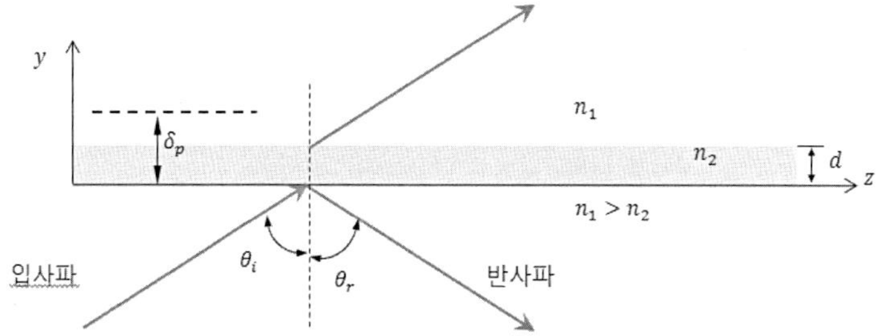

[그림 2.25] 밀한 매질 사이에 존재하는 소한매질의 두께가 소산장의 침투깊이보다 작을 경우 발생하는 광 터널링 현상

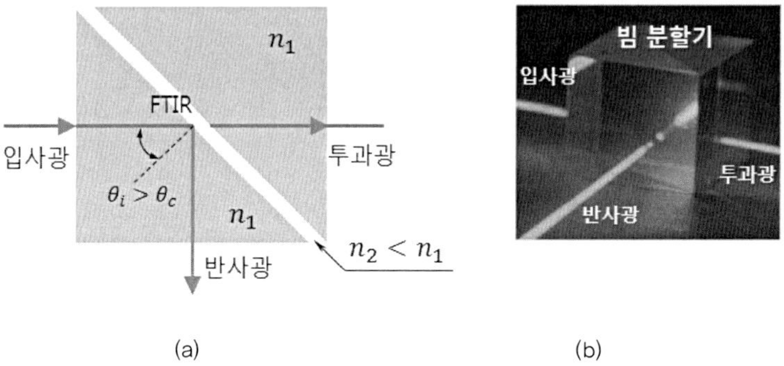

[그림 2.26] FTIR을 이용한 빔 분할기. (a) 빔 분할기의 개념도, (b) 실제 제작된 빔 분할기를 이용한 실험결과

[연습문제]

2.1 순수 실리카 유리의 굴절률은 1.3 um에서 1.447이다. 이 파장의 광파가 진행할 때 다음을 계산하시오.

(a) 위상속도

(b) 그룹 굴절률이 1.462이면 그룹 속도는 어떻게 되는가?

2.2 유리에서 물로 빛이 진행하면서 경계면에서 반사와 굴절을 경험한다. 유리의 굴절률이 1.5이고 물의 굴절률이 1.3이라면 임계각을 구하시오.

2.3 평면도파로에서 두께가 $10\mu m$이고 자유공간 광원파장 $1.55\mu m$에서 도파로 굴절률은 각각 $n_1 = 1.48$, $n_2 = 1.475$이면 도파모드가 몇 개 존재하는가?

2.4 매질 1에서 매질2로 빛이 입사한다. 각 매질의 굴절률 $n_1 = 1.45$, $n_2 = 1.3$ 인 경우 TM파에 대한 브루스터각은 얼마인가?

2.5 입사광선이 굴절률이 1.3인 물에서 공기로 수직 입사할 경우 반사계수와 반사된 광의 세기를 구하시오.

2.6 두 매질의 경계면으로 $1.55\mu m$ 파장의 광선이 입사하였다. $n_1 = 1.5$이고 $n_2 = 1.48$ 일 경우 다음을 계산하시오.

(1) 임계각을 구하시오.

(2) 입사각이 83° 일 때 전반사 조건을 만족한다면 침투 깊이를 구하시오.

(3) Goos-Haenchen 천이는 얼마인지 계산하시오.

(4) 입사각이 83° 일 때 반사된 빔의 위상천이는 얼마인가?

03 CHAPTER

광섬유 이론

학습목표

1. 광섬유의 기본구조와 종류를 설명한다.
2. 광섬유에서 빛의 전송원리를 이해하고 임계각, 개구수, 수광각을 계산할 수 있다.
3. 광섬유에서 다중모드와 단일모드를 이해하고 분산을 설명한다.
4. 광섬유에서 단일모드 조건과 차단파장을 구할 수 있다.
5. 광섬유 제조방법과 광섬유 손실에 대해서 배운다.

3.1 광섬유 구조

광섬유는 [그림 3.1]과 같이 코어와 클래딩으로 구성된 얇고 투명하며 유연성이 있는 길게 뽑아 놓은 유전체 가닥이다. 코어와 클래딩은 실리카라는 유리 일종의 물질로 동일하게 만들지만 서로 굴절률이 약간 다르다. 통상 코어의 굴절률을 n_1, 클래딩의 굴절률을 n_2라 하며 광학적으로 서로 다른 역할을 한다. [그림 3.1] (a)에서처럼 코어와 클래딩의 굴절률 분포가 계단과 같이 생겨 계단형 광섬유(step-index fiber)라고 명명하며 굴절률의 차이는 도펀트의 종류와 양을 조절함으로써 얻어진다. [그림 3.1] (b)와 같이 코어 주위를 클래딩이 둘러싸는 구조이지만 코어와 클래딩의 굴절률이 달라 광학적인 경계면이 존재한다. 통신용 광섬유의 클래딩은 [그림 3.1] (c)와 같이 125 um 직경을 가지는 것이 일반적이다. 클래딩 바깥부분은 외부충격으로부터 부러지는 것을 방지하기 위하여 플라스틱 코딩을 한다. 그러므로 광섬유는 코어, 클래딩 그리고 코팅의 세 층으로 구성된다.

[그림 3.2]는 광섬유의 외형과 내부전반사를 통한 광 도파과정을 보여준다. 도파로는 굴절률이 n_1인 코어와 이보다 약간 낮은 굴절률 n_2를 가지는 클래딩으로 그

외부를 둘러싸는 원기둥 형태로 이루어져 있다. 여기서 코어의 굴절률을 클래딩보다 높게 하는 이유는 매우 중요하다. 2장의 평면도파로에서 이미 언급되었듯이 코어와 클래딩의 경계면에서 전반사를 얻기 위해서는 코어의 굴절률이 클래딩의 굴절률보다 커야만 한다.

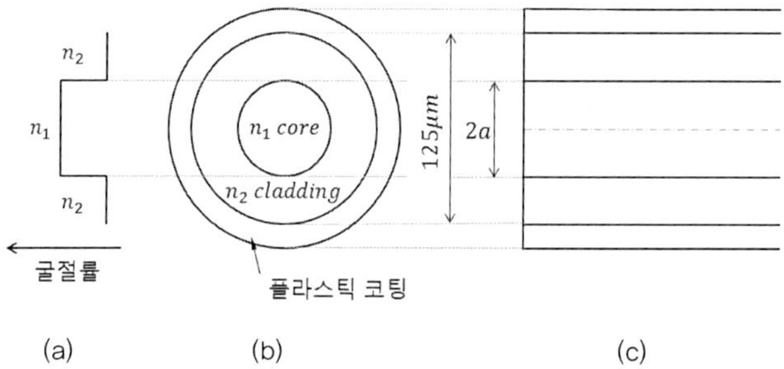

[그림 3.1] 계단형 광섬유의 기본 구조. (a) 굴절률 분포, (b) 정면도, (c) 측면도

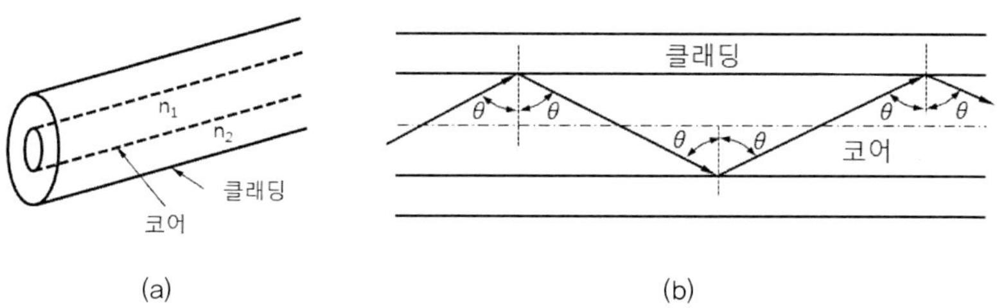

[그림 3.2] (a) 굴절률이 n_1인 코어를 이보다 약간 낮은 굴절률 n_2의 클래딩의 둘러싸고 있는 도파로 구조; (b) 광섬유 내부의 경계면에서 전반사에 의해 진행하는 광선

이러한 조건하에서 빛은 코어를 벗어나지 않고 [그림 3.2] (b)의 광섬유의 중심축을 따라서 진행할 수 있다. 또한 코어의 굴절률이 클래딩보다 높기 때문에 임계각 이상의 입사파는 경계면에서 전반사가 가능하여 진행파 모드가 될 수 있다.

3.2 빛의 전송

[그림 3.2] (b)로부터 도파로의 내부전반사 조건을 만족하기 위해서는 외부 광원의 입사각 범위를 어떻게 해야 하는가? 광섬유로 빛이 입사되는 과정을 기하 광학적 접근법으로 설명하기 위하여 [그림 3.3]을 이용한다.

[그림 3.3] (a)와 같이 전파각 α가 $0 \le \alpha \le \alpha_c$ 를 만족할 경우 광섬유 내부에서 전반사가 일어나므로 외부 광원의 최대 입사각은 스넬의 법칙으로부터 구할 수 있다. 만약 어떤 입사각 ϕ에서 전파각이 α_c 보다 크다면 [그림 3.3] (b)와 같이 코어-클래딩 경계에서 전반사 조건을 만족시키지 못하는 파는 산란되어 사라진다. [그림 3.3] (c)에서 코어-클래딩 경계면에서 임계각 θ_c를 만족하는 전파각 α_c를 고려하면 이를 만족시킬 수 있는 수광각을 생각할 수 있다. $n_{air}\sin\phi_a = n_1\sin\alpha$를 이용하여 식 (3-1)로부터 유도된 수광각 ϕ_a는 식 (3-2)와 같이 광섬유의 굴절률 함수로 나타난다.

$$\begin{aligned}\phi_a &= \sin^{-1}(n_1\sin\alpha_c) \qquad (3\text{-}1)\\ &= \sin^{-1}(n_1\sqrt{1-\cos^2\alpha_c})\\ &= \sin^{-1}\left(n_1\sqrt{1-(\cos(90-\theta_c))^2}\right)\\ &= \sin^{-1}\left(n_1\sqrt{1-(\sin\theta_c)^2}\right) = \sin^{-1}\left(n_1\sqrt{1-\left(\frac{n_2}{n_1}\right)^2}\right)\end{aligned}$$

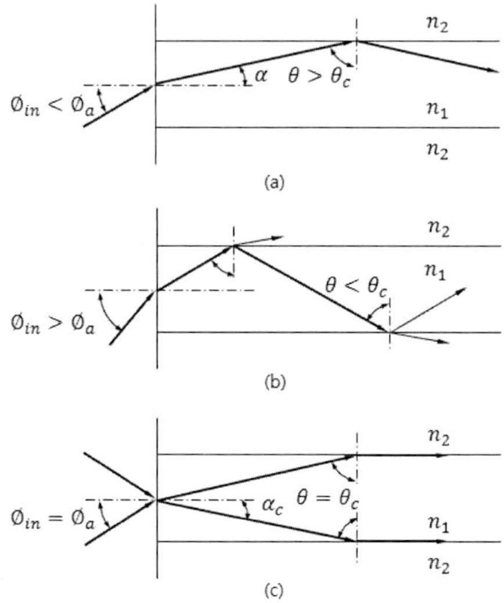

[그림 3.3] 광섬유 안으로 빛이 입사될 때의 기하 광학적 접근. (a) 수광각보다 작은 각으로 입사되는 빔, (b) 수광각보다 큰 각으로 입사되는 빔, (c) 도파로내 유전체 경계면에서 임계조건을 만족하는 입사각

$$= \sin^{-1}\left(\sqrt{n_1^2 - n_2^2}\right) \qquad (3\text{-}2)$$

외부 광원의 빛이 광섬유 내부로 전송될 수 있는 조건을 실제 각으로 측정하기는 어려우므로 개구수(Numerical Aperature; NA)를 정의하여 사용하고 있다.

$$NA = \sin\phi_a = \sqrt{n_1^2 - n_2^2} \qquad (3\text{-}3)$$

NA는 흔히 광섬유 코어와 클래딩 굴절률의 상대적인 비로 나타낸다.

$$NA = \sqrt{n_1^2 - n_2^2} = \sqrt{(n_1 - n_2)(n_1 + n_2)} = n\sqrt{2\Delta} \qquad (3\text{-}4)$$

여기서 $n = \dfrac{n_1 + n_2}{2}$ 로 평균굴절률이며, $\Delta = \dfrac{n_1 - n_2}{n}$ 로 비굴절률을 의미한다.

개구수를 이용하여 수광각을 나타내면 식 (3-5)과 같다

$$\phi_a = \sin^{-1}\left(\sqrt{NA}\right) \qquad (3\text{-}5)$$

개구수는 단위가 없는 양으로서 1 보다 작은 값을 가지는데 통상 0.1-0.50 정도이다. 몇 가지 종류의 광섬유에 대한 개구수와 파라미터를 비교한 예를 [표 3.1]에서 보여준다.

[표 3.1] 몇 가지 종류의 광섬유 특성 비교

광섬유 종류	코어직경 (μm)	클래딩 직경 (μm)	비굴절률	개구수	BL곱
단일모드	8.3	125	0.003	0.1	〉100 Gbps·km
다중모드	50	125	0.015	0.19-0.25	300 MHz·km ~3 GHz·km
	62.5		0.015	0.27-0.31	
	85		0.02	0.25-0.30	20 MHz·km ~100 MHz·km
	100	140	0.02	0.25-0.30	

예제 3.1 • • •

다음 그림과 같이 코어의 굴절률이 1.46 이고 클래딩의 굴절률이 1.4 인 대칭형 도파로에서 수광각과 개구수를 계산하시오.

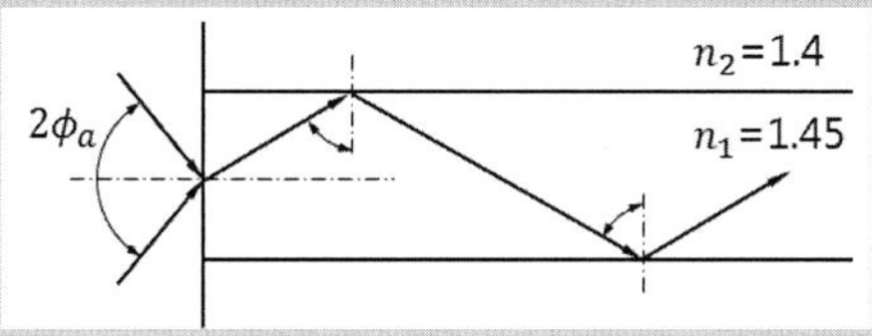

풀이

$NA = \sqrt{n_1^2 - n_2^2} = \sqrt{1.45^2 - 1.4^2} = 0.377$

$\phi_a = \sin^{-1}(NA) - \sin^{-1}(0.377) = 22.14°$

수광각 $2\phi_a = 2 \times 22.15 = 44.3$

3.3 광섬유의 모드와 분산

얼마나 많은 모드가 광섬유에 존재하는가는 광섬유의 광학적 기하학적 특성에 달려있다. 광섬유 코어의 직경이 크다면 더 많은 빛을 광섬유가 수용할 것이기 때문에 더 많은 모드가 있는 것은 당연한 것이다. 개구수의 측면에서 본다면 개구수가 클수록 더 많은 빛이 광섬유에 모이고 이로 인해 더 많은 모드를 기대할 수 있다. 그러므로 주어진 광섬유 내부의 모드 수는 광섬유의 직경과 개구수에 비례하고, 광원의 파장에 반비례한다.

계단형 광섬유에서 정규화 주파수 V는 평면도파로와 유사한 형태로 주어진다.

$$V = \frac{\pi d}{\lambda}\left(n_1^2 - n_2^2\right)^{1/2} = \frac{\pi d}{\lambda}(NA) \tag{3-6}$$

비 굴절률과 평균굴절률을 이용하여 정규화 주파수를 정리하면 식 (3-7)과 같다.

$$V = \frac{\pi d n}{\lambda}\sqrt{2\Delta} \tag{3-7}$$

통상적으로 20 보다 큰 정규화 주파수에 대하여 모드 수를 계산한다. 계단형 광섬유의 경우 모드 수는 식 (3-8)과 같다.

$$M = \frac{V^2}{2} \tag{3-8}$$

경사형 광섬유의 경우 모드 수는 식 (3-9)와 같이 주어진다.

$$M = \frac{V^4}{2} \tag{3-9}$$

여기서 총 모드 수는 계산된 M에서 정수를 취한다.

예제 3.2 • • •

코어의 직경이 62.5μm 이고 $n_1 = 1.49$, $n_2 = 1.47$ 인 계단형 광섬유와 경사형 광섬유에 대한 모드 수를 계산하시오.

풀이

$V = \frac{\pi d n}{\lambda}\sqrt{2\Delta}$ 에서

$n = \frac{n_1 + n_2}{2} = \frac{1.49 + 1.47}{2} = 1.48$

$\Delta = \frac{n_1 - n_2}{n} = \frac{1.49 - 1.47}{1.48} = 0.00174$

이므로 $V = \frac{\pi \times 62.5 \times 10^{-6} \times 1.48}{1.5 \times 10^{-6}} \times \sqrt{2 \times 0.00174} = 47.3$

계단형 광섬유에 대하여 $M = \frac{V^2}{2} = \frac{47.3^2}{2} = 1118.645$ 이므로 모드 수는 1118 이다.

경사형 광섬유에 대하여 $M = \frac{V^2}{4} = \frac{47.3^2}{4} = 559.3225$ 이므로 모드 수는 559 이다.

광원으로부터 방출된 빛이 광섬유에 입사된 다음에는 모드의 집합들이 분해되어지는 것과 같이 각각의 개별적인 모드가 진행할 수 있는 이산적으로 분포된 경로가 설정된다. 광섬유 내부에서 광 전력의 전송은 모드들에 의해 수행되기 때문에 출력단에서는 각 모드가 가진 에너지의 합이 출력빔의 총 광량이 된다.

광섬유 바깥에서는 연속적인 빔이 광섬유 내부에서는 이산적인 모드로 전환되는

원인은 무엇인지 알아보자. 첫 번째 빛은 전자파로 구성되어 있다는 것을 기억할 필요가 있다. 특정 파들이 코어와 클래딩의 경계면에 도달할 때의 위상은 서로 다른데 이는 파가 진행한 거리에 따라 위상이 달라지기 때문이다. 광섬유 내부에서 파의 진행 거리는 전파각에 의해 결정된다. 다른 전파각으로 광섬유 내부를 진행하는 서로 다른 파는 코어-클래딩 경계면에 다른 위상각으로 마주친다. 두 번째 파는 경계면 반사시 위상 천이를 경험하며 위상 천이 정도는 전파각에 의존한다. 세 번째는 하나의 모드가 되는 파가 광섬유 내부에서 완전하게 지그재그로 한번 왕복했을 때의 위상은 한주기 이전의 파의 위상과 동일해야 한다. 만약 전파각이 다른 경우에는 새로운 위상을 가지게 되므로 일정거리 진행 후에는 상쇄간섭에 의해 소멸된다.

광섬유 내부에서의 빛의 전파를 모드 관점에서 보기로 하자. [그림 3.4]와 같이 입력펄스가 광섬유에 입사되면 전체 광 전력은 도파로 허용모드에 각각 분할되어 전송된다. 각각의 모드는 길이 l을 진행 후 수신단에는 기본모드(mode 0, 0차 모드)와 최고차 모드(임계각 부근에서 발생하는 n차 모드, mode n)간 시간차에 해당하는 펄스퍼짐 폭(ΔT)을 가지는 출력펄스가 도착한다. 0차 모드(mode 0)가 도파로 중심축을 따라 진행한 후 도파로 끝단에 도달하는데 걸리는 시간은

$$t_0 = \frac{l}{v} \tag{3-10}$$

여기서 $v = \dfrac{c}{n_1}$으로 굴절률 n_1의 매질내에서 빛이 진행하는 속도이다. 최고차 모드의 전파각이 임계각일 경우 걸리는 시간은

$$t_n = \frac{l}{v\cos\alpha_c} \tag{3-11}$$

여기서 $\cos\alpha_c = \dfrac{n_2}{n_1}$을 이용한다. 식 (3-10)와 (3-11)로 부터 모드간 시간지연을 이용하여 모드간 분산을 계산하면

$$\Delta t = t_n - t_0 = \frac{n_1 l}{c}\left(\frac{n_1 - n_2}{n_2}\right) \approx \frac{n_1 l}{c}\Delta \tag{3-12}$$

n_1과 n_2의 차가 매우 작아서 무시할 수 있을 정도라면

$$\Delta t = t_n - t_0 \approx \frac{l}{2cn_2}(NA)^2 \qquad (3-13)$$

여기서 NA는 개구수이다. 광섬유 제조자는 굴절률 n_1과 n_2를 제공하기 보다는 NA를 제공하므로 식 (3-13)은 펄스퍼짐을 나타내는 중요한 식이다. 펄스퍼짐에 의한 분산은 통신 속도를 제한하는 주요요인이다.

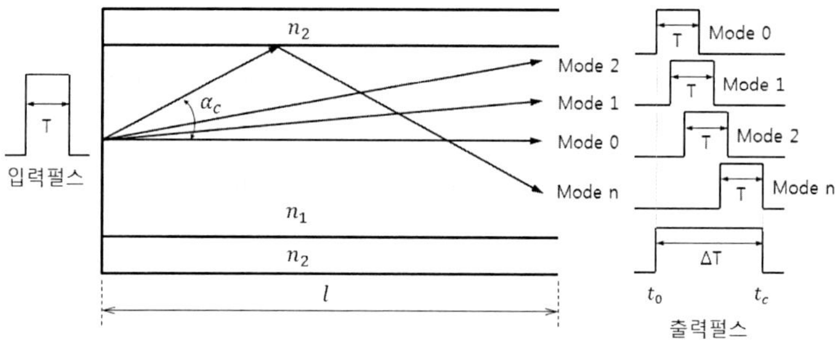

[그림 3.4] 계단형 다중모드 광섬유의 모드간 분산

예제 3.3 • • •

계단형 광섬유의 개구수가 0.275 이고 코어의 굴절률이 1.485 일 때 광 펄스가 5 km 진행한 후의 펄스 퍼짐은 얼마인가?

풀이

$NA = \sqrt{n_1^2 - n_2^2}$ 에서 $n_2 = \sqrt{n_1^2 - NA^2} = \sqrt{1.485^2 - 0.275^2} = 1.459$

식 (3-13)으로부터 $\Delta t_S = \dfrac{5 \times 10^3 \times (0.275)^2}{2 \times 3 \times 10^8 \times 1.459} = 432\,ns$

단위길이 당 펄스퍼짐은 $432/5 = 86.4\,ns$ 이다.

[그림 3.5] (a)와 같이 10 Mbps로 데이터를 전송하는 것은 초당 10^7 개의 펄스를 보내는 것과 같다. 즉 매 100 ns 마다 펄스가 하나씩 발생하여 전송되는 것으로 생각하면 된다. [예제 3.3]에서 계산한 펄스퍼짐을 적용하면 입력 펄스는 [그림 3.5] (b)와 같이 1 km 진행 후 86.4 ns의 펄스폭을 가지므로 이 후 거리에서는 뒤이어지는 펄스와 중첩되어 신호 간 간섭이 발생한다. 이 경우 정상적인 통신이 불가하다. 단위길이 당 최대 통신 속도는 $C_{\max} = \dfrac{1}{\Delta t}$ 로 주어지므로 여기서는 $C_{\max} =$

10.7 Mbps · km 가 된다.

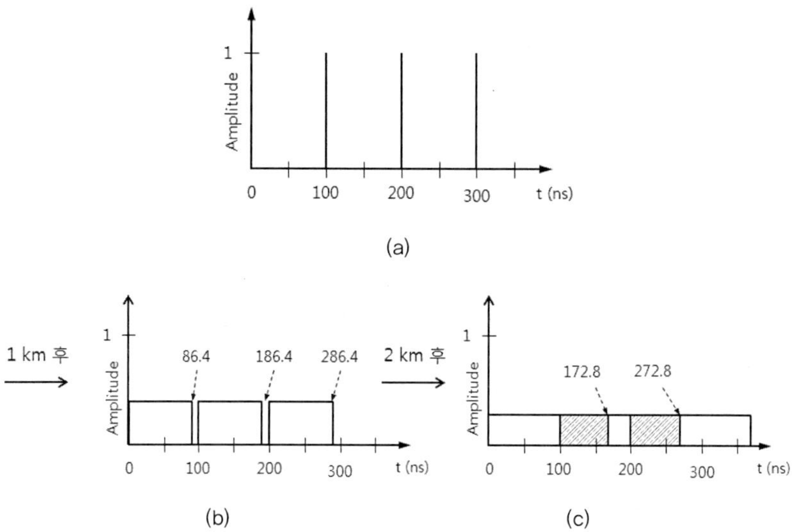

[그림 3.5] 펄스퍼짐. (a) 10 Mbps의 입력펄스, (b) 1 km 전송, (c) 2 km 전송

다중모드 광섬유를 이용할 경우 분산을 줄일 수 있는 방안은 무엇인가? 분산의 주된 이유는 모드 간 속도 차이므로 이를 줄일 수 있는 구조의 광섬유를 사용하면 어느 정도 해소된다. 모드간의 경로차는 반드시 발생하지만 굴절률을 적절히 조절하여 모드 간 속도차를 줄일 수 있는 구조는 언덕형 광섬유(graded-index optical fiber)이다. 언덕형 광섬유의 코어는 계단형 광섬유와 달리 굴절률 분포가 일정하지 않다.

[그림 3.6] (a)와 같이 언덕형 광섬유는 코어 중심축에서 굴절률이 가장 높으며 가장자리로 갈수록 점점 굴절률이 낮아지다가 클래딩과의 경계에서 동일하게 되는 형태를 보인다. 매질의 굴절률과 광속도 관계 $n = c/v$를 고려하면 기본모드와 고차모드 간 속도차가 많이 나지 않음을 알 수 있다. 즉, [그림 3.6] (b)와 같이 중심축을 따라 전송되는 0 차 모드의 경우 거리는 짧지만 굴절률이 높다. 고차모드인 n 차의 경우 경로는 길지만 굴절률이 점점 낮아지는 가장자리를 거치면서 전송된다.

경사형 광섬유에 대한 펄스퍼짐 Δt_G는 식 (3-14)로 주어진다.

$$\Delta t_G = \frac{N_1 \Delta^2 l}{8c} \tag{3-14}$$

여기서 N_1은 코어의 그룹 굴절률, Δ는 비 굴절률, c는 광속이다. 코어의 굴절률은 위치에 따라 변하지만 하나의 일반값 N_1을 도입하여 경사형 광섬유를 따라 각각의 모드가 도파하는 것으로 코어의 광학적인 성질을 정의할 수 있다.

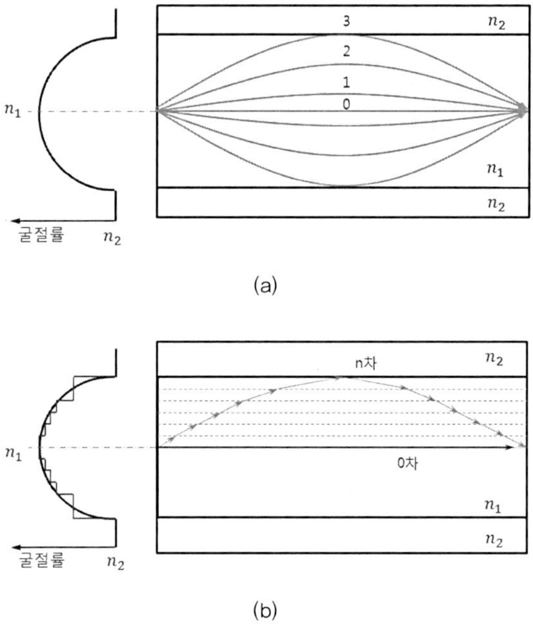

[그림 3.6] (a) 언덕형 광섬유와 코어의 굴절률 분포, (b) 광선 궤적

예제 3.4 • • •

경사형 광섬유의 $N_1 = 1.485$이고 비굴절률은 1.75%이다. 10 km 링크를 진행한 경우 모드 분산에 의한 펄스퍼짐을 계산하고, 최대 비트율을 구하라.

풀이

$$\Delta t_G = \frac{N_1 \Delta^2 l}{8c} = \frac{1.485 \times (0.0175)^2 \times 10 \times 10^3 m}{3 \times 10^8 m/s} = 1.89\,ns$$

단위길이 당 펄스 퍼짐은 $0.189\,ns/km$ 이다.

단위길이 당 최대 비트율 $C_{\max} = \dfrac{1}{0.189\,ns/km} = 5.29\,Gbps \cdot km$

[예제 3.3]의 계단형 광섬유에 대한 단위길이 당 최대전송속도와 비교하였을 때 언덕형 광섬유의 채널용량이 훨씬 크다는 것을 알 수 있다.

3.4 단일모드 광섬유

광섬유 내부에 단일모드만 진행할 경우의 이점은 다중모드 광섬유에 존재하는 다른 모드간의 경로차로 인하여 발생하는 신호분산을 피할 수 있다는 것이다. 계단형 굴절률 다중모드 광섬유에서는 다른 진행모드와의 모드 결합 때문에 단일모드 동작을 유지하는 것이 어렵기 때문에 단일모드 전송을 스스로에게 부여할 수 없다. 그러므로 하나의 모드를 제외한 다른 모든 모드들은 흡수나 누설에 의해 감쇠될 수 있도록 단일모드 광섬유를 설계하는 것이 필요하다. [그림 3.7]과 같이 단일모드 동작을 위해서는 광섬유내에 기본모드만 진행할 수 있어야 한다.

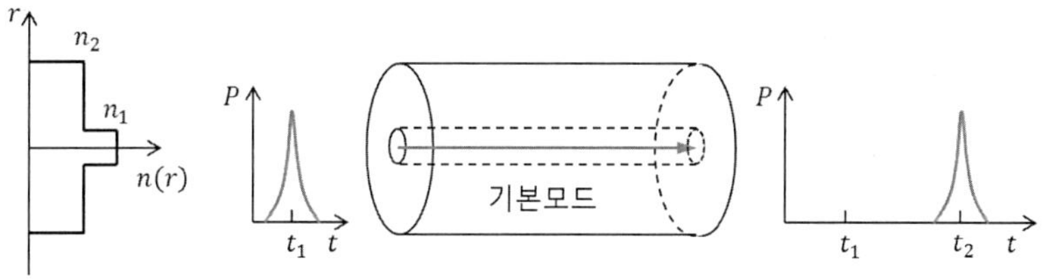

[그림 3.7] 단일모드 광섬유의 구조와 기본모드 전파

단일모드 동작의 제한은 기본 모드만 진행할 수 있는 하한이 무엇인가에 의해서 결정된다. 계단형 광섬유의 기본모드를 위한 차단 정규화 주파수는 $V_c = 2.405$ 일 때 일어난다. 그러므로 기본모드가 단일모드로서 진행할 수 있는 정규화 주파수 범위는 다음과 같다.

$$0 < V_c < 2.405 \qquad (3\text{-}15)$$

사실은 이 범위안에 서로 수직으로 편광된 두 개의 모드가 있음을 알고 있어야 한다. 단일모드 용어는 특정 편광의 빛의 전파에 적용할 수 있다. 그러므로 광섬유의 직경을 줄이거나 비 굴절률 차를 1% 이하로 설계함으로서 식 (3-15)의 조건을 만족시켜야 한다.

경사형 굴절률 분포를 가지는 광섬유도 단일모드 동작으로 설계할 수 있으며 정규화된 차단주파수는 다음을 만족해야 한다.

$$V_c = 2.405(1 + 2/\alpha)^{1/2} \qquad (3\text{-}16)$$

여기서 α는 광섬유의 코어 굴절률 프로파일이다. 통상적으로 계단형 굴절률 프로파일이면 $\alpha = \infty$, 포물선 프로파일이면 $\alpha = 2$, 삼각형 프로파일이면 $\alpha = 1$이다.

3.5 광섬유 손실

광섬유 분산은 광섬유 내부를 진행하는 광 펄스가 넓게 퍼짐에 따라 광통신시스템의 성능을 제한한다. 광섬유 손실 또한 수신단에 도달하는 광 신호 전력을 감쇠시키므로 제한요인이 된다. 광 수신기는 신호를 정확하게 복구하기 위하여 최소한의 광 전력량을 필요로 하므로 전송거리는 광섬유 손실에 의해 원천적으로 제한될 수밖에 없다. 실리카 광섬유가 현장에 사용되기 시작한 것은 손실이 수용될 정도로 낮춰진 1970년에 이르러서 가능하였다. 광섬유 증폭기가 1990년에 등장하면서 전송거리는 수천 킬로미터로 늘어나게 되었는데 증폭기가 주기적으로 삽입되어 광섬유 손실을 보완하기 때문이다. 그러나 광섬유 손실에 의해 증폭기의 간격이 결정되므로 광섬유의 저 손실은 여전히 요구되고 있다. 일반적인 조건하에서 광섬유 코어를 진행하는 비트 흐름의 평균 광 전력 P 의 변화는 비어의 법칙(Beer's law)으로 나타낼 수 있다.

$$\frac{dP}{dz} = -\alpha P \tag{3-17}$$

여기서 α는 감쇠계수이다. 식 (3-19)의 일차미분방정식의 해를 구하면 다음과 같다.

$$\int \frac{dP}{P} = \int -\alpha\, dz \tag{3-18}$$

$$\ln P = -\alpha z + c \tag{3-19}$$

$$P = P_0 e^{-\alpha z} \tag{3-20}$$

만약 길이가 L인 광섬유에 P_{in} 의 광 전력이 입사하였다면 출력 광 전력은 식 (3-21)로 구해진다.

$$P_{out} = P_{in} e^{-\alpha L} \tag{3-21}$$

식 (3-21)을 이용하여 단위 킬로미터 당 광 전력 손실 α (dB/km)를 식 (3-22)로 나타낼 수 있다.

$$\alpha(dB/km) = -\frac{10}{L} log_{10}\left(\frac{P_{out}}{P_{in}}\right) \tag{3-22}$$

예제 3.5 • • •

광원에서 광섬유로 입사한 광 전력은 $1\,mW$ 이고 광섬유의 손실계수 $\alpha = 0.2\,dB/km$ 이다. 광 수신기의 최소 수신 전력이 $-28\,dBm$ 이라면 광섬유의 최대 전송 광섬유 길이는 얼마인가?

풀이

$P_{in} = 1mW$는 $1\,dBm$ 이다. 허용 가능한 최대손실은 $1\,dBm - (-28\,dBm)$ 으로 $29\,dBm$ 이다.

이 광섬유의 손실은 $0.2\,dB/km$ 이므로 최대 전송 광섬유 길이는 $29\,dBm\,/\,(0.2\,dBm/km)$ 에서 $L = 145\,km$ 이다. 식 (3-19)를 이용하여 풀이할 수 있다.

$L(km) = -\dfrac{10}{\alpha\,(dB/km)}\log_{10}\left(\dfrac{P_{out}}{P_{in}}\right)$ 에서 $-29\,dBm = 10\log\left(\dfrac{P_{out}}{1mW}\right)$ 이므로

$P_{out} = 0.001585\,mW$ 이다.

$L(km) = \dfrac{10}{0.2}log\left(\dfrac{0.001259\,mW}{1\,mW}\right)$ 에서 L=145 km로 동일한 결과다.

재료흡수 손실은 크게 두 가지로 나뉜다. 진성 흡수는 광섬유를 만드는 재료인 실리카의 자체 흡수에 의한 것이며, 외부 흡수는 실리카에 존재하는 불순물이 그 원인이다. 어떤 재료의 흡수는 재료의 특정 분자구조와 연관된 전자와 진동 공명에 상응하는 특정 파장에서 일어난다. 실리카 분자에서는 전자적 공명이 400 nm보다 짧은 자외선 파장 영역에서 일어나며, 진동공명은 700 nm 보다 긴 적외선 파장영역에서 일어난다. 용융 실리카의 무정형적 성질 때문에 이러한 공진은 가시광 영역까지 그 꼬리가 확대되는 흡수밴드 형태를 보인다.

[그림 3.8]은 실리카로 만들어진 단일모드 광섬유의 손실 스펙트럼이다. 광통신 시스템을 위해서 사용되는 파장영역인 1300-1600 nm에서는 0.3 dB/km 이하의 손실을 보인다. 외부 손실은 철, 구리, 니켈, 크롬 등의 전이금속 불순물 때문이므로 600-1600 nm 영역에 영향을 미친다. 1 dB/km 이하 수준으로 손실을 유지하기 위해서는 불순물의 농도를 1 ppb(parts per billion) 이하로 유지해야 한다. 현재는 광섬유를 제조하는 발전된 기술로 극복이 가능하다. 그러나 광섬유 제조시에 유입되는 수증기에 의한 손실은 여전히 주요 원인으로 남아있다. 수산화기(OH) 이온의

진동공명은 2.37 um 파장 영역에서 일어나지만 실리카와 결합되었을 때의 고조파는 [그림 3.8]의 3개의 피크 영역에 해당하는 파장인 950 nm, 1240 nm, 그리고 1390 nm 에서 흡수를 유도한다. 특히 1390 nm에서는 10 dB/km 이상의 높은 흡수 손실을 보이지만 최근 건조 공법으로 광섬유를 제조함으로서 이 피크는 거의 사라졌다.

레일리 산란은 광섬유 상에서 국부적으로 존재하는 미세한 밀도의 변동에 의해서 일어난다. 광섬유 분자는 액체 상태에서 유동적으로 움직이다가 제조과정을 거치면서 임의적으로 어느 위치에 고정된다. 밀도의 변화는 입사광 파장 λ보다 훨씬 작은 스케일의 굴절률 변화를 이끈다. 이러한 매질내에서 발생하는 산란을 레일리 산란이라 한다. 레일리 산란에 의한 실리카 광섬유의 고유 손실은 다음과 같다.

$$\alpha_R = \frac{c}{\lambda^4} \tag{3-23}$$

여기서 c는 상수로서 0.7–0.9(dB/km)·um^4 의 값을 가지며 광섬유 코어의 성분에 관계된다. 장파장으로 갈수록 급격히 줄어듦을 알 수 있다. 3 um 이상의 파장영역에서는 0.01 dB/km 이하로 떨어진다.

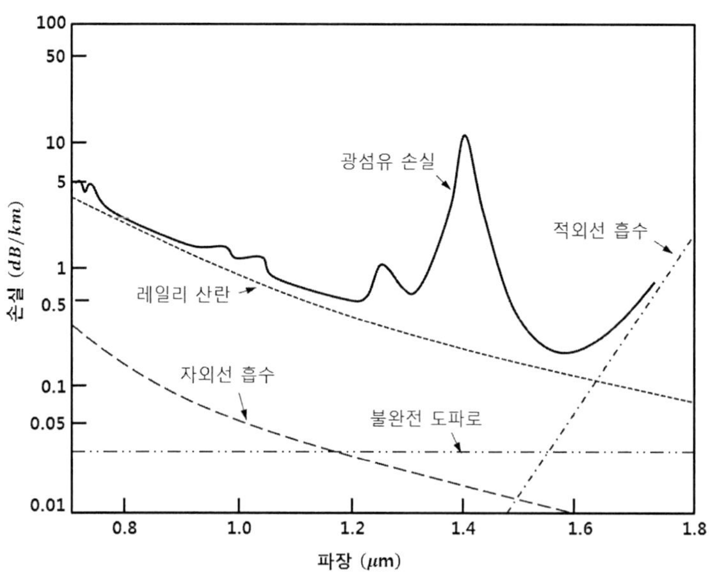

[그림 3.8] 단일모드 광섬유의 손실 스펙트럼

예제 3.6 • • •

$c = 0.7 - 0.9\,(dB/km) \cdot \mu m^4$ 의 경우 입사광 파장이 $1.55\,\mu m$ 일 때 레일이 산란 손실을 구하시오.

풀이

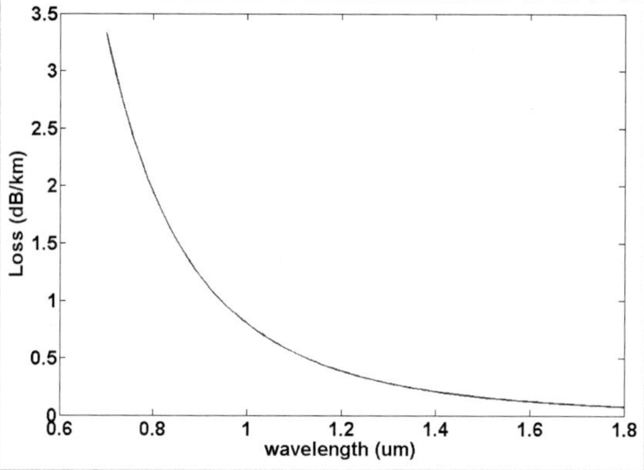

[그림 3.9] $c = 0.8\,(dB/km) \cdot \mu m^4$ 일 경우 레일리 산란

$\frac{0.7\,(dB/km)\,\mu m^4}{(1.55\,\mu m)^4} \le \alpha_R \le \frac{0.9\,(dB/km)\,\mu m^4}{(1.55\,\mu m)^4}$ 이므로 레일리 산란 손실은 $0.12 - 0.16\,dB/km$ 이다.

이상적인 광섬유 구조인 완벽한 원통 모양의 도파로는 코어로 진행하는 모드의 에너지가 클래딩으로 누설되지 않는다. 실제로 코어와 클래딩의 경계면은 불완전하여 순수 광섬유 손실에 기여하는 추가적인 손실을 유발한다. 이러한 유형의 산란을 미 산란(Mie scattering) 이라 하며 광 파장보다 큰 스케일의 굴절률 불균질성 때문에 발생한다. 제조과정동안 광섬유 길이에 대하여 코어의 반경이 급격하게 변하지 않도록 세심한 주의가 필요하다. 광섬유 코어 직경의 변화가 1% 이하로 유지되면 미 산란은 0.03 dB/km 이하로 유지될 수 있다.

[그림 3.10]과 같이 광섬유에 굽힘이 발생하면 또 다른 손실이 발생한다. 빛을 광선으로 가정하면 쉽게 그 원인을 설명할 수 있다. 광섬유에 입사된 빔은 코어와 클래딩의 경계면에서 전반사한다. 이때 광선은 필연적으로 경계면에 부딪히게 되는데 굽힘에 의해 임계각보다 작은 입사각이 되면 전반사 조건을 만족시키지 못하여 손실이

발생한다. 굽힘 반경이 5 mm 보다 크다면 손실이 0.001 dB/km 이하이므로 무시할 수 있다. 복사 손실은 광섬유가 유한 반경의 곡률로 굽혀졌을 때 발생한다. 광섬유는 두 가지 유형의 굽힘이 있다. 먼저 매크로 밴딩은 반경이 광섬유 직경보다 큰 경우 발생하며 마이크로 밴딩은 광섬유가 케이블 안에 장착되었을 때 광섬유 축이 돌려졌을 경우 발생할 수 있다. 굽힘 손실은 복사 감쇠계수 $\alpha_r = c_1 e^{-c_2 R}$ 로 나타낼 수 있다. 여기서 R은 굽혀진 광섬유의 반경이며 c_1과 c_2는 R과 무관한 상수이다. 다중모드 광섬유를 굽혔을 때 굽힘 손실이 발생하는 임계반경은 식 (3-24)와 같다.

$$R_{mc} = \frac{3n_1^2\lambda}{4\pi\left(n_1^2 - n_2^2\right)} \tag{3-24}$$

그러므로 잠재해 있는 매크로밴딩 손실은 비 굴절률 차를 크게 하거나 동작 광원의 파장이 짧으면 줄일 수 있다.

단일모드 광섬유의 경우에도 위와 같은 굽힘 손실의 임계 반경을 식 (3-25)와 같이 구할 수 있다.

$$R_{sc} = \frac{20\lambda}{\left(n_1 - n_2\right)^{3/2}}\left(2.748 - 0.996\frac{\lambda}{\lambda_c}\right)^{-3} \tag{3-25}$$

여기서 λ_c는 단일모드 광섬유의 차단파장이다.

곡률 손실 효과는 [그림 3.10]에서 보여주는 최 저차 모드의 전장 분포를 살펴봄으로서 설명이 가능하다. 코어모드는 클래딩 영역으로 지수 함수적으로 감소하는 소산장(evanescent field)을 가진다.

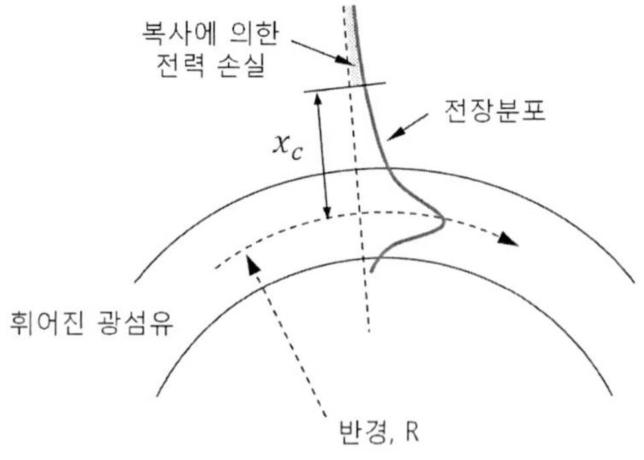

[그림 3.10] 반경 R로 굽힘이 발생한 광섬유의 기본모드에 대한 전장

이 소산장의 끝 부분은 코어의 전장을 따라 이동하므로 전파모드가 가진 에너지의 일부가 클래딩을 따라 전파한다고 볼 수 있다. 광섬유가 휘어지면 광섬유 곡률중심에서 먼 쪽의 소산장 끝은 코어 전장을 따라잡기 위해서 더 빨리 이동해야 한다. 광섬유 코어의 중심으로부터 일정한 거리 (여기서는 x_c) 이상 떨어진 지점의 소산장은 빛의 속도보다 빨리 움직여야 코어 전장의 속도를 따라갈 수 있지만 이것은 불가능하다. 그러므로 x_c 보다 바깥쪽에 존재하는 에너지는 복사되어 소실된다. 굽힘 광섬유에서 복사되는 광량은 소산장 끝부분의 전장의 세기와 곡률반경에 의존한다. 더 고차 모드는 저차모드보다 전장이 광섬유 코어에 몰린 정도가 약하여 클래딩으로 많아 분포한다. 광섬유가 굽혀졌을 때는 많은 고차모드들은 복사손실에 의해 전송되지 못하고 사라진다. 그러므로 일직선으로 펴진 광섬유는 굽혀진 광섬유보다 전송모드의 수가 당연히 많이 존재한다.

식 (3-26)은 반경이 a 인 다중모드 광섬유가 곡률반경 정도에 따라 전송되는 유효 모드 수 N_{eff}를 계산하는 식이다.

$$M_{eff} = M_{\infty}\left\{1-\frac{\alpha+2}{2\alpha\Delta}\left[\frac{2a}{R}+\left(\frac{3}{2n_2kR}\right)^{2/3}\right]\right\} \tag{3-26}$$

여기서 α는 언덕형 광섬유 코어의 굴절률 프로파일, Δ는 코어와 클래딩의 비굴절률, n_2는 클래딩 굴절률, $k=2\pi/\lambda$ 이다. M_{∞}는 광섬유가 일직선으로 펴졌을 때 존재하는 모드수이다.

$$M_{\infty} = \frac{\alpha}{\alpha+2}\Delta\left(kn_1a\right)^2 \tag{3-27}$$

예제 3.7 • • •

포물선의 코어 굴절률 프로파일을 가지는 다중모드 광섬유의 전송모드수를 절반으로 줄이기 위한 굽힘 곡률 반경을 구하시오. 단, 코어의 굴절률은 1.5, 비굴절률은 0.01, 코어 직경은 50 μm 이며 입사빔의 파장은 1550 nm이다.

풀이

클래딩의 굴절률 $n_2 = n_1(1-\Delta) = 1.5\times(1-0.01) = 1.485$

$M_{\infty} = 2M_{eff}$이므로 $M_{eff} = M_{\infty}\left\{1-\frac{\alpha+2}{2\alpha\Delta}\left[\frac{2a}{R}+\left(\frac{3}{2n_2kR}\right)^{2/3}\right]\right\}$에서

$$M_{eff}=2M_{eff}\left\{1-\frac{2+2}{2\times2\times0.01}\left[\frac{2\times25\,\mu m}{R}+\left(\frac{3}{2\times1.485\times\frac{2\times\pi}{1.55\,\mu m}R}\right)^{2/3}\right]\right\}$$

$\left(\frac{10^{-6}}{4R}\right)^{2/3}+\frac{50\times10^{-6}}{R}-\frac{1}{200}=0$ 인데 직접해를 구하기 어려우므로 수치해석 프로그램을 이용하여 $f(x)=0$ 형태의 근을 구한다. 여기서는 매트랩을 사용하여 R을 구하였다. $R=0.0118\,m=1.18\,cm$ 이다.

% MatLAB 프로그램

```
>> f='(1/(4*x)*10^(-6))^(2/3)+(50*10^(-6)/x)-0.005';
>> fzero(f,2)
Exiting fzero: aborting search for an interval containing a sign
change
    because complex function value encountered during search.
(Function value at -0.56 is -0.0051185+5.0586e-005i.)
Check function or try again with a different starting value.
ans = NaN
>> fzero(f,0.02)
ans = 0.011807343642828
>> fzero(f,0.01)
ans = 0.011807343642828
```

예제 3.8 • • •

[예제 3.7]에서 광섬유가 직선으로 펴져있을 경우 존재하는 모드수를 계산하시오.

풀이

$M_\infty=\frac{\alpha}{\alpha+2}\Delta(kn_1a)^2$ 에서

$M_\infty=\frac{2}{2+2}\times0.01\times\left(\frac{2\times\pi}{1.55\times10^{-6}}\times1.5\times25\times10^{-6}\right)^2$ 을 계산하면

$M_\infty=115.54$ 이므로 존재하는 모드수는 115개이다.

3.6 광섬유 제조

손실이 작으면서 제조공정상의 엄격한 허용오차를 준수할 수 있는 광섬유 제조를 위해서는 유리모재로부터 광섬유를 잡아당기는 과정이 필요하다. 그러므로 모재를 만드는 것은 광섬유 제조공정의 매우 중요한 부분이라고 할 수 있다. 또한 최소 가격으로 장거리 전송에도 안정적인 특성을 보여야 하며 최대의 재현성을 가질 수 있어야 한다. 오늘날의 광섬유 제조 과정은 두 가지 주요단계를 포함한다. 첫째 단계는 직경 10~20 cm, 길이 50~100 cm 정도의 실리카 성분의 원기둥 형태로 된 모재(preform)을 만드는 것이다. 이 모재는 클래딩으로 둘러싸인 코어로 구성되며, 원하는 굴절률 분포, 주어진 감쇠 등 원하는 광섬유의 특징이 부여되어 있다. 두 번째 단계는 모재를 원하는 직경을 가지는 광섬유로 늘리는 것이다. 형성품의 재료가 되는 이산화규소 (SiO_2)는 사염화실리콘 ($SiCl_4$) 을 고온의 산소 분위기에 두게 되면 얻을 수 있다. 이때 만들어진 이산화규소를 순수 실리콘이라 한다. 클래딩은 순수 실리콘보다는 굴절률이 낮아야 하므로 불순물을 도핑하여 조절한다. [그림 3.11]과 같이 삼산화붕소 (B_2O_3), 플루오르 (F) 등을 첨가하여 굴절률을 낮춘다.

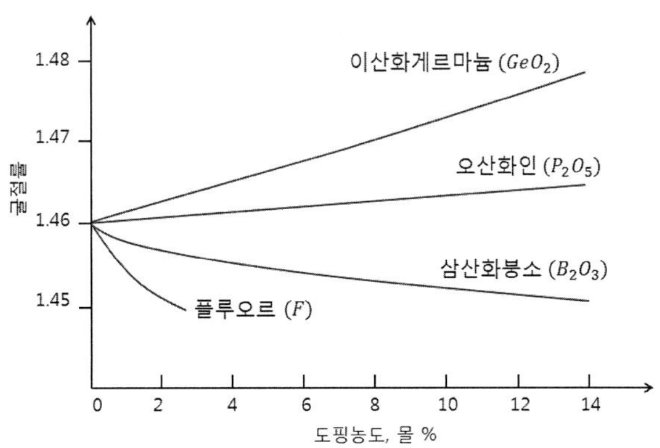

[그림 3.11] 도핑 물질과 도핑농도에 따른 굴절률 변환

원기둥 형태의 실리카 모재는 [그림 3.12]와 같은 드로잉 과정을 거쳐 광섬유로 만들어진다. 우선 고열로 안에 위치한 형태품의 아래 팁이 열에 녹으면서 길게 뽑아지는데 이때 외경이 125 um를 유지할 수 있게 관리된다. 이것은 광섬유 직경 모니터링 시스템과 광섬유를 당기는 풀리가 연동하여 회전속도를 조절함으로서 가능하다. 광섬유의 유연성과 내구성을 위하여 클래딩 외부에 폴리머와 같은 재질을 이용

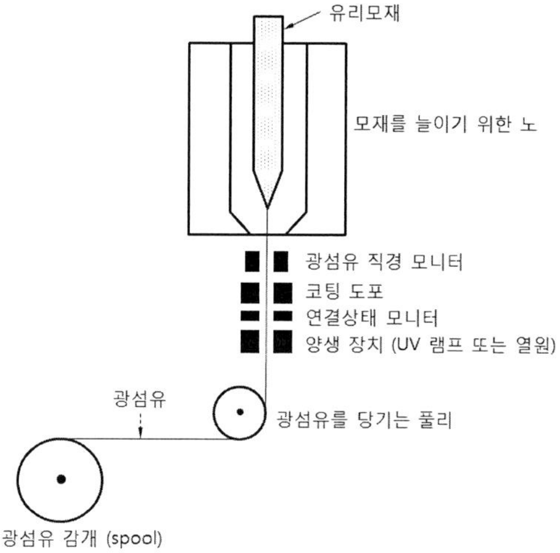

[그림 3.12] 유리모재를 이용하여 광섬유를 만드는 제조 장치

한 코딩과정을 거치게 된다. 코딩재질은 UV 광원 또는 열원에 의해 양생된다. 최종적으로 광섬유는 드럼에 감겨져 감개(spool) 단위로 공급된다.

광섬유를 제조하기 위한 기상 증착법은 크게 4가지로 분류된다. 먼저 외부 기상 증착법(outside vapor-phase deposition; OVD)으로 미국의 코닝사에서 개발한 기술이며 막대 모양의 중심재료의 외경에 유리를 증착시킨다. 흑연 막대표면에 화학기상증착법(modified-chemical vapor deposition; MCVD)과 동일한 할로겐 화합물 원료를 산수소염과 같이 불어넣게 되면 가수분해 반응에 의해 생기는 유리의 미립자가 층을 지어 형성된다. 이때 흑연 막대를 빼낸 후 전기로 속에서 가열하여 파이프 모양의 투명한 석영관을 만든다. 석영관의 표면을 깨끗이 한 후 가열하여 가운데 빈 부분을 채우는 과정을 거침으로서 최종적인 모재가 얻어진다. 이는 화학기상증착법과는 달리 모재의 직경의 크기가 제한이 없어 비교적 대형의 모재를 만들 수 있으나 역시 길이에는 제한이 있고 공정수가 많아 복잡하다. 또한, 이러한 비밀폐형의 유리 합성에서는 고품질의 광섬유를 얻기 힘들다.

수정된 화학기상증착법은 1974년 미국의 벨 연구소에서 개발된 기술로서 현재 세계적으로 가장 많이 사용되는 방법이다. 유리의 원료로서 $SiCl_4$, $GeCl_4$, 다른 도펀트 등의 가스를 O_2와 함께 가열된 석영 유리관 내로 흘려보내 산화반응에 의해서 생긴 유리 미립자를 관 내벽에 부착 누적시켜서 실리카 층을 형성한다. 모재의 굴절률은 원료조성비율과 유량을 시간적으로 변화시킴으로써 제어가능하다.

[그림 3.13]에서 보는 바와 같이 버너를 석영관의 축 방향으로 이동시키는 조작을 수십 회 이상 반복하여 임의의 굴절률 분포를 갖는 유리층을 형성한다. 처음에는 장벽용 클래딩층, 다음에는 코어층을 만든 후 버너의 온도를 더욱 높여서 관 안과 밖의 압력차에 의한 붕괴과정에 의하여 투명한 유리관을 만든다.

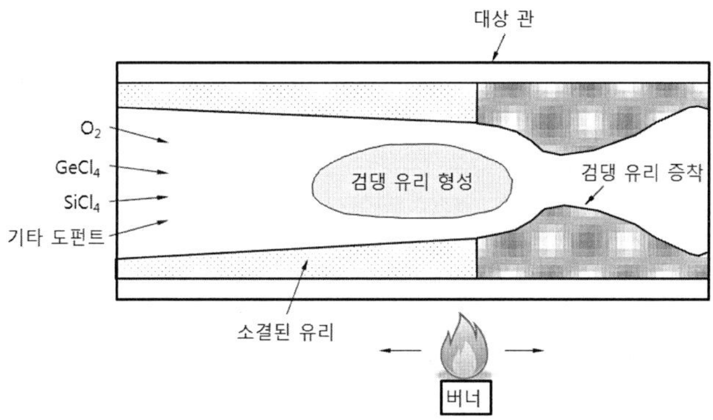

[그림 3.13] 수정된 화학기상증착법의 개략도

[그림 3.14]의 플라즈마 화학기상증착방법은 내부 증착법과 외부 증착법이 있다. 내부 증착법은 네덜란드의 필립스사에 의해 개발된 방법이다. 반응 및 소결에 필요한 열은 아르곤(Argon) 이온이 마이크로파 전기장에 의해 운동하면서 열을 발생하는 플라즈마 반응이 이용된다. 외부 증착법은 원료 가스를 플라즈마 발생용의 토치에 도입하고, 원료가스와 산소를 플라즈마 상태에서 반응시켜 생성된 미립자를 심재 또는 유리막대로 퇴적시키는 방법이다. 이 반응을 이용하면 다른 방법에 비해 다량의 첨가물을 포함한 석영유리를 제작할 수 있으므로 큰 비굴절률차가 요구되는

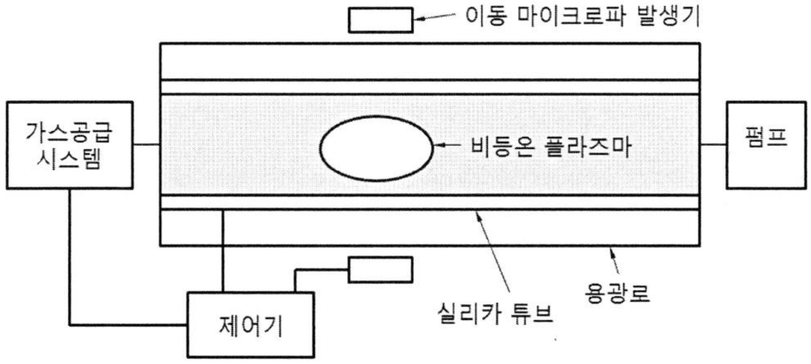

[그림 3.14] 플라즈마 화학기상증착 시스템의 개략도

용도의 이미지 광섬유용의 모재 제작방법으로 유리하다.

마지막으로 기상축증착법(vapor-axial deposition)은 회전하는 유리봉의 하단에서 산수소염과 함께 유리 흑연의 재료가 되는 $SiCl_4$, $GeCl_4$ 등의 기체에 O_2를 함께 불어넣으면 화염 가수분해를 일으킨다. 이에 의해 [그림 3.15]와 같이 유리봉의 하단에 원형봉상의 유리검댕에서 만들어진 다공질 모재가 형성된다. 굴절률 분포형태의 결정에 필요한 첨가재의 지름 방향의 분포는 첨가재의 혼입 비율이 반응온도에 따라 다르게 되는 성질을 이용하여 버너(burner)의 위치와 염의 상태를 제어하여 실현한다.

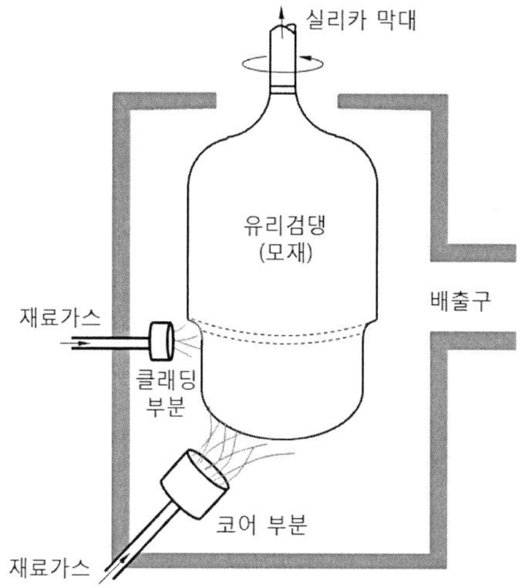

[그림 3.15] 기상축증착 시스템의 개략도

다공질 모재는 기포를 많이 포함하고 있으므로 이것을 더욱 회전하면서 위로 끌어 올려 전기로에서 가열 용해하면 지속적으로 투명한 광섬유의 모재를 만들 수 있다. 이들 일련의 공정은 연속적으로 행하는 것이 가능하고 원리적으로는 길이에 제한이 없어 연속제조가 가능하다는 특징이 있다. 또한 석영관을 가열하여 가운데 빈 부분을 채울 필요가 없으므로 코어 중심부의 굴절률이 갑자기 떨어지는 불연속점이 발생하지 않는다.

3.7 광섬유 케이블

광 도파로 기술을 현실에 적용하기 위해서는 광섬유를 적절한 유형의 케이블 구조내로 통합시키는 것이 필요하다. 케이블 구조는 그 응용과 적용분야에 따라서 매우 다양해 질 수 있는데, 지하 또는 건물내로 집어넣는 경우, 땅에 직접 매설하는 경우, 실외 전봇대에 설치하는 경우 등에 따라 요구사항이 달라진다. 그러나 근본적인 케이블 설계 원리는 모든 경우에 공통적으로 적용할 수 있다. 케이블 제조자는 기존의 유선 케이블에 사용하는 장비와 설비로 광섬유 케이블을 위한 공정을 설치할 수 있기를 바랄 것이며, 이러한 요구는 광섬유의 기계적인 성질 때문에 특별한 광섬유 케이블 설계가 필요하다.

기계적인 성질에서 중요한 한 가지는 케이블이 축 방향으로 당겨졌을 때 견딜 수 있는 최대 허용하중이며, 케이블을 설치할 때 신뢰성을 보장할 수 있는 케이블 길이를 보장한다. 구리 케이블에서 와이어는 그 자체가 하중을 견딜 수 있는 재료가 되며 절단되지 않고 최소 20 % 신장되는 것을 허용한다. 그러나 일반 광섬유는 길이의 1 % 정도 신장에서 쉽게 끊어진다. 그러므로 광섬유 제조와 설치동안에는 늘어나는 정도를 0.2 % 이하로 유지해야 한다.

일반적인 광케이블 구성을 [그림 3.16]에 나타내었다. 개별적인 광섬유나 광섬유 다발은 중앙의 강심 주위에 느슨하게 감겨져 있다. 접착제 테이프와 다른 강한 구성 요소들이 광섬유 빌딩 블록 주위를 감싸고 있다.

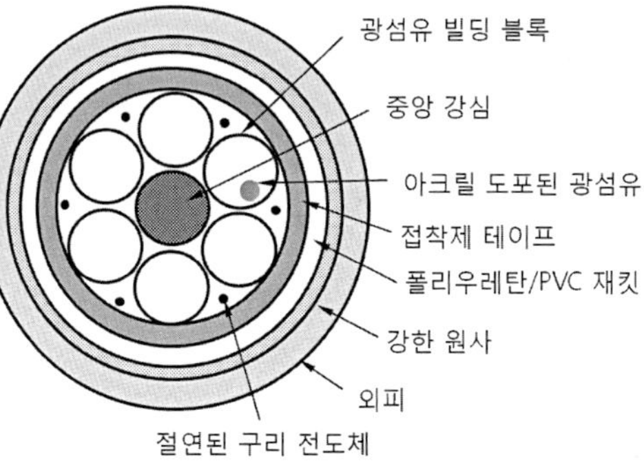

[그림 3.16] 여섯 개의 광섬유 빌딩 블록을 가지는 광케이블의 단면도

특히 폴리머 재킷은 광섬유에 가해지는 인장응력을 조절하거나 저항을 상쇄하는 역할을 한다. 수중 또는 해저 광케이블은 강이나 호수, 바다에 사용된다. 이런 광섬

유들은 높은 수압에 노출되기 때문에 지하에 사용하는 것보다 훨씬 엄격한 요구조건을 만족해야 한다. 방수를 위한 다양한 층이 추가되고 내부 보호를 위해 하나 또는 그 이상의 폴리에틸렌 외피가 있다. 해저에 있는 광 증폭기와 재생기를 위한 전력 공급을 위해 절연체로 둘러싸인 구리 전도체가 포함된다.

[연습문제]

3.1 광섬유의 개구수가 0.25이며 클래딩의 굴절률이 1.56일 때 코어-클래딩 경계에서의 임계각과 광섬유가 공기 중에 놓인 경우 수광각을 각각 구하시오.

3.2 다중모드 광섬유의 코어 굴절률은 1.49, 클래딩과의 경계에서의 임계각은 80.6° 이다. 클래딩의 굴절률은 1.47 일 때 다음을 구하시오.

(a) 클래딩의 굴절률

(b) 개구수

(c) 수광각

3.3 계단형 광섬유의 개구수가 0.22이고 코어의 직경이 25μm일 때 다음에 답하시오.

(a) 1300 nm와 1550 nm일 때의 정규화 주파수를 구하시오.

(b) 모드 수는 어떻게 되는지 비교하시오.

3.4 비 굴절률이 1%이며 코어의 굴절률이 1.5인 광섬유가 단일모드 동작을 위한 최대 코어 직경을 구하시오. 단, 광원의 동작 파장은 1550μm 이다.

3.5 계단형 다중모드 광섬유의 비굴절률 차는 1%이고 코어의 굴절률은 1.48이다. 0.9 um 파장에서 진행하는 모드수가 1000이 될 수 있게 광섬유 코어의 직경을 구하시오.

3.6 1550 nm에서 동작하기 위한 계단형 단일모드 광섬유의 코어 굴절률은 1.448이고 클래딩의 굴절률은 1.443일 경우 다음에 답하시오.

(a) 코어의 직경이 10μm 인 경우 단일모드가 유지되는지 확인하시오.

(b) (a)에서 단일모드가 유지되지 않는다면 단일모드가 되기 위한 코어의 직경을 얼마인가?

(c) 코어의 직경이 10μm에서 단일모드로 동작하는 차단파장을 구하시오.

3.7 코어 굴절률이 1.5인 다중모드 광섬유의 비 굴절률 차는 2.5%이다. 동작 파장이 900 nm 일 때 큰 손실이 일어날 수 있는 광섬유의 임계 곡률반경을 구하시오.

3.8 코어의 굴절률이 1.48이고 비 굴절률이 0.3%인 단일모드 광섬유에 대하여 동작 파장 1550 nm에서 굽힘 손실이 크게 발생하는 임계 곡률반경을 구하시오.

04 CHAPTER 발광다이오드

학습목표

1. 반도체에서 에너지 준위 대역도와 밴드갭 에너지를 설명한다.
2. 반도체 기본이론을 바탕으로 pn접합을 이해하고 화합물 반도체와 발광다이오드의 상관관계에 대하여 설명한다.
3. 발광다이오드의 기본구조와 원리를 배우고 이종접합구조의 장점을 설명한다.
4. 발광다이오드 출력스펙트럼 폭과 광섬유 결합효율을 계산한다.

4.1 광자의 흐름

모든 물질은 궁극적으로 원자로 이루어져 있다. 각각의 원자는 다시 전자들로 둘러싸인 핵으로 구성되며 전자는 핵 주위를 각자 다른 궤도에서 돌고 있는 것으로 모델링 할 수 있다. 핵은 원자 전체의 크기에 비해 $1/10^5$ 정도이다. 1931년 덴마크 물리학자 닐스 보어에 의해 원자모델이 제시되었으며 오늘날 우리가 이해하는 원자의 성질을 설명하지는 못하지만 기본적인 아이디어를 나타내는데 용이하다. 보어 원자 모델에 의하면 전자는 정해진 궤도를 회전하므로 일정한 에너지를 소유하고 있다고 가정하였다. 고전 전자파 이론에서 제시한 것과 같이 회전하는 전자는 방출되지 않고, 회전하는 동안 에너지 변경이 없다는 가정이 닐스의 원자모델 제안의 돌파구였다. 에너지 변경은 전자가 한 궤도에서 다른 궤도로 도약할 때와 같이 이산적으로 일어난다. 모든 원자들은 이산적인 에너지 값을 소유하고 있음을 의미하므로 원자에너지는 양자화 되어있다 라고 한다.

[그림 4.1]은 에너지 준위 다이어그램이다. 수평축에 수직인 각각의 위치는 에너지 준위를 의미하며 수평축의 길이는 의미가 없다. 에너지 준위로서 가능한 값들은 이산적이며 항상 에너지 갭으로 분리되어 있다. 가장 낮은 에너지 준위를 기저상태

라 한다. 원자는 이중 어떤 에너지 준위에 위치하는데 다른 에너지 준위로 도약하면 원자는 E_2 또는 E_3 에너지 준위를 가질 수 있지만 E_2와 E_3 사이에 존재할 수는 없다. 만약 원자가 높은 에너지 준위에서 낮은 에너지 준위로 천이하면 어떤 현상이 발생하는지 알아보자. [그림 4.1]에서 원자가 E_3에서 E_2로 떨어지면 두 에너지의 차에 해당하는 $\Delta E = E_3 - E_2$의 양자에너지를 방출한다. 이를 광자(photon)라 하며 빛의 속도로 이동한다. 그러므로 광자 에너지 E_p는 다음과 같이 정의한다.

$$E_p = hf = h\frac{c}{\lambda} \tag{4-1}$$

여기서 h는 플랑크 상수로 $h = 6.625 \times 10^{-34}\,J\,s$ 이며 f는 광자 주파수이다. 광자의 주파수가 클수록 또는 파장이 짧을수록 더 많은 에너지가 방출된다. 자외선은 전자기파 스펙트럼에서 보라색에 근접한 380 nm 영역의 파장을 가진다. x선이나 감마선보다는 투과성은 낮지만 이보다 파장이 긴 가시광 영역에 비해 에너지가 높기 때문에 인체의 피부나 작은 생물체에 영향을 미친다. 즉 에너지가 충분히 높은 전자기파는 생체조직을 파괴할 수 있으므로 자외선은 피부암을 유발할 수 있다. 그러나 미생물의 경우 자외선에 쉽게 괴사되므로 일상생활에서는 소독기 등에 응용한다. 광자의 특성은 전자기적 방사이며 빛은 이러한 광자의 흐름이라고 할 수 있다.

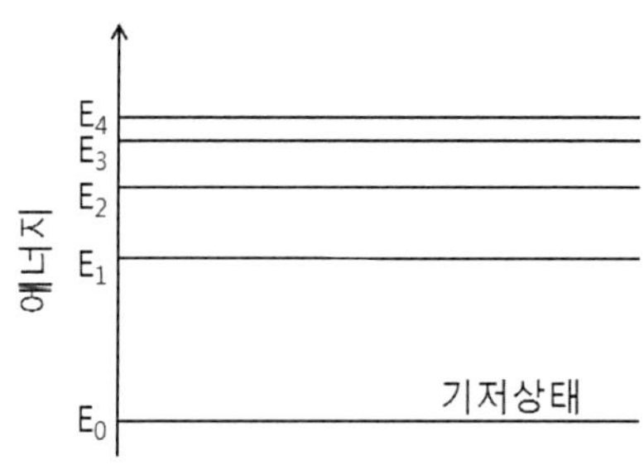

[그림 4.1] 에너지 준위 다이어그램

예제 4.1 • • •

두 개의 발광다이오드 중 하나는 450nm의 청색을 방사하고 다른 하나는 850nm의 근적외선을 방사한다. 각각의 광자에너지는 얼마인가?

풀이

450nm 청색 LED 광자에너지는

$$E_p = 6.625 \times 10^{-34} \times \frac{3 \times 10^8}{450 \times 10^{-9}} = 4.4 \times 10^{-19} J$$

850nm 근적외선의 광자에너지는

$$E_p = 6.625 \times 10^{-34} \times \frac{3 \times 10^8}{850 \times 10^{-9}} = 2.3 \times 10^{-19} J$$

계산 결과로부터 청색 영역의 파장이 근적외선 파장영역보다 에너지가 2배정도 크다. 이는 파장이 짧을수록 광자에너지가 높다는 것을 의미한다.

예제 4.2 • • •

650nm 파장을 가진 레이저 다이오드 출력광 전력은 $1mW$ 이다. 이 광원에서 방사하는 광자는 얼마나 많은지 계산하시오.

풀이

광자 한 개의 에너지는

$$E_p = 6.625 \times 10^{-34} \times \frac{3 \times 10^8}{650 \times 10^{-9}} = 3.06 \times 10^{-19} J$$

총 에너지 $E = P \times t = 10^{-3} W \times 1s = 10^{-3} J$ 이며 이는 광자 수 N에 광자 한 개의 에너지 E_p를 곱한 값이다. $E = E_p \times N$에서 광자 수 $N = E/E_p = 10^{-3}/(3.06 \times 10^{-19}) = 3.27 \times 10^{15}$ 이다.

다음은 광자에너지와 에너지 준위간의 에너지 차의 관계에 대하여 살펴보자. 원자가 E_3 준위에서 E_2 준위로 천이할 경우 방출하는 광자에너지는 $E_p = \Delta E = E_3 - E_2$ 이므로 출력광의 파장을 예측할 수 있다.

$$\lambda = \frac{hc}{E_3 - E_2} = \frac{hc}{E_p} \tag{4-2}$$

여기서 분자는 상수 값이므로 $h \times c = 6.626 \times 10^{-34} \times 3 \times 10^8 \, m \cdot J$ 을 계산하면 $19.87 \times 10^{-26} \, m \cdot J$ 이다. 이를 eV 단위로 나타내기 위해 전하량으로

나누어 준다.

$h\times c=\dfrac{19.87\times 10^{-26}m\cdot J}{1.602\times 10^{-19}J/eV}=1240\,nm\cdot eV$이다. 그러므로 에너지 밴드 갭에 해당하는 파장은 식 (4-3)으로 구할 수 있다.

$$\lambda(nm)=\frac{1240\,nm\cdot eV}{E_p(eV)} \tag{4-3}$$

예제 4.3 • • •

에너지 갭이 2.5 eV 인 LED의 출력파장을 구하시오.

풀이

원자 에너지와 에너지 갭은 eV 단위로 측정되며, $1\,eV$는 $1.602\times 10^{-19}J$ 이다. 에너지 갭을 Joule로 환산하면

$E_p=2.5\,eV\times 1.602\times 10^{-19}J/eV=4.0055\times 10^{-19}J$ 이므로 식 (4-2)를 이용하면

$$\lambda=\frac{hc}{E_p}=\frac{6.626\times 10^{-34}\times 3\times 10^{8}}{4\times 10^{-19}}=4.97\times 10^{-7}m=497\,nm$$

출력광은 녹색에 가까운 색이다. 식 (4-3)을 이용하여 구할 경우

$\lambda(nm)=\dfrac{1240\,nm\cdot eV}{2.5\,eV}=496\,nm$ 로 거의 유사한 값을 보인다.

4.2 반도체 기초

반도체 물질은 금속과 절연체 중간에 놓일 수 있을 정도의 전도성을 가지고 있다. 4족 원소인 실리콘의 경우 최외각 전자가 4 개로서 인접한 원자와 공유결합을 한다. 반도체의 전도성을 [그림 4.2]로 설명할 수 있다. 절대온도 0K에서 불순물이 없는 순수 크리스털은 전자로 꽉 찬 가전자 대역과 전자가 전혀 존재하지 않는 전도대역으로 이루어진 에너지 밴드 다이어그램을 보인다.

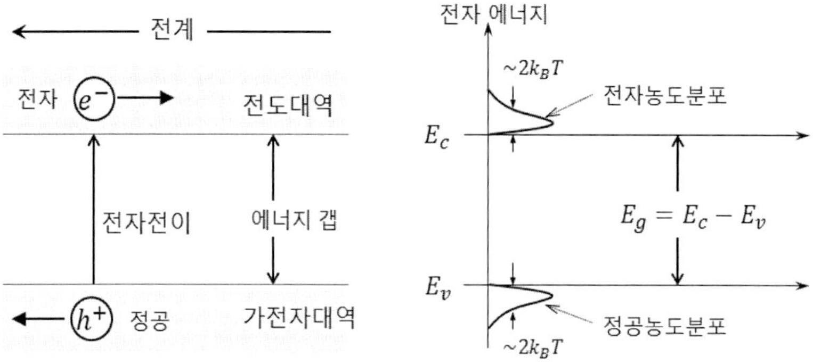

[그림 4.2] 진성반도체의 에너지 밴드 다이어그램과 전도대역과 가전자 대역에서 전자와 정공의 농도분포. (a) 에너지 준위 다이어그램, (b) 열적 여기에 의해 발생한 전도대역의 전자와 가전자 대역에 위치한 동일한 농도의 정공

온도가 올라감에 따라 가전자 대역의 전자가 여기되어 밴드갭을 가로질러 높은 에너지 대역에 위치한 전도대역으로 천이한다. 실리콘에 대해서는 여기에너지는 에너지 갭인 1.1 eV보다 커야한다. 이러한 과정을 거치면서 전도대역에 전자들이 모여들게 되고 반대로 가전자 대역에는 전자가 빠져나간 만큼의 정공이 남는다. 이 두 가지 캐리어는 매질 내에서 자유롭게 이동할 수 있으므로 전기전도도에 기여한다. 반도체에 바이어스 전압이 인가되면 반도체를 가로질러 전계가 발생하고 자유 전자와 정공이 끌려가는 만큼의 전류가 발생한다.

진성반도체에서 전자와 정공의 농도를 진성 캐리어 농도 n_i 라 한다.

$$n = p = n_i = Ke^{-\frac{E_g}{2k_BT}} \tag{4-4}$$

여기서 K는 재료의 특성을 나타내는 상수로 $K = 2\left(\frac{2\pi k_B T}{h^2}\right)^{3/2}(m_e m_h)^{3/4}$ 로 주어진다. T는 캘빈온도, k_B는 볼쯔만 상수, h는 플랑크 상수, m_e와 m_h는 각각 전자와 정공의 유효질량이다.

밴드갭이 $1.42\ eV$ 인 GaAs의 경우를 예로 들어 $300K$에서 진성반도체 농도를 구해보자. 자유공간에서 전자의 질량 m은 $9.11 \times 10^{-31}kg$이다. 전자와 전공의 유효질량은 각각 $m_e = 0.068m$이므로 $6.19 \times 10^{-32}kg$, $m_h = 0.56m$로서 $5.1 \times 10^{-31}kg$이므로 식 (4-4)를 이용하면 n_i는$2.62 \times 10^6/cm^3$이다. 단위 체

적당 2.62×10^6 의 진성 캐리어가 있다.

진성캐리어에 불순물을 첨가하면 전도도를 높일 수 있다. 4족 원소인 순수 실리콘에 인 (P) 또는 비소 (As)와 같은 5족 원소를 소량 도핑하면 외인성 반도체가 되고 불순물 원소 한 개당 한 개의 자유전자가 생겨 전도도를 높여 주는데 기여한다. 이때 5족 원소를 도너(donor) 라하고 5족 원소가 도핑된 반도체를 n형이라 한다. [그림 4.3] (a)는 n형 반도체의 에너지 밴드 다이어그램이다. 5족 원소의 최외각 전자 중 공유결합을 하지 못한 자유전자는 도너준위에 위치하면서 전도대역에 전자를 넘겨준다. 이것은 전도대역에 자유전자의 농도를 증가시키는데 반영된다. [그림 4.3] (b)에서 전도대역의 전자의 농도가 가전자 대역의 정공농도보다 높은 것을 보여준다.

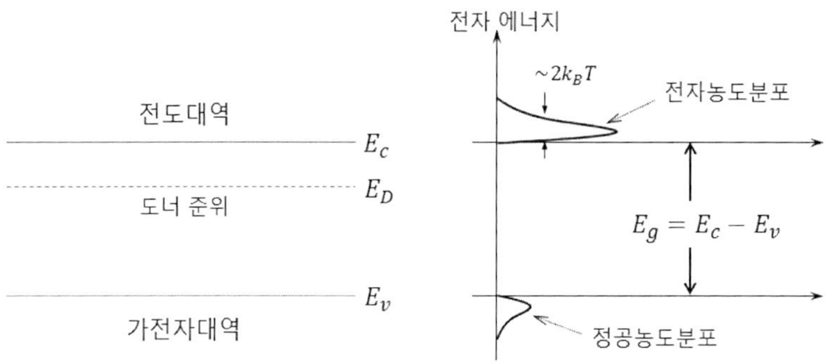

[그림 4.3] (a) n형 반도체의 에너지 밴드 다이어그램과 전도대역, (b)가전자 대역에서 전자와 정공의 농도분포

전도도는 3족 원소를 4족 반도체 물질에 첨가하여 높일 수도 있다. 이 경우 최외각 3 개의 진자는 공유결합을 하지만 4족 반도체의 전자 한 개는 공유결합을 하지 못하고 정공이 남아있다. 이 정공들은 [그림 4.4] (a)와 같이 억셉터 준위가 가전자대 가까운 곳에 위치한다. 전도는 전자가 가전자 대역에서 억셉터 준위로 여기될 때 일어난다. 그러므로 자유정공은 [그림 4.4] (b)와 같이 가전자 대역에서 증가한다. 전류는 전공의 흐름에 기인하므로 이러한 유형의 반도체를 p 형이라 한다.

진성반도체 결정은 온도가 올라감에 따라 가전자 대역의 전자가 전도 대역으로 여기될 수 있는 충분한 에너지를 얻게 되다. 이러한 열 생성과정은 자유전자-정공 쌍을 만들게 되는데 전도대역으로 이동한 모든 전자는 가전자 대역에 정공을 남기기 때문이다. 그러므로 진성 반도체에서 전자와 정공의 수는 진성 캐리어 밀도와 동일하다. 역으로 재결합 과정에서 자유전자는 자신이 가진 에너지를 내 놓고 가전자 대역의 정공이 있는 곳으로 떨어진다. 외인성 반도체에서는 한 유형의 캐리어 농도가 증가하면 다른 캐리어의 수는 감소한다. 이 경우 두 유형의 캐리어의 곱은 주어진 온도에서 일정하다. 이것은 질량작용의 법칙(low of mass action)에서 나온다.

$$pn = n_i^2 \tag{4-5}$$

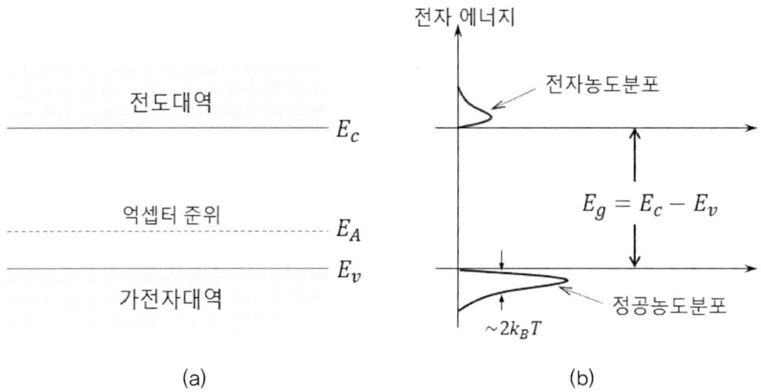

[그림 4.4] (a) p형 반도체의 에너지 밴드 다이어그램과 전도대역, (b)가전자 대역에서 전자와 정공의 농도분포.

식 (4-5)는 열적평형상태에서 진성반도체와 외인성 반도체에 동시에 유효하다. 전기전도도는 캐리어 농도에 비례하며 n 형 반도체의 다수 캐리어는 전자, 소수캐리어는 정공이고 p 형 반도체의 다수 캐리어는 정공, 소수 캐리어는 전자이다.

도핑된 n 형 반도체 또는 p 형 반도체는 그 자체로는 전도체로서 기여할 수 있다. 반도체 소자를 만들기 위해서는 두 유형의 반도체를 사용할 필요가 있는데 두 물질은 접합하여 만들어지는 pn 접합은 가장 단순한 형태의 반도체 소자로서 유용한 전기적인 특성을 이용하는데 적합하다.

4.3 반도체 재료

직접천이 밴드 갭을 가지는 대부분의 반도체는 자발방출을 통해 빛을 방출할 수 있는 p-n 동종 접합으로 만들어 사용할 수 있다. 이종접합의 경우에는 소자의 성능이 다른 밴드 갭을 가지는 두 반도체 사이의 이종접합 경계면의 품질에 의존하므로 재료의 선택에 상당한 제한이 있다. 격자결함이 형성되는 것을 줄이기 위하여 두 재료의 격자상수 차이는 0.1% 이하여야 한다. 자연 상태에서는 이런 요구조건을 만족하는 물질을 찾을 수 없으므로 삼원 또는 사원 화합물을 만들어 인위적으로 제조한다. GaAs의 경우, 삼원 화합물인 $Al_x Ga_{1-x} As$는 Ga 원자의 일정량 x를 Al 원자로 대체함으로서 제조된다. 이렇게 만들어지는 반도체는 격자상수가 거의 같게 되지만 밴드 갭이 올라간다. 밴드갭은 x의 값에 의존하며 간단한 선형방정식으로 근사시킬 수 있다.

$$E_g(x)[eV] = 1.43 + 1.247x \tag{4-6}$$

여기서 Ga 원자의 일정량 x의 범위는 0 보다 크고 0.45 보다 작은 값이어야 한다.

[그림 4.5]는 몇 가지 삼원 화합물과 사원 화합물에 대한 격자상수와 에너지 밴드 갭 사이의 관계를 보여준다. 원으로 표시된 물질은 이원 반도체를 의미하며 점선으로 연결된 것은 간접 천이형 밴드갭을 가지는 삼원화합물을 가리킨다. 실선은 직접 천이형 삼원 화합물이다. 다각형으로 닫힌 영역은 사원 화합물에 해당한다. 여기서 밴드갭은 반드시 직접 천이형이 될 필요는 없다. 연한 회색의 무늬가 있는 영역은 인듐(indium: In), 갈륨(gallium: Ga), 비소(arsenic: As), 인(phosphorus: P) 등의 원소를 이용하여 형성된 직접 천이형 밴드 갭을 가지는 삼원 또는 사원 화합물이다.

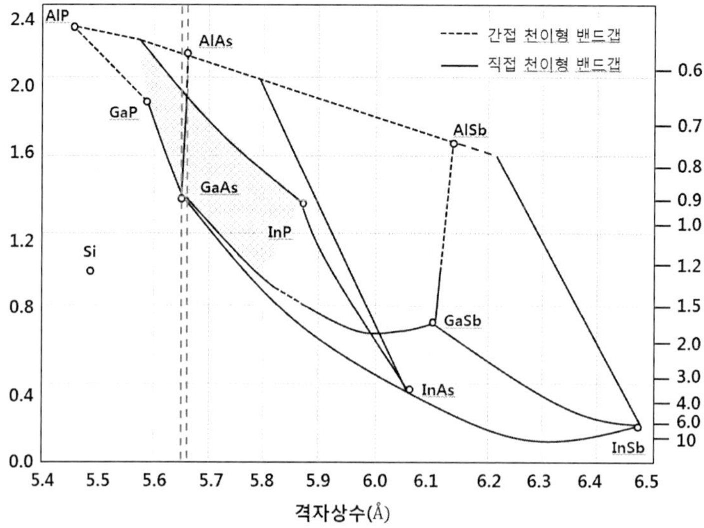

[그림 4.5] Ⅲ−Ⅴ 족 반도체 화합물을 이용하여 만들어진 삼원 및 사원 화합물의 격자상수와 밴드 갭 에너지

GaAs와 AlAs를 연결한 수직선은 삼원 화합물 $Al_x Ga_{1-x} As$ 에 대응하며 이들의 밴드 갭은 식 (4-6)로부터 구할 수 있다. 방출하는 광원의 파장은 이 밴드 갭에 의해 결정된다. 예들 들면 GaAs의 밴드 갭 $E_g = 1.43\,eV$이므로 $\lambda(\mu m) = 1.24/E_g$ 를 이용하여 출력광원의 파장을 구하면 $\lambda_{GaAs} = 0.867\,\mu m$ 이며 AlAs의 경우 밴드 갭은 $E_g = 2.16\ eV$ 이므로 $\lambda_{AlAs} = 0.574\,\mu m$ 이다. 여기서 $x = 0.1$를 가지는 활성영역의 물질을 사용하게 되므로 $E_g = 1.555\ eV$ 가 되어 파장은 ~0.8 um가 된다. 일반적으로 GaAs를 기반으로 하는 광원의 동작파장은 0.8–0.87 um 정도이다. 이 파장대역은 1세대 광통신을 위한 광원의 동작영역이었다.

파장에 대한 광섬유의 손실 특성을 고려할 때 1300–1600 nm 대역의 광원이 통신에서 유리한 것은 850 nm 비하여 상당히 낮은 전송손실을 보장하기 때문이다. InP 기반의 반도체 재료를 사용할 경우 이러한 조건에 맞는 파장의 광원을 제공할 수 있다. 주로 격자상수가 InP와 잘 맞는 GaAs를 사용하여 사원 화합물인 $In_{1-x} Ga_x A_y P_{1-y}$ 를 제조하면 InP의 밴드 갭이 상당히 낮아진다. x와 y 값은 임의로 선택할 수는 없으며 $x/y = 0.45$ 일 때 격자상수가 일치함을 보장한다.

$$E_g(y) = 1.35 - 0.72y + 0.12y^2 \quad (0 < y < 1) \tag{4-7}$$

가장 작은 밴드 갭은 $y = 1$에서 일어나므로 $x = 0.45$로 두고 장파장의 한계를 구하면 $E_g(y = 1) = 0.75\,eV$ 이므로 $\lambda_{high} = 1.653$ um이다. 단파장의 한계는 y의 값이 매우 작을 때 이지만 x의 값을 고려한다면 $\lambda_{low} = 1$ um 부근이다.

4.4 발광 다이오드

고체상태의 물질에 전기를 인가하여 빛을 발생시킨 것은 20세기에 들어와서 가능하였으며, 실온에서 전자발광이 일어났다는 측면에서 상용화를 위해 매우 고무적인 일이었다. 1824년 스웨덴의 과학자 Jons J. Berzelius가 다이아몬드 합성 과정에서 탄화규소 (SiC)를 발견하였으며, 1892년 Eugene G. Acheson이 대량생산할 수 있는 방법을 고안하였다. 오늘날 생산되는 합성 SiC는 Acheson의 방법을 이용하며 연간 생산량이 60만 톤 이상이라고 한다. 1907년 영국의 과학자 Henry Joseph Round는 SiC 결정으로부터 빛이 발생하는 현상을 최초로 발견하였으며 LED의 탄생을 이끌었다. 1960대 후반에까지 SiC 박막이 보다 정밀하게 만들어졌는데 이를 기반으로 pn접합 소자가 만들어졌고 청색 LED가 탄생할 수 있었다. 그러나 간접천이형 반도체의 한계로 인한 매우 낮은 광전변환효율로 인하여 1990대까지 SiC 기반 청색 LED는 산업전반에 획기적인 영향을 미치기에는 부족했다. Ⅲ-Ⅴ족 화합물 반도체가 등장하면서 SiC는 LED재료로서 경쟁력을 잃게 되었다. 1993년 일본의 니치아 화학공업에서 최초의 청색 및 녹색 LED를 위한 GaInN 이중 이종접합구조를 개발하여 10% 이상의 효율을 달성하면서도 상온에서 동작할 수 있도록 하였다. 보다 더 높은 출력광 전력을 낼 수 있는 소자들이 개발됨에 따라 신호등, 전광판, 자동차 램프, 실내조명 등에 LED가 폭넓게 응용되고 있다. 또한 LED는 거의 모든 소비자 전자기기에 폭 넓게 응용되고 있는 발광 소자이다.

광통신 관점에서 LED는 크기가 작고 수명이 길기 때문에 초기 통신용 광원으로 사용되었다. 그러나 레이저 다이오드와 비교하여 낮은 광 강도, 열악한 빔 초점, 낮은 변조 대역폭, 가간섭적이지 못한 광 출력 등의 단점 때문에 단거리 통신 또는 대역폭이 많이 요구되지 않는 지역 통신망에 활용되었으나, 현재 대부분의 통신용 광원은 레이저 다이오드로 바뀌고 있다. 그러나 최근 고출력 LED가 개발되고 실내조명용으로 보급되면서 LED는 가시광 통신과 무선 센서네트워크가 접목된 시스템 조명으로 발전하고 있다.

4.4.1 기본원리와 구조

발광 다이오드(Light emitting diode: LED)는 GaAs 와 같은 직접천이 반도체를 이용하여 만든 pn 접합 다이오드이다. 전자와 정공의 재결합으로 광자를 방출하는 소자이며 이때의 광자 에너지는 주어진 반도체 밴드갭 에너지 $(E_g = h\nu)$와 동일하다. [그림 4.6]은 pn^+ 접합 소자의 에너지 밴드 다이어그램을 보여준다. 바이어스 전압이 인가되지 않은 평형상태의 경우는 [그림 4.6] (a)와 같다. 우선 두 유형의 반도체에 대한 페르미 준위는 일치한다. p형 반도체가 n형 보다 도핑농도가 낮기 때문에 접합할 경우 공핍영역은 p 영역 쪽으로 깊이 형성된다. 두 반도체 사이에는 전위장벽 V_0가 존재한다. 전자의 농도가 높은 n 영역에서 전자의 농도가 낮은 p영역으로 확산에 의한 전자의 이동이 가능하지만 전위장벽에 의해 순수한 전자이동은 차단된다.

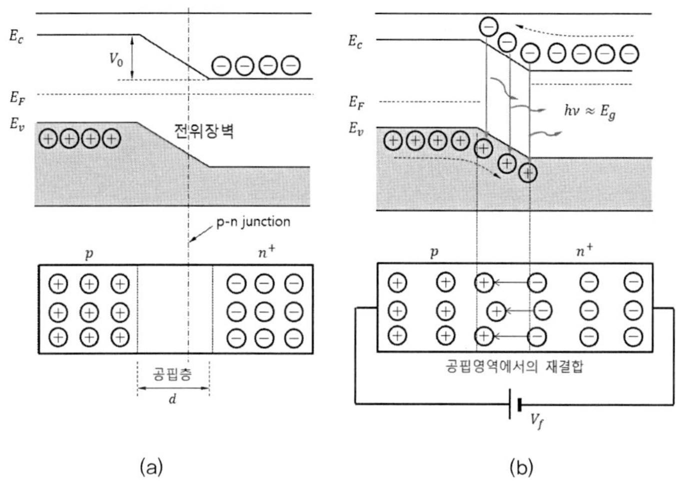

[그림 4.6] pn 접합의 에너지 밴드 다이어그램과 순방향 바이어스에 의한 빛 방출. (a) 바이어스 전압의 인가가 없는 상태의 pn 접합, (b) 바이어스 전압이 인가된 상태의 pn 접합

순방향 바이어스 전압이 인가된 [그림 4.6] (b)의 경우 내재된 전위장벽 V_0는 $V_0 - V_f$로 낮아진다. 순방향 전류에 의해서 n 영역의 전자들이 공핍영역으로 주입되면 이 전자들은 정공과 발광 또는 비발광의 재결합을 한다.

비발광 재결함은 발광 재결합에 유용한 여기된 전자를 소모하므로 전광효율을 떨어지게 한다. 이것을 내부양자효율 η_{int}로 정의하며 총 여기된 전자수 N_t에 대한 광자를 발생한 전자 N_r의 비율로 계산한다.

$$\eta_{int} = \frac{r_r}{r_t} = \frac{r_r}{r_r + r_{nr}} = \frac{N_r}{N_t} \tag{4-8}$$

여기서 r_r은 발광성 재결합률, r_{nr}은 비발광성 재결합률이며, 정상상태에서 총 재결합률 r_t는

$$r_t = \frac{J}{qd} \ (/m^3) \tag{4-9}$$

여기서 J는 전류밀도, q는 전자의 전하량, d는 재결합 영역의 두께이다. 캐리어의 재결합 수명을 이용하여 식 (4-8)을 달리 표현하면 식 (4-10)이 된다.

$$\eta_{int} = \frac{1}{1 + (r_{nr}/r_r)} = \frac{1}{1 + (\tau_r/\tau_{nr})} \tag{4-10}$$

그러므로 식 (4-10)은 다음과 같이 주어진다.

$$\eta_{int} = \frac{\tau_a}{\tau_r} \tag{4-11}$$

여기서 $\tau_a = \dfrac{\tau_r \tau_{nr}}{\tau_r + \tau_{nr}}$ 이며 전체 캐리어의 재결합 수명이다. 만약 소자에 순방향 바이어스 전류 i가 인가되었다면 초당 재결합하는 캐리어의 수 N_t는

$$N_t = \frac{i}{q} \tag{4-12}$$

과잉 캐리어들은 발광 또는 비발광성 재결합을 할 수 있으며 발광성 재결합은 광자를 생성하고, 비발광성 재결합은 열로 전환된다. 식 (4-8)과 식 (4-12)를 이용하면 발광성 재결합율이 계산된다.

$$N_r = \eta_{int} N_t = \eta_{int} \frac{i}{q} \tag{4-13}$$

여기서 N_r은 초당 발생되는 광자의 수와 동일하며 각 광자의 에너지는 $h\nu$ 이고 단위는 joule 이다.

LED에서 내부적으로 생성되는 광전력 P_{int}는 식 (4-14)와 같다.

$$P_{int} = \eta_{int} h\nu \frac{i}{q} = \eta_{int} \frac{ihc}{q\lambda} \quad (W) \tag{4-14}$$

위 식에서 흥미로운 사실은 내부 광 전력은 LED 구동 전류와 선형적인 관계에 있다는 것이다.

예제 4.4 • • •

이중 이종접합 LED의 활성영역에서 발광성 및 비발광성 재결합 수명은 각각 50 ns와 80 ns 이다.

(a) 전체 캐리어의 재결합 수명을 계산하시오.

(b) 방사되는 출력빔의 피크 파장은 0.95 μm 이고 구동전류는 40 mA 이다. 내부발생 광전력은 얼마인가?

풀이

(a) $\tau_a = \dfrac{\tau_r \tau_{nr}}{\tau_r + \tau_{nr}} = \dfrac{50 \times 80 ns}{50 + 80} = 30.77 ns$

(b) $\eta_{int} = \dfrac{\tau_a}{\tau_r} = \dfrac{30.77}{50} = 0.615$

$$P_{int} = \eta_{int} \frac{ihc}{q\lambda}$$
$$= 0.615 \times \frac{40 \times 10^{-3} \times 6.626 \times 10^{-34} \times 3 \times 10^{8}}{1.602 \times 10^{-19} \times 0.95 \times 10^{-6}}$$
$$= 32.1 mW$$

비록 가능한 내부양자효율이 높다고 하여도 LED에 대한 발광 형상은 표면 방사율이 모든 방향으로 일정한 산란방사(Lambertian) 이다. 산란방사의 강도분포는 그림 4.7과 같다. 표면 방사율은 단위면적에서 단위입체각 안으로 방사되는 전력을 의미한다. LED 표면에서 수직으로 방사할 때, 즉 $\theta = 0$ 일 때 최대 광 강도를 보이지만 겉보기 각도가 변함에 따라 시야각 θ의 코사인에 비례하여 광 강도는 감소하며 $I(\theta) = I_{\max} \cos\theta$로 주어진다.

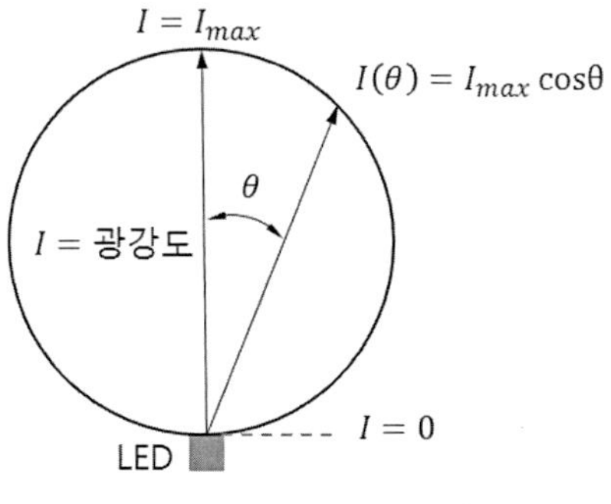

[그림 4.7] LED의 람베르트 방사와 시야각 θ에 따른 광 강도 $I(\theta)$

[그림 4.8] (a)와 같이 소자내부에서 생성된 광자가 임계각 보다 큰 각으로 방사할 때는 공기와의 경계면에서 전반사되므로 소자에 갇히게 되어 외부양자효율을 감소시킨다. 이를 개선하기 위하여 그림 4.8 (b)와 같이 돔형 플라스틱을 장착하여 전반사조건을 제거함으로서 전체양자효율 개선할 수 있다.

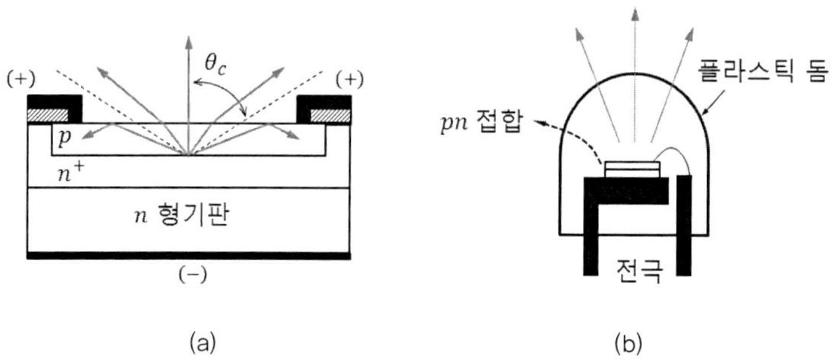

[그림 4.8] (a) 표면 방사시 경계면에서의 전반사로 인한 전체양자효율 저하, (b) 돔형 플라스틱을 장착하여 전반사조건을 제거함으로서 전체양자효율 개선

외부양자 효율 η_{ext}는 소자 내부에서 방출된 광 출력 대비 표면에서 방출되는 광 출력 P_{ext} 의 비로 정의된다.

$$\eta_{ext} = \frac{P_{ext}}{P_{int}} \tag{4-15}$$

외부 광 출력이 굴절률이 높은 반도체 물질에서 굴절률이 낮은 공기로 방출된다면 P_{ext}는 식 (4-16)으로 주어진다.

$$P_{ext} = \eta_{ext} P_{int} = \eta_{ext}\,\eta_{int}\frac{hci}{q\lambda} = \eta\,\frac{1240\times 10^{-9}}{\lambda}\,i \tag{4-16}$$

여기서 i는 주입전류, η는 전체 양자효율이며, $\eta_{ext} \approx \frac{1}{n(n+1)^2}$ 이다.

4.4.2 동종접합과 이종접합 구조

n형 반도체와 p형 반도체는 동종기판으로 만들어진다. 다양한 불순물을 도핑함으로서 전자가 과잉으로 있는 n형 또는 정공이 과잉으로 존재하는 p형 반도체를 만들 수 있다. 중요한 것은 두 반도체가 동일한 에너지 밴드갭을 가진다는 것이다. 이러한 반도체의 p-n 접합을 동종접합이라고 하며 기본구조는 [그림 4.6]과 같다.

동종접합 구조는 두 가지 주요 단점이 있다. 첫째 캐리어들이 활성영역으로 확산해 들어간 후 머물러 있거나 축적될 수 있는 구조가 되지 못하므로 소자의 효율이 낮다. 즉 전자와 정공의 재결합이 특정영역에 국한되어 일어나지 않고 넓은 영역에 걸쳐서 일어난다는 것이다. 둘째 이러한 종류의 LED 출력은 넓게 발산하는 형태의 광선이 된다. 그러므로 광섬유에 결합할 경우 결합효율이 저하되어 실제 응용에서는 거의 사용되지 않고 있다.

허용할 만한 효율을 가지고 지향성이 좋은 상용화된 LED는 이종접합 구조로 제조된다. [그림 4.9]는 에너지 밴드 갭이 다른 두 가지 물질을 이용한 이중 이종접합 구조이며 출력광의 세기를 높일 수 있는 장점이 있다. 큰 에너지 밴드 갭을 가지는 물질사이에 작은 에너지 밴드 갭을 가지는 물질을 배치한 형태로서 $AlGaAs$는 2 eV, $GaAs$는 1.4 eV 의 에너지 밴드 갭을 보인다. 여기서 $n^+ - AlGaAs$와 $p - GaAs$ 사이에 n^+p의 이종접합을 가진다. 또한 $p - GaAs$와 $p - AlGaAs$ 사이에도 이종접합이 존재한다. $p - GaAs$ 영역은 박막으로서 um 이하의 두께를 가질 정도로 소량 도핑 되었다.

[그림 4.9] (b)는 바이어스 전압이 인간되지 않은 조건에서의 에너지 대역도이다. 페르미 준위 E_F는 전체영역에 걸쳐서 일정하며 $n^+ - AlGaAs$와 $p - GaAs$ 사이에 전위장벽에 의해 $p - GaAs$ 영역으로의 전자 확산이 차단된다. $p - GaAs$

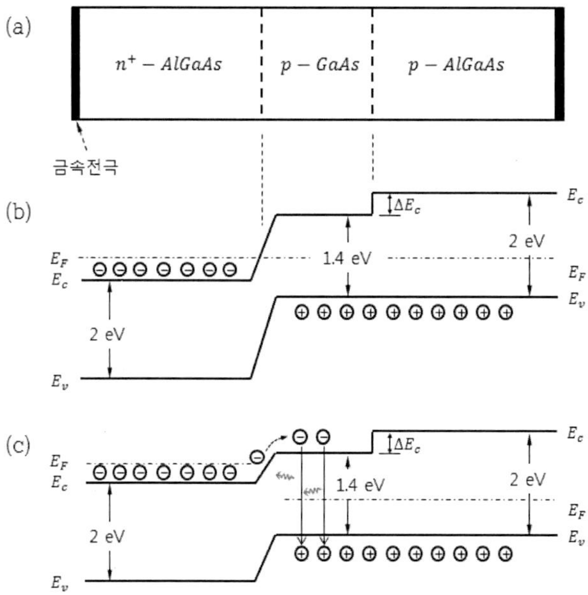

[그림 4.9] 이종접합 LED의 기본 구조 및 에너지밴드 다이어그램. (a) n^+pp 이종접합 구조, (b) 바이어스 인가전 에너지 대역도, (c) 순방향 바이어스 인가 후 에너지 대역도

와 $p-AlGaAs$의 전도대역 에너지 차는 ΔE_c 이다. 이 에너지 장벽 또한 $p-AlGaAs$의 전도대역으로 전자의 이동을 막는 역할을 한다.

만약 순방향 전압이 인가되면 에너지 대역도는 [그림 4.9] (c)와 같이 $n^+ - AlGaAs$와 $p-GaAs$ 사이의 전위장벽이 낮아진다. 이것은 $n^+ - AlGaAs$ 영역의 전자가 전위 장벽을 넘어 $p-GaAs$ 영역으로 확산해 들어가는 것을 허용한다. 그러나 $p-GaAs$와 $p-AlGaAs$의 전도대역 에너지 차인 ΔE_c로 인하여 전자는 더 이상 진행하지 못하고 $p-GaAs$ 영역의 전도대역에 갇히게 된다. 여기서 넓은 밴드 갭을 가지는 $AlGaAs$ 층은 주입된 전자를 $p-GaAs$ 영역으로 제한하는 가둠 층으로서의 역할을 한다. 정공은 이미 $p-GaAs$의 가전자 대역에 존재하므로 전도대역으로 주입된 전자는 이 정공들과 재결합을 함으로서 자발 방출에 의한 광자를 생성한다. 방출된 광자의 에너지는 인접한 $AlGaAs$ 보다 밴드 갭이 작기 때문에 재 흡수되지 않고 활성 층을 빠져나올 수 있으므로 효율이 높다.

AlGaAs는 Al과 Ga의 조성비를 조절하여 에너지 밴드갭을 조정할 수 있는 화합물로서 $Al_xGa_{1-x}As$로 표현한다. 조성비 x의 변화에 대한 에너지 밴드갭은 식 (4-17)로부터 구할 수 있다.

$$E_{g(dir)}(x) = 1.422\,eV + x \times 1.2475\,eV \tag{4-17}$$

알루미늄의 조성비에 따른 에너지 밴드갭은 [그림 4.10]에, 출력 파장의 관계는 [그림 4.11]에 나타내었다.

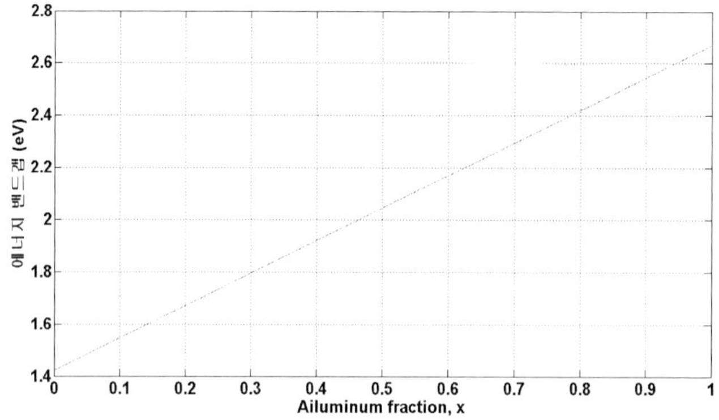

[그림 4.10] $Al_xGa_{1-x}As$의 조성비 x에 대한 에너지 밴드갭

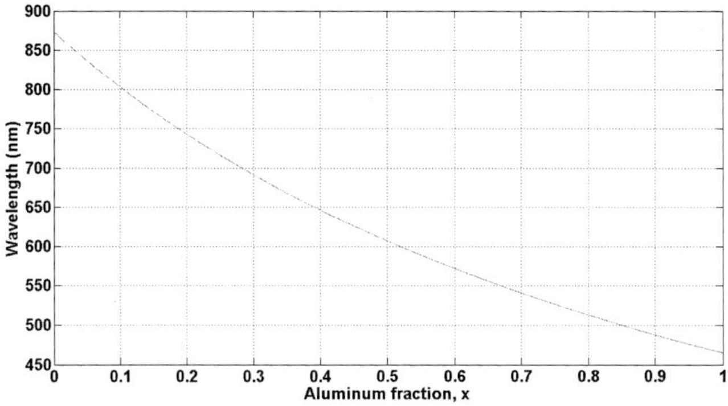

[그림 4.11] $Al_xGa_{1-x}As$의 조성비 x에 따른 출력파장

4.4.3 LED 출력 스펙트럼

LED 로부터 방사되는 광자의 에너지는 사실은 활성영역의 에너지 밴드갭과 항상 일치하는 것은 아니다. 전도대역에 존재하는 전자의 에너지 분포와 가전자대역의 정공의 에너지 분포가 [그림 4.12]와 같기 때문이다. pn 접합 LED 구조에서 전도대역과 가전자대역의 전자와 정공 농도를 에너지의 함수로 나타내면 [그림 4.12] (b)와 같다. 전도대역에서 전자의 농도 분포는 비대칭적이며 $0.5\,k_BT$ 에서 최고치를 보임을 알 수 있다.

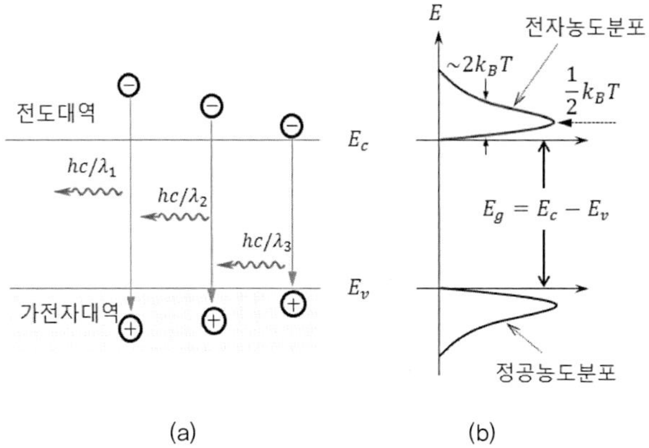

[그림 4.12] LED 활성영역에서의 재결합. (a) 여러 가지로 가능한 재결합 경로, (b) 전도대역의 전자와 가전자대역의 정공의 에너지 분포

여기서 k_B는 볼쯔만 상수, T는 캘빈온도이다. 이 전자들의 에너지 퍼짐은 일반으로 전도대역 에너지 준위 E_c 에서 $2k_BT$ 정도까지라고 가정한다. 직접천이 비율은 전자와 정공의 농도에 비례한다.

[그림 4.12] (a)와 같이 전도대역의 전자는 가전자 대역의 정공과 직접 천이에 의한 재결합을 한다. 전도대역 경계영역 부근에는 캐리어 농도가 매우 낮아 재결합이 빈번히 일어나지 않는다. 그러므로 [그림 4.13] (a) 와 같이 광자에너지 $h\nu_3$ 에서 광 강도는 작다. 반대로 전자의 농도가 가장 높은 에너지 대역에서의 천이는 가장 빈번하게 발생하므로 $h\nu_2$ 에서의 광 강도는 가장 크다. 이때 주파수 스펙트럼 폭은 최고치의 에너지가 $-3\,dB$ 떨어지는 지점의 대역폭 $(\Delta h\nu)$ 을 의미하며 $\Delta h\nu$ 는 $2.5\,k_BT$ 에서 $3\,k_BT$ 사이의 값을 가진다.

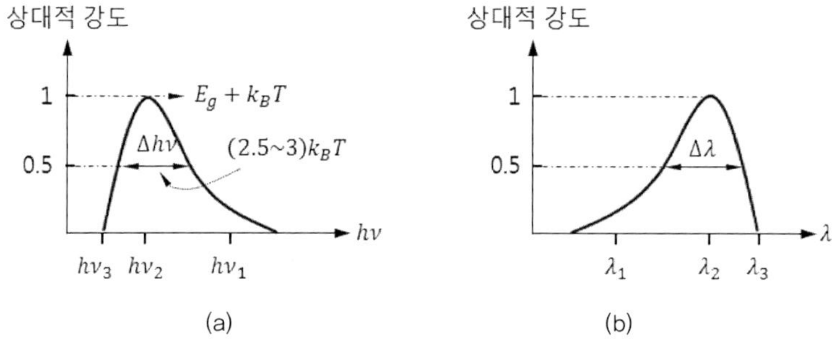

[그림 4.13] (a) 광자 에너지의 함수로 나타낸 상대적인 광 강도, (b) 출력스펙트럼 상에서 파장의 함수로 표현한 상대적인 광 강도

더 높은 에너지 대역에서는 점차 전자의 농도가 줄어들게 되어 더 높은 주파수에서의 광 강도도 낮아진다. 출력 스펙트럼의 선폭 $\Delta\lambda$ 는 [그림 4.13] (b)와 같다. 파장은 주파수의 역수이므로 [그림 4.13] (a)와 대칭인 [그림 4.13] (b)를 유추할 수 있다. 파장에 대한 출력 스펙트럼은 반도체 재료와 도핑 농도, pn 접합 구조 등에 의존한다. 파장에 대한 출력 스펙트럼 폭을 계산해보자. 먼저 방출되는 파장 λ는 광자 에너지 E_{ph} 와 식 (4-18)의 관계가 있다.

$$\lambda = \frac{c}{\nu} = \frac{hc}{E_{ph}} \tag{4-18}$$

식 (4-18)의 λ를 E_{ph}에 대하여 미분하면

$$\frac{d\lambda}{dE_{ph}} = -\frac{hc}{E_{ph}^2} \tag{4-19}$$

미분에 의한 변화분이 매우 작다면 $d\lambda/dE_{ph} = \Delta\lambda/\Delta E_{ph}$ 로 나타낼 수 있으므로 스펙트럼 폭은 다음과 같이 나타낼 수 있다.

$$\Delta\lambda \approx -\frac{hc}{E_{ph}^2}\Delta E_{ph} \tag{4-20}$$

여기서 출력 스펙트럼의 에너지 폭 $\Delta E_{ph} = \Delta(h\nu) = mk_B T$ 이며 통상 $m = 2.5 \sim 3$ 에서 결정된다. 만약 $m = 2.5$라고 한다면 $\Delta E_{ph} = 2.5k_B T$ 이므로 식 (4–21)로 정리된다.

$$\Delta\lambda \approx \frac{hc}{E_{ph}^2}\Delta E_{ph} = \frac{hc}{\left(\frac{hc}{\lambda}\right)^2} 2.5\,k_B T = \lambda^2 \frac{2.5\,k_B T}{hc} \tag{4-21}$$

세 가지 영역의 광통신용 파장에 대하여 식 (4–21)로부터 스펙트럼 폭을 계산해 보자.

(1) $\lambda = 850\,nm$

$$\Delta\lambda = (850\times10^{-9})^2 \times \frac{2.5\times0.026\times1.6\times10^{-19}}{6.62\times10^{-34}\times3\times10^8} = 37.83\,nm$$

(2) $\lambda = 1310\,nm$

$$\Delta\lambda = (1310\times10^{-9})^2 \times \frac{2.5\times0.026\times1.6\times10^{-19}}{6.62\times10^{-34}\times3\times10^8} = 90\,nm$$

(3) $\lambda = 1550\,nm$

$$\Delta\lambda = (1550\times10^{-9})^2 \times \frac{2.5\times0.026\times1.6\times10^{-19}}{6.62\times10^{-34}\times3\times10^8} = 125.8\,nm$$

동일한 조건에서 중심파장이 증가할수록 대역폭이 증가한다. $m = 2.5$라고 두고 식 (4–21)을 이용하여 중심파장과 대역폭의 관계를 그래프로 그려보면 [그림 4.14]와 같다.

%MATLAB 프로그램

```
m=2.5;
k_B_T=0.0259; % eV
h=4.14*10^(-15); % eV-s
c=3*10^8; % m/s
for lambda = 800:1:1600
    plot(lambda, ((lambda*10^(-9))^2*m*k_B_T/(h*c))/(10^(-9)), 'r')
    hold on
end
grid
```

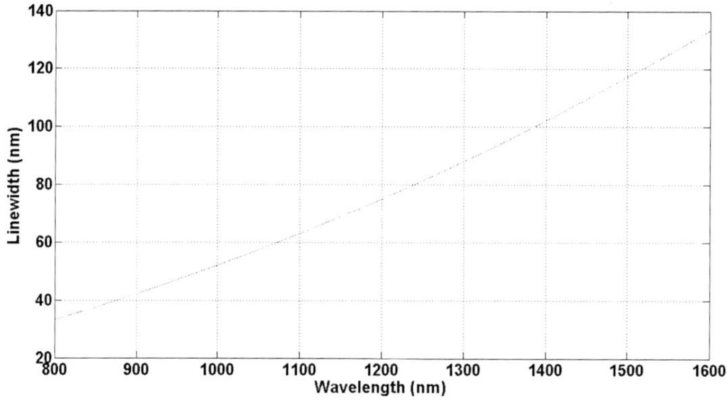

[그림 4.14] 출력 파장의 함수로 본 LED의 선폭 (m=2.5, 실온조건)

[표 4-1]은 LED 제조에 사용되는 일반적인 반도체 재료의 에너지 밴드 갭과 파장을 보여준다. 출력파장을 고려한 적절한 재료의 선택이 필요함을 알 수 있다.

[표 4-1] 반도체 재료의 에너지 밴드갭과 파장

재료	에너지 밴드갭, $E_g(eV)$	파장 (nm)
Si	1.17	1067
Ge	0.775	1610
GaAs	1.424	876
InP	1.35	924
InGaAs	0.75–1.24	1664–1006
AlGaAs	1.42–1.92	879–650
InGaAsP	0.75–1.35	1664–924

[그림 4.15]는 $GaAs$ 기판에 형성된 이중이종접합 구조를 가지는 LED의 단면도이다. 플라스틱 광섬유 통신을 위한 650 nm 출력 파장을 보이는$AlGaInP/GaAs$ LED이다. n형 $GaAs$로 전류 차단층을 구현함으로서 p형을 재성장 시켰다.

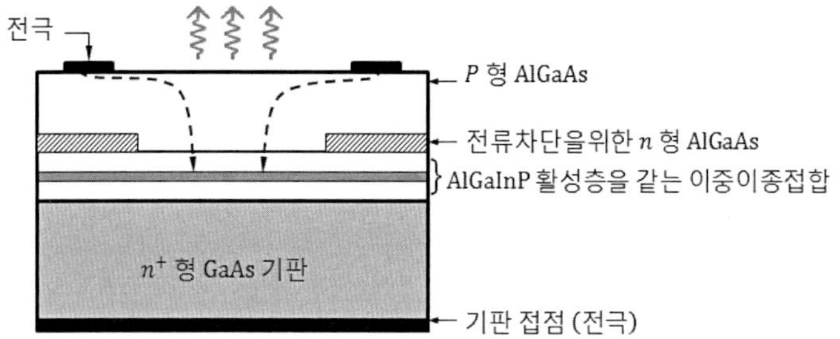

[그림 4.15] 이중이종접합의 $AlGaInP/GaAs$ LED 구조

예제 4.5 • • •

InP 기판상에 성장한 $In_{1-x}Ga_{x}As_{y}P_{1-y}$ 는 적외선 파장의 LED를 위해 적합한 반도체 물질이다. 결정결함을 피하기 위하여 $InGaAsP$는 InP 와 격자가 일치해야 한다. $y \approx 2.2x$ 이면 가능하다고 할 때 삼원합금의 밴드갭은 다음의 식으로 주어진다.

$$E_g = 1.35 - 0.72y + 0.12y^2 \ , 0 \le x \le 0.47 \tag{4-22}$$

$1550nm$ 파장에서 피크 출력을 보이는 $In_{1-x}Ga_{x}As_{y}P_{1-y}$를 결정하시오.

풀이

우선 $1550nm$ 파장에서 피크 출력을 얻기 위한 에너지 밴드갭 E_{peak}을 계산해야 한다. [그림 4.13]에서 가장 큰 광 강도에 당하는 에너지 밴드갭은 $E_g + k_BT$ 이므로

$E_{peak} = \dfrac{hc}{\lambda_{peak}} = E_g + k_BT$ 이다.

$In_{1-x}Ga_{x}As_{y}P_{1-y}$ 의 에너지 밴드갭 E_g 를 계산한다.

$$E_g = \frac{hc}{q\lambda} - \frac{k_BT}{q} = \frac{6.625 \times 10^{-34} \times 3 \times 10^8}{1.6 \times 10^{-19} \times 1550 \times 10^{-9}} - 0.0259\,eV = 0.776\,eV$$

식 (4-22)로부터

$0.776 = 1.35 - 0.72y + 0.12y^2 \rightarrow$ y=0.57로 가정하면 (해를 찾기 위한 다음의

MatLAB 프로그램 참조)

$$x = \frac{0.57}{2.2} = 0.26$$

$$In_{1-x}Ga_{x}As_{y}P_{1-y} \rightarrow In_{0.78}Ga_{0.26}As_{0.48}P_{0.57}$$

% y를 찾기 위한 MATLAB 코드

```
>> f='0.12*y.^2-0.72*y+0.574';
>> y=0:1;
>> eval(f)

ans =

    0.5740    -0.0260
```

[실습과제 4.1] LED의 출력스펙트럼

상용화된 광통신 시스템 설계 프로그램을 이용하여 전산 모의한 결과를 살펴보자. LED의 중심파장은 1310 nm 이며 대역폭은 40 nm 로 설정하였다. 전산모의를 위한 파라미터는 비트율 300 Mbps, 시퀀스 길이 2 비트, 샘플링율을 10 THz 이다. [그림 4.17]은 전산모의된 LED의 출력스펙트럼으로 자발방출에 기인한 가우시안 형태와 유사함을 알 수 있다.

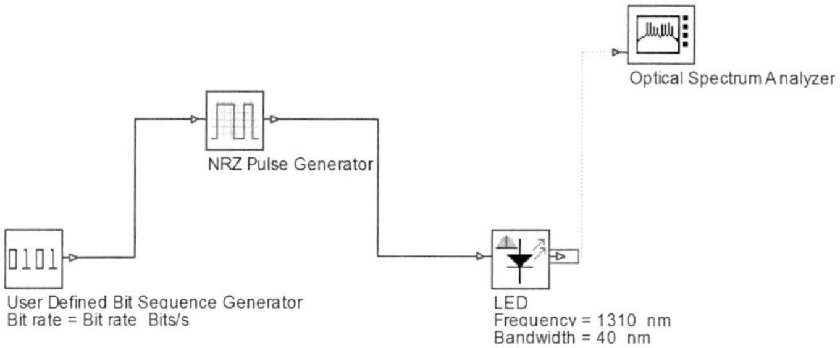

[그림 4.16] LED의 스펙트럼 분포를 보기 위한 설계 레이아웃

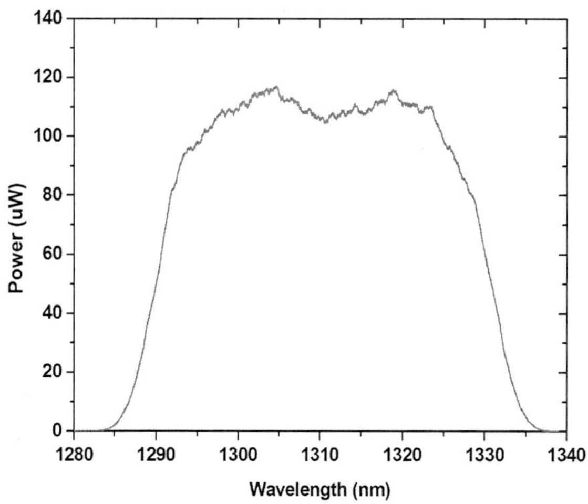

[그림 4.17] 중심파장 $1310nm$, 대역폭 $40nm$인 LED의 출력 스펙트럼(전산모의결과)

4.4.4 출력빔의 광섬유 결합

광통신을 위한 광원으로 LED를 사용할 경우 광섬유와의 결합효율을 고려해야 한다. LED 출력광의 발산각이 크기 때문에 광섬유의 수광각에 의해 입사광전력의 크기가 결정된다. [그림 4.18]은 표면 방출 LED를 플라스틱 광섬유에 결합시키는 개략도를 보여준다. 플라스틱 광섬유의 개구수가 NA이고 굴절률이 계단형 분포라면 광원의 반경이 광섬유 코어 반경보다 작기 때문에 광섬유로 결합하는 광 전력 P_{in} 은 다음과 같다.

$$P_{in} = P_0 (NA)^2 \tag{4-23}$$

여기서 P_0 는 $\theta = 0$ 에서의 출력 광 전력이다.

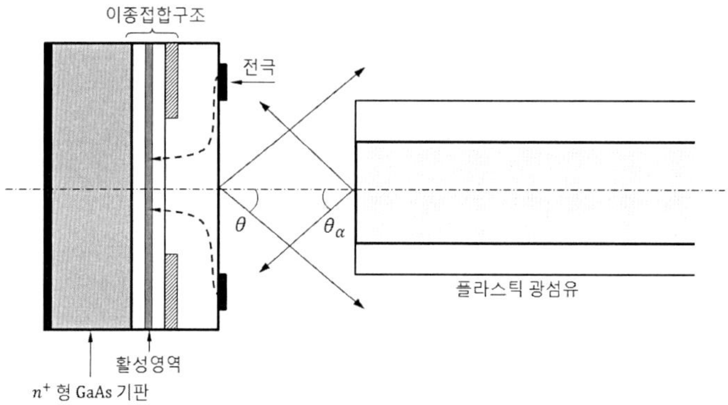

[그림 4.18] 표면 방출 LED의 광섬유 결합

예제 4.6 • • •

표면 방출 LED의 출력이 $1mW$ 이라면 코어 굴절률이 1.48, 클래딩의 굴절률이 1.46인 다중모드 광섬유에 결합될 때 입사광 전력 P_{in} 을 계산하시오.

풀이

광섬유의 개구수 $NA = \sqrt{(1.48^2 - 1.46^2)} = 0.2425$

$P_{in} = 1mW \times 0.2425^2 = 58.8\mu W$

[연습문제]

4.1 380 nm UVA 영역의 자외선 LED와 980 nm 근적외선 LED의 광자에너지를 비교하시오.

4.2 850 nm 파장을 가진 고출력 LED의 출력광 전력은 1 W 이다. 이 광원에서 방사하는 광자 얼마나 많은가?

4.3 에너지 밴드갭이 3.4 eV인 GaN와 2.16 eV인 AlAs로 LED를 제조할 경우 출력파장을 각각 구하시오.

4.4 이중 이종접합 LED의 활성영역에서 발광성 및 비발광성 재결합 수명은 각각 30 ns 와 70 ns 이다. 방사되는 출력빔의 피크 파장은 650 nm이고 구동전류는 $100mA$ 일 때 내부발생 광 전력은 얼마인가?

4.5 문제 4.4.에서 LED 재료의 굴절률이 3.3 일 때 외부 양자효율과 출력광 전력을 구하시오.

4.6 양자효율이 2%인 LED의 출력파장은 800 nm이다. 주입전류가 100 일 때의 출력광전력을 구하시오.

4.7 $In_{1-x}Ga_xAs_yP_{1-y}$ 합금에서 조성비 $x=0.3$일 때 결정결합을 피하기 위한 $y=2.2x$일 경우 에너지 밴드갭과 출력파장을 계산하시오.

05 CHAPTER 레이저 다이오드

학습목표

1. 반도체 레이저 다이오드의 밀도반전과 유도방출을 설명한다.
2. 광학적 이득을 발진기로 전환하는 광 궤환과 문턱 조건을 이해한다.
3. 페브리-페롯 광 공진기의 구조와 동작원리를 배운다.
4. 레이저 공동공진 조건과 발진주파수를 설명한다.
5. 반도체 레이저 다이오드의 기본구조와 이중이종접합 구조를 설명한다.

반도체 레이저 다이오드는 1970년대에 개발되었으며 초창기에는 주로 콤팩트디스크 플레이어 응용에 사용되었다. 상용화된 광섬유의 출현과 더불어 레이저 다이오드의 명도, 지향성, 좁은 스펙트럼 폭, 가간섭성 등은 장거리 광섬유 링크를 위한 최적의 광원으로 받아들여졌다. 수년 동안 장거리 전송시스템의 용량에 대한 요구가 계속적으로 증가하고 있음에 따라 레이저 다이오드 성능의 개선이 필요하였다. 이에 대한 대응으로 나노미터 이하의 극세 스펙트럼 폭을 가지는 양자우물 또는 분산궤환(distributed feedback) 레이저가 개발되었으며 오늘날 대표적인 장거리 전송 광원이 되었다. 수직 공동 표면 방출 레이저(vertical-cavity surface-emitting laser; VCSEL)는 최근 개발된 광원 기술의 일종이다. 파장분할다중화 기술도 레이저 설계자에게 새로운 도전을 제시하고 있다. 채널간 간격이 50 GHz 정도로 매우 좁기 때문에 0.1 nm 정도의 선폭을 가지는 레이저 다이오드는 적용할 수 없는 실정이다. 이것이 레이저 다이오드가 끊임없이 진화해야하는 이유를 던져주고 있다.

5.1 점유확률

[그림 5.1] (a)는 고농도 도핑된 pn 접합에 바이어스 전압이 인가되지 않은 경우를 보여준다. p 영역과 n 영역에 대하여 동일한 페르미 준위가 존재한다. 전도대역과 가전자 대역은 전자의 위치에너지 차이로 인하여 휘어진다. [그림 5.1] (b)와 같이 순방향 바이어스가 걸리면 전위장벽이 낮아지고 n형 영역의 전도대역 자유전자는 p형 영역으로 확산해 들어갈 수 있다. p형 영역의 경우에도 가전자 대역의 자유 정공이 n 영역으로 확산해 들어간다. 유효질량의 차로 인하여 전자의 이동도가 전공보다 훨씬 크기 때문에 n 영역으로 확산하는 정공보다 p 영역으로 주입되는 전자의 수가 훨씬 많다.

전자의 대량 주입이 일어나는 동안 p 영역 내부의 상태를 살펴보자. 재결합이 일어날 때 까지 전도대역에는 고 밀도의 전자가 존재하고 가전자 대역에는 정공이 몰려있다. 페르미 함수는 이러한 비평형상태를 묘사하는데 유용하지 않다. 여기서 의사 페르미준위(quasi-Fermi levels) F_n과 F_p의 개념을 도입해야 한다. 의사 페르미 준위는 그들 각자 밴드내 캐리어 분포를 묘사할 수 있다. 의사 페르미 함수 f_n은 전도대역에서 전자가 차지할 확률을 나타낸다.

$$f_n(E) = \frac{1}{e^{\frac{E-F_n}{kT}}+1} \tag{5-1}$$

여기서 F_n은 전도내역에서 전자의 의사 페르미 에너지 준위이다. 일반 페르미 함수와 유사하게 F_n은 전자가 차지할 확률이 50%인 에너지 준위이다. 가전자 대역이 비어있을 확률을 나타내는 의사 페르미 함수 $f_p(E)$도 나타내어보자.

$$f_p(E) = \frac{1}{e^{\frac{F_p-E}{kT}}+1} \tag{5-2}$$

여기서 F_p는 정공의 분포에 상응하는 에너지 준위이다. [그림 5.1] (b)와 같이 밀도반전 상태에서 순방향 바이어스에 의해 무한히 주입되는 전자와 정공은 공핍영역에서 재결합을 한다.

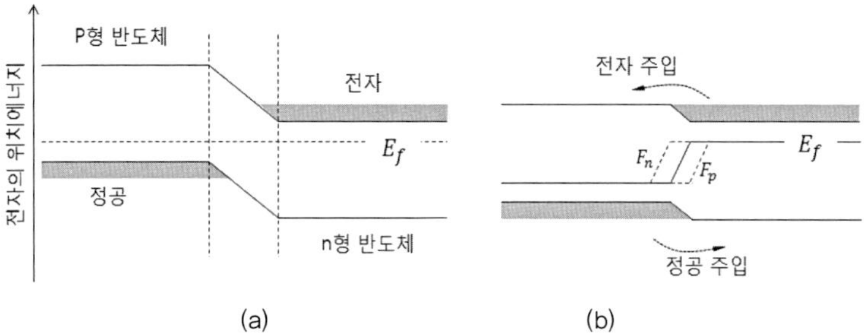

[그림 5.1] pn 접합 다이오드의 에너지 밴드 다이어 그램. (a) 영 바이어스 상태, (b) 순방향 바이어스 상태.

5.2 유도방출

원자에 속박된 전자는 에너지 밴드갭 이상의 광자 에너지를 흡수하면 낮은 에너지 준위에서 높은 에너지준위로 여기 된다. 높은 준위의 전자가 아래 에너지 준위의 빈 공간으로 천이할 때 광자를 방출할 수 있는데 두 가지 가능한 방출과정이 있다. 하나는 전자가 자발적으로 하향 천이하는 경우가 있으며, 다른 하나는 다른 광자에 의해서 하향 천이가 유도될 수 있다. [그림 5.2]는 유도방출 과정을 보여준다.

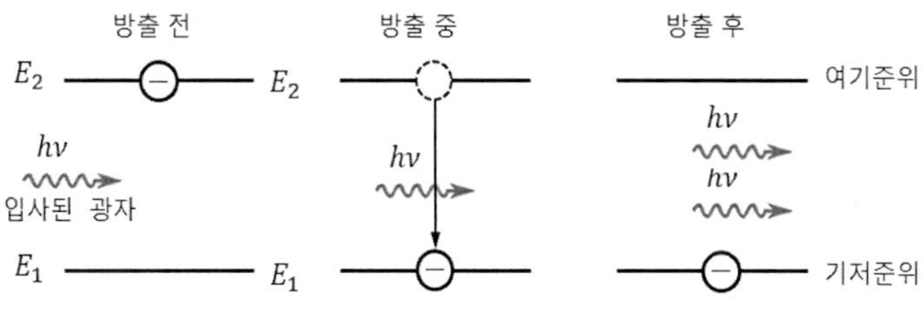

[그림 5.2] 유도방출 과정

먼저 유도방출전 E_2 에너지 준위에 여기된 전자가 존재한다고 가정하자. ΔE $(= E_2 - E_1)$이상의 에너지를 가진 광자가 입사할 경우 E_2 에너지 준위의 전자는 외부자극에 의해 E_1 준위로 천이하면서 ΔE에 해당하는 광자 에너지를 방출한다. 이때 방출된 광자는 입사되는 광자와 위상이 동일하며, 동일 방향으로 진행하므로 같은 에너지의 동일편광을 보인다. 유도방출은 하나의 광자가 입사하여 동일 위상의 두개의 광자를 생성하는 결과를 얻게 되므로 광 증폭의 기본원리가 된다.

여기서 유도방출 과정을 네 가지 단계로 나누어 정리하자. 첫째 외부 광자는 자신과 동일한 주파수 (파장)를 가진 광자의 방출을 유도한다. 이것은 좁은 출력 스펙트럼 폭을 가질 수 있는 광원의 필요조건이다. 통상적으로 광통신을 위한 파장인 1300nm 또는 1550 nm에서 레이저 다이오드의 선폭은 1 nm 이하이다. 둘째 모든 광자는 동일한 방향으로 진행하므로 모든 광자는 출력에 기여하게 되어 저 전력으로도 높은 광 출력을 얻을 수 있다. 셋째 유도된 광자는 자신을 유도시킨 광자와 같은 방향으로 진행한다. 그러므로 유도된 빛은 방향성이 좋을 것이다. 주위에서 쉽게 접할 수 있는 레이저 포인터를 생각하면 그 의미를 쉽게 이해할 수 있다. 이것이 자발방출과 유도방출의 차이점을 쉽게 구분할 수 있는 방법이다. LED 조명등의 경우 방사되는 빛이 레이저 포인터와는 확연히 다르다. 넷째 유도된 광자는 외부 광자가 유도방출을 촉발할 때만 방출되므로 두 광자는 동기화 되었다고 할 수 있다. 즉 위상이 동일하므로 유도방출은 간섭성을 가진 빛이 된다.

빛의 증폭이 어떻게 일어나는지 살펴보자. 실질적인 전력을 가지는 유도된 빛을 방출하기 위하여 하나의 광자가 아니라 수많은 광자를 필요로 한다. 어떻게 하면 이런 방출을 유도할 수 있는지 살펴보자. [그림 5.3] (a)와 같이 활성층 한쪽 끝단에 반사막을 위치시킨다. 한 개의 외부광자와 이 외부광자에 의해서 유도된 광자 한 개가 동일한 방향으로 진행하다가 반사막에서 반사되어 되돌아가게 되는데 이때 이 두 광자는 다시 다른 두 개의 광자를 발생시키는 외부 광자로서의 역할을 하게 된다.

4개의 광자가 된 후 같은 방향으로 진행하다가 [그림 5.3] (b)와 같이 다시 맞은편에 위치한 반사막에서 반사되어 되돌아가게 되고 광자는 8개로 늘어난다. 다시 8개의 광자는 반사되어 되돌아오면서 다른 광자를 유도방출하게 한다. 이러한 과정이 끊임없이 반복적으로 일어난다. 여기서 두 반사막은 광학적 정궤환 (positive

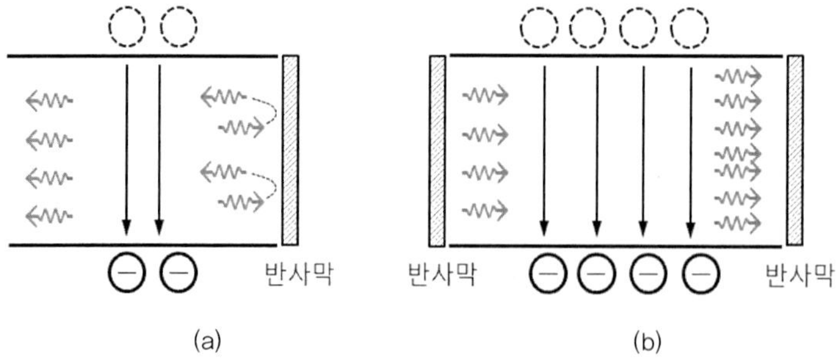

[그림 5.3] 광 증폭과 양의 피드백

feedback)을 제공하는 역할을 한다. 광학적 정궤환은 반사막에 의한 광자의 정궤환으로 인하여 출력이 다시 입력에 기여하고 출력을 증가시킨다는 의미이다. 두 개의 반사막으로 된 구조의 내부는 공진기가 된다.

전자공학에서 발진기는 이득과 정궤환, 출력을 제한하는 비선형성이 요구된다. [그림 5.4]는 발진기의 기본구조이다. 이 회로의 이득은 $G = V_{out}/V_{in} = A/(1-\beta A)$ 이다. 여기서 $\beta A = 1$ 이면 증폭기는 무한의 이득을 갖게 된다. 그러나 이것은 무한한 전력을 발생한다는 것을 의미하는 것은 아니다. 발진기는 전원이 증폭기에 공급하는 전력 이상을 전달할 수는 없다. 무한한 이득의 적절한 해석은 입력이 없더라도 출력이 있다는 것이다. 이것은 고전적인 의미로 발진기를 기술하는 말이다.

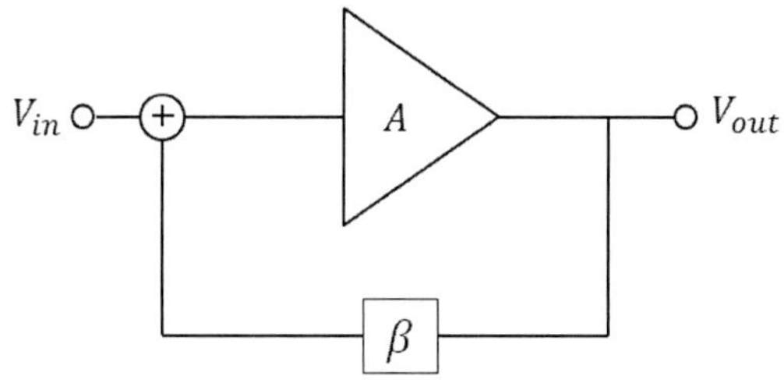

[그림 5.4] 전자소자인 증폭기를 이용한 발진기

이제 레이저와 관련되는 설명으로 넘어가자. [그림 5.3] (b)에서 유도 방출된 광자의 증가는 출력 광 전력이 증대되는 것으로 해석할 수 있다. 활성층 영역에서는 빛이 증폭되므로 이를 광 증폭기라 한다. 빛의 증폭을 어떻게 얻을 수 있을까? 외부 광자가 활성매질을 관통함으로서 유도방출에 의한 새로운 광자의 방출이 여기 되며, 활성층에서는 일련의 광자들이 빛 또는 전자파의 형태로 방사된다. 이러한 원리를 함축할 수 있는 두문자어가 레이저(light amplification by the stimulated emission of radiation: laser) 이다.

레이저의 출력이 일정하게 유지되기 위해서는 [그림 5.5]의 과정에서 유도된 광자 수가 항상 일정 수준이상을 유지해야한다. 즉 재결합을 위해 가전자 대역으로 천이하는 전자를 재빨리 보충해 줄 수 있는 메카니즘이 필요하다. LED에서 순방향 전류를 인가하는 것과 같이 외부에너지를 이용하면 많은 전자를 높은 에너지 대역으로 여기시키는 것이 가능해진다. 그러나 문제는 LED와 달리 레이저에서는 전도대역의 전자 고갈이 훨씬 빨리 일어난다는 사실이다. 그러므로 LED에서 보다 훨씬 높은 비율로 전자를 전도대역으로 여기시키는 과정이 필요하다. 발진을 위해서는 [그림

5.5]와 같이 전도대역의 전자농도가 가전자대역 보다 훨씬 높은 밀도반전이 요구되는 것이다. 여기된 전자가 많으면 많을수록 더 많은 유도된 광자가 방출되어 레이저의 출력이 높아진다. 즉 여기된 전자의 수는 반도체 다이오드의 이득을 결정한다.

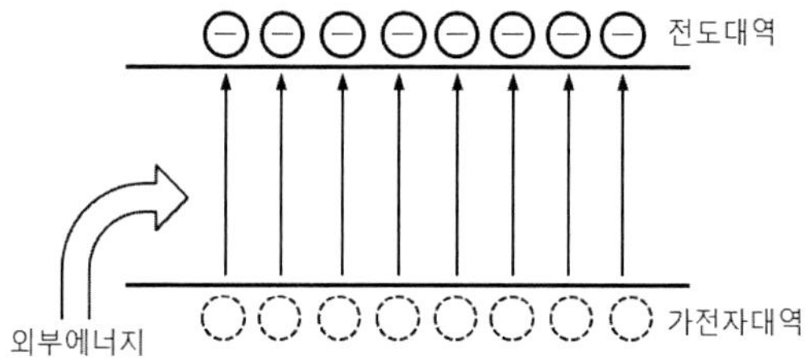

[그림 5.5] 외부에너지에 의한 펌핑으로 밀도반전

한편 레이저 다이오드에는 두 가지 주요 손실요인이 있다. 첫째, 많은 수의 광자들은 방출하기 위해 도파로를 빠져나오기 전에 반도체 재료에 흡수된다. 둘째, 공진기를 구성하는 반사막은 완벽하게 모든 광자를 반사 시키지는 못한다. 손실은 여기된 광자의 흡수와 투과에 기인한다는 것이다.

[그림 5.6]은 순방향전류와 출력의 관계를 보여주는 L-I 특성 곡선이다.

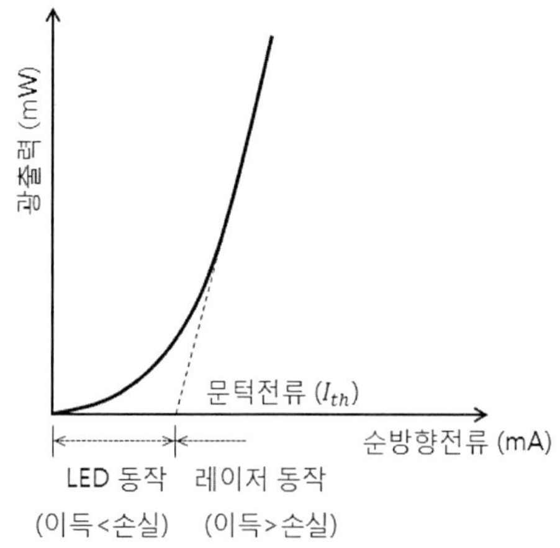

[그림 5.6] 다이오드의 L-I 특성 곡선

작은 순방향전류가 인가되면 다수의 전자가 여기되어 다이오드는 LED와 같은 빛을 방출한다. 여기서는 문턱전류 이하를 LED동작이라고 하였다. 그러나 전류가 충분히 증가하여 분포반전을 이루고 문턱 조건 (I_{th})에 다다르면 다이오드는 레이저와 같은 동작을 시작한다. 그 이후에는 훨씬 더 강렬한, 단색광의 지향성이 좋은 광선을 얻게 된다. 그러므로 레이저는 LED 보다 훨씬 많은 광 전력을 방출함을 알 수 있다.

레이저동작에서 우리가 꼭 기억해야 할 것 중 하나는 레이저 다이오드의 빛을 발생시키기 위해서는 이득이 손실보다 커야한다는 것이다. 반도체 다이오드가 이와 같은 기능을 수행하기 위해서 갖추어야할 조건을 정리하면 밀도반전, 유도방출, 정궤환이다. 레이저 다이오드 출력광선의 특징은 다음과 같이 정리할 수 있다.

- 방출된 빛은 스펙트럼 폭이 수십~수백 피코미터 정도로 매우 좁은 단색광이다.
- 레이저 다이오드의 선폭이 좁은 빛은 지향성이 좋기 때문에 광섬유로 쉽게 빛을 결합시킬 수 있다.
- 레이저 다이오드는 수백 밀리와트의 매우 밀도가 높고 효율이 우수한 출력 광 전력을 방출할 수 있다. VCSEL의 경우 10 mA 전류로 1 mW의 광전력을 방출하므로 LED 보다 10배 이상의 전광변환(current-to-light conversion) 효율을 가진다.
- 레이저 다이오드에서 방출되는 빛은 간섭성을 가지는 동위상의 발진 주파수를 가지므로 신호를 전송하고 검출하는데 중요한 요소다.

[실습과제 5.1] 레이저 다이오드의 L-I 곡선

[그림 5.7]은 반도체 레이저의 출력 특성을 보기 위한 시뮬레이션 레이아웃이다. L-I(Light-Current) 곡선은 반도체 레이저의 방출 성질을 특징짓는다. 레이저 출력을 위한 최소 전류인 문턱치와 일정 수준의 광 출력을 얻기 위해 가해주어야 할 전류가 필요하다. [그림 5.8]은 시뮬레이션 결과로 문턱 전류가 33.45 mA인 레이저의 L-I 곡선을 보여준다.

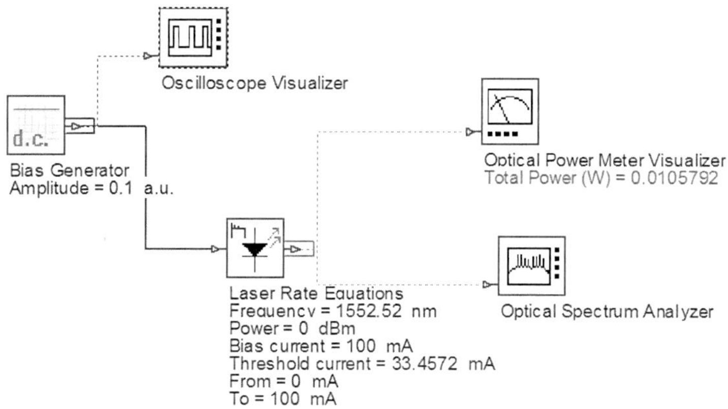

[그림 5.7] 반도체 레이저의 L-I 곡선을 얻기 위한 레이아웃

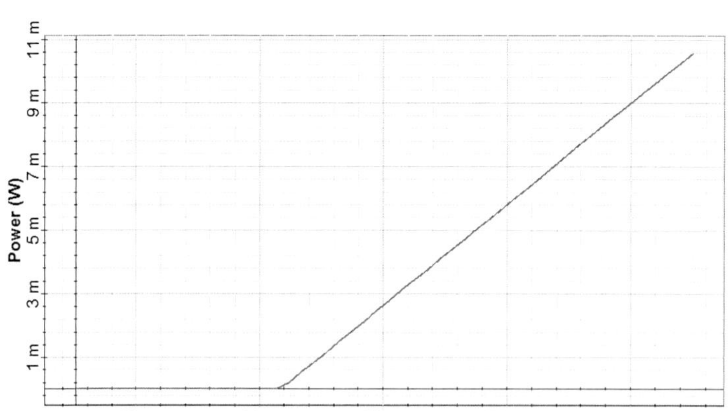

[그림 5.8] 문턱 전류가 33.45 mA인 레이저의 L-I 곡선

5.3 광 이득

재결합을 통해서 반도체로부터 상당한 빛을 발생시키기 위해서는 동일한 체적의 공간 안에서 많은 전자와 정공을 생산할 수 있는 메커니즘이 필요하다. 이것을 위해 선호되어지는 방법은 고농도로 도핑된 p형과 n형의 반도체 접합인 pn 접합을 이용하여 순방향 바이어스된 상태에서 p형의 반도체로 전자를 주입하는 것이다.

[그림 5.9] (a)는 순방향 바이어스 전압이 없는 경우의 고농도 도핑된 pn 접합을 보여준다. p 형의 페르미 준위는 가전자 대역내에 n 형의 페르미 준위는 전도대역 내에 존재하며 서로 일치함을 보인다. 순방향 바이어스 전압이 걸리면 [그림 5.9] (b)와 같이 활성영역의 전도대역에는 전자가 가전자 대역에는 정공이 많이 존재하는 밀도반전이 일어난다.

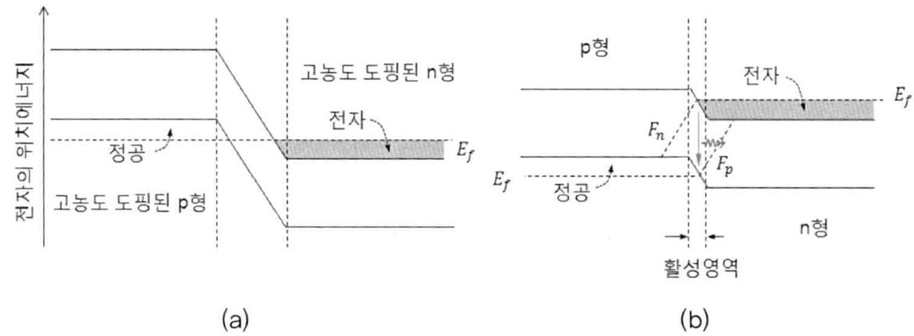

[그림 5.9] 고농도 도핑된 pn 접합의 에너지 밴드 다이어그램. (a) 영 바이어스 상태, (b) 순방향 바이어스 상태

활성 영역으로 주입된 캐리어 밀도가 투명도 값으로 알려진 특정값을 초과한다면 밀도반전이 실현되고 활성영역은 이득을 보인다. 즉, 활성층 내에서 진행하는 입력 신호는 $\exp(gz)$ 함수로 증폭되어질 것이다. 여기서 g는 이득계수이다. 일반적으로 이득계수는 수치 해석적으로 계산된다.

[그림 5.10] (a)는 주입된 캐리어 밀도(N)가 다를 때 1.3 μm InGaAsP 활성층을 위하여 계산한 이득을 보여준다. 주입 캐리어 농도가 단위 센티미터 체적당 1×10^{18} 이하면 이득 $g < 0$ 이므로 밀도반전이 일어나지 않는다. N 이 증가함에 따라 이득 $g > 0$ 이 된다. 이득의 피크 값인 g_p 또한 N의 증가와 더불어 올라가면서 광자에너지가 높은 단파장 쪽으로 이동함을 알 수 있다. [그림 5.10] (b)는 주입된 캐리어 농도가 $1.5 \times 10^{18}/cm^3$ 이상에서는 피크 이득은 N에 거의 선형적으로 증가함을 보인다.

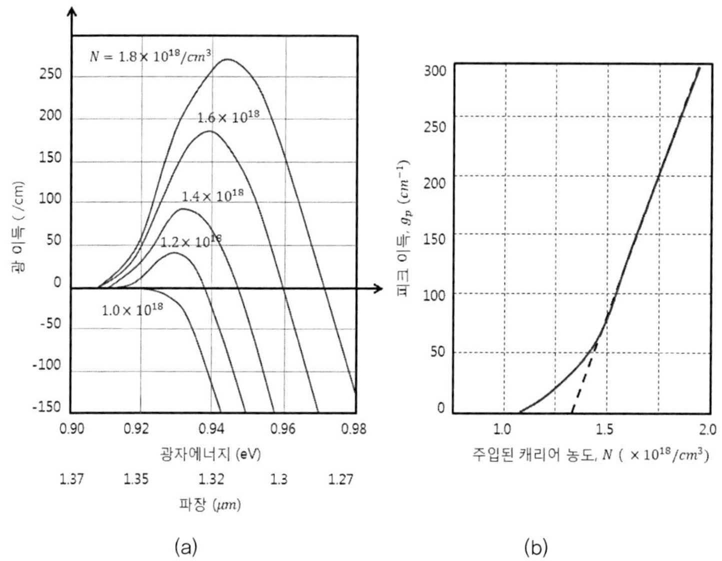

[그림 5.10] 몇 가지 캐리어 농도에 대한 1.3 μm InGaAsP 레이저의 이득 스펙트럼. (a) 파장과 이득, (b) 주입된 캐리어 농도에 대한 피크이득

반도체에서 광 이득은 밀도반전이 한번 일어난 이후에는 급격하게 증가한다. 이렇게 높은 이득 때문에 1 mm^2 보다도 작은 면적으로 반도체 레이저를 만들 수 있는 것이다. 주입된 캐리어 농도와 피크 이득은 식 (5-3)으로 주어진다.

$$g_p(N) = \sigma_g(N - N_t) \tag{5-3}$$

여기서 N_t는 투명도 값, σ_g는 이득 단면 또는 차동이득이다. 통상 $InGaAsP$에서 $N_t = 1.0 \sim 1.5 \times 10^{18}/cm^3$이며 $\sigma_g = 2 \sim 3 \times 10^{-16} cm^2$이다. 대부분의 레이저는 피크 광 이득이 $100/cm$ 이상에서 동작한다.

예제 5.1 • • •

[그림 5.10]의 1.3 μm InGaAsP 레이저의 이득 스펙트럼에서 주입 캐리어 농도가 $1.8 \times 10^{18}/cm^3$일 때 광 이득을 계산하시오. 단 투명도 값은 $1.3 \times 10^{18}/cm^3$, 차동이득은 $3 \times 10^{-16} cm^2$으로 가정한다.

풀이

식 (5-3)을 이용하면

$g_p = 3 \times 10^{-16}(1.8 \times 10^{18} - 1.3 \times 10^{18}) = 150/cm$

그러므로 광 이득은 단위 센티미터 길이 당 150 이다.

5.4 광 궤환과 문턱 조건

광 이득만으로는 레이저 동작을 얻기에는 충분하지 않다. 다른 필요한 요건은 광학적 이득을 발진기로 전환할 수 있는 광 궤환이다. 대부분의 레이저는 페브리-페롯 공진기 내부에 이득물질을 가둠으로서 제공되는 궤환을 이용하고 있다. 반도체 레이저의 경우 외부 반사거울은 두 개의 절단된 면이 반사면으로서의 역할을 한다. 이때 반사면의 반사도는 식 (5-4)로 주어진다.

$$R = \left(\frac{n-1}{n+1}\right)^2 \qquad (5-4)$$

여기서 n은 이득 물질의 굴절률이다.

레이저 발진을 위한 정상상태 조건은 공진기의 전체 손실과 균형을 이룰 수 있는 매질의 증폭에 의한 이득을 얻는 것이다. 비록 밀도반전이 일어났다고 하더라고 이것만으로는 발진을 유지하는데 충분하지 않다. 부가적으로 증폭물질내의 최소문턱이득이 레이저 발진을 시작하고 유지하는 정도까지는 도달하여야 한다. 이 문턱이득은 증폭물질을 거쳐 가는 빛의 에너지 변화를 고려함으로서 결정할 수 있다.

[그림 5.11]의 페브릿-페롯 광 공진기를 고려하자. 방출 발진이 정상상태에 도달하면 레이저는 일정한 출력을 유지하는 연속동작을 한다. 이때 광 캐비티는 광 공진기로서의 역할을 수행한다. 발진을 위한 문턱 이득조건을 얻기 위하여 공진기 내부를 한번 왕복하는 동안 평면파의 전력 조건을 살펴보자. 캐비티의 임의의 한 점에서 출발하는 파의 초기 광 전력을 P_{in} 이라고 하자. 이 파는 반사경 R_2에서 반사된 후 캐비티의 길이만큼 진행한 후 반사경 R_1에서 다시 반사되고 처음 출발한 지점으로 되돌아온다. 이때 광 전력은 P_{fb} 가 된다. 정상 상태하에서 궤환되어진 전력 P_{fb} 가 초기 광전력 P_{in}과 같다면 발진하지도 않지만 사멸되지도 않는다. 그러므로 한번 왕복한 파의 광 전력은 손실이 없다는 것이다. 즉 순수 왕복 광 이득은 1 이 되어야 한다.

$$g = \frac{P_{fb}}{P_{in}} = 1 \tag{5-5}$$

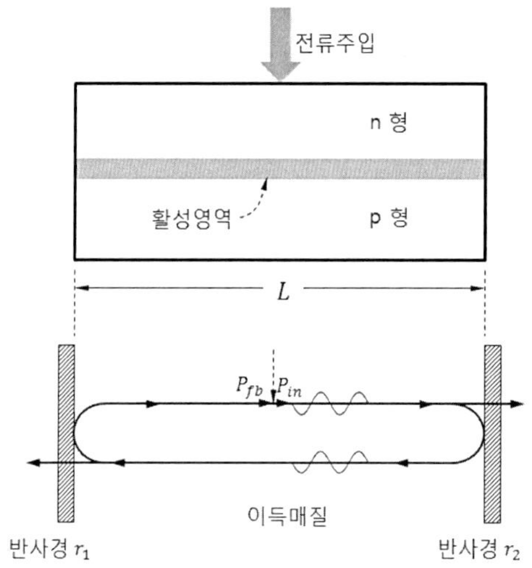

[그림 5.11] 페브리-페롯 광 공진기

캐비티 양 끝단에 있는 두 개의 반사경의 반사도를 각각 R_1과 R_2라고 하자. 공진기에는 반사경에서 투과파에 의한 손실, 매질의 흡수와 산란에 의한 손실이 있다. 이러한 모든 손실은 광 캐비티 내부의 유도방출에 의해 보전되어야 한다. 파는 캐비티 내를 공진하면서 광 이득에 의해 광 전력이 $\exp(gz)$로 증가한다. 한편 다양한 손실요인으로 $\exp(-\alpha z)$로 광 전력의 감쇠도 존재한다. 여기서 α는 감쇠계수이다. 두 반사경을 경험한 경우 손실은 식 (5-6)이 된다.

$$Loss = R_1 R_2 e^{-2\alpha L} \tag{5-6}$$

[그림 5.11]의 공진기에서 파가 한번 왕복할 때 통과길이는 $2L$이므로 궤환 광전력 P_{fb}는 다음 식으로 주어진다.

$$\begin{aligned} P_{fb} &= Loss \times Gain \times P_{in} \qquad (5\text{-}7) \\ &= R_1 R_2 e^{-2\alpha L} e^{2gL} P_{in} \end{aligned}$$

정상상태에서 발진을 위한 최소한의 조건은 이득과 손실이 같아지는 지점이다.

$$\frac{P_{fb}}{P_{in}} = R_1 R_2 e^{-2\alpha L} e^{2gL} = 1 \tag{5-8}$$

그러므로 문턱 이득은 식 (5-9)로 주어진다.

$$g_{th} = \alpha + \frac{1}{2L} \ln\left(\frac{1}{R_1 R_2}\right) \tag{5-9}$$

예제 5.2 • • •

레이저 이득물질의 굴절률이 3.5인 경우 양끝단면이 수직으로 잘 연마되었다고 할 때 반사도를 계산하시오.

풀이

$R = \left(\frac{3.5-1}{3.5+1}\right)^2 = 0.309$ 이다. 반사도가 30.9 %이므로 많은 광 손실이 발생한다. 레이저에서는 이 손실을 극복할 수 있는 충분한 이득을 필요로 한다

예제 5.3 • • •

예제 5.2의 공진기에서 캐비티 길이가 300 μm, 공진기 손실이 30/cm 일 때 페브리-페롯 레이저 다이오드의 문턱 이득은 얼마인지 구하시오.

풀이

$$g_{th} = 30 + \frac{1}{2 \times 300 \times 10^{-4}} \times \ln\left(\frac{1}{0.31 \times 0.31}\right)$$
$$= 69/cm$$

5.5 위상조건과 레이저 모드

레이저에서 빛의 증폭은 여기된 에너지 상태의 원자와 충돌하는 광자가 두 번째 광자의 유도 방출을 일으키고 이 두 광자가 두 개 더 광자를 방출하도록 할 때 일어난다. 효과적으로 이러한 과정이 지속되면 눈사태와 같은 광자의 증식이 일어나는데 이때 발생하는 광자의 전자파가 동위상이면 증폭된 가간섭적 방출이 얻어진다.

안정적인 출력은 광 이득이 이득 매질 안에 발생하는 손실과 정확히 일치하여 포화되어졌을 때 얻어진다.

발진은 레이저 캐비티 안에서 매우 좁은 주파수범위 상에 일어난다. 그러나 소자는 완벽한 단색광원이 아니라 좁은 스펙트럼 대역에서 빛이 방출된다. 이 스펙트럼 대역 중심 주파수는 유도방출 전이의 평균 에너지 준위 차에 의해서 결정된다. 스펙트럼 대역안의 다른 발진 주파수는 원자충돌이나 이득매질내의 원자의 열운동에 의한 주파수 천이로부터 유래한다. 그러므로 레이저 매질내의 증폭은 [그림 5.12] (a)와 같이 유한한 스펙트럼 폭 상에서 확대된 레이저 천이나 이득 곡선의 결과이다. 소자에서 방출되는 빔의 스펙트럼은 이득곡선에 의해 정해지는 주파수 영역 내에서 일어난다.

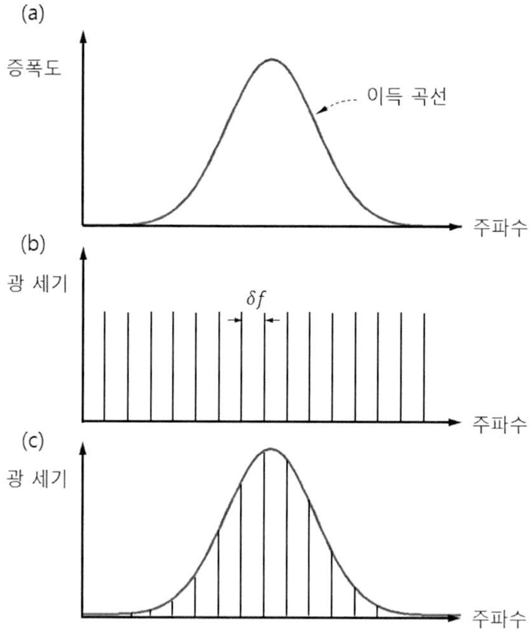

[그림 5.12] 레이저 모드와 이득곡선. (a) 레이저 이득물질의 주파수에 대한 이득 곡선, (b) 레이저 캐비티 안의 모드, (c) 레이저 출력

레이저의 구조가 공진공동(resonant cavity)을 형성하므로 충분한 밀도반전이 이득매질 내에 존재해야만 방사에너지가 축적이 되고 공진기 안에 정재파가 일어난다. 이 정재파는 공진기 양 끝단에 있는 반사경 사이 거리의 반파장의 정수배에 해당

하는 주파수에서만 존재한다. [그림 5.11]에서 양 반사경사이의 거리가 L이므로 공지기의 축을 중심으로 공진조건은 다음과 같다.

$$L = \frac{m\lambda}{2n} \tag{5-10}$$

여기서 λ는 출력광원의 파장, n은 이득 매질의 굴절률, m은 정수이다. 식 (5-10)을 이용하여 이산적인 방출 주파수 f를 정의하면 식 (5-11)와 같다.

$$f = \frac{mc}{2nL} \tag{5-11}$$

여기서 c는 광속이다. 레이저 공진기의 다양한 발진 주파수는 상수 m에 의해서 결정되고 각각은 공명 또는 모드를 구성한다. 그러므로 각각 모드사이의 주파수 간격 δf는 식 (5-12)가 되며 [그림 5.12] (b)와 같다.

$$\delta f = \frac{c}{2nL} \tag{5-12}$$

$f = c/\lambda$를 이용하여 파장에 대한 표현으로 나타내면,

$$\frac{\delta\lambda}{\lambda} = \frac{\delta f}{f} = \frac{\lambda}{c}\frac{c}{2nL} = \frac{\lambda}{2nL} \tag{5-13}$$

$$\delta\lambda = \frac{\lambda^2}{2nL} \tag{5-14}$$

공진기내부에 많은 공동공진 모드가 존재하지만 레이저 출력 스펙트럼은 [그림 5.12] (c)와 같이 이득 매질의 주파수에 대한 이득 곡선에 의해 제한된다. 그러므로 방사되는 레이저는 이득 곡선의 스펙트럼 폭 안에 포함된 종 모드만 포함할 것이다.

[그림 5.13]은 1300 nm 대역의 상용화된 페브리-페롯 레이저 다이오드의 측정된 투과 스펙트럼을 보여준다. 이론에서 예측한 것과 같은 단면 공동 공진하는 다중 모드를 볼 수 있다.

모든 레이저에서 이득은 주파수의 함수 또는 파장의 함수가 된다. 각각의 주파수는 레이저의 발진모드에 대응하므로 이득과 주파수의 관계는 다음의 가우시안 형태로 가정할 수 있다.

$$g(\lambda)= g(0)\exp\left[-\frac{(\lambda-\lambda_0)^2}{2\sigma^2}\right] \tag{5-15}$$

여기서 λ_0는 중심 파장, σ는 이득의 스펙트럼 폭, $g(0)$는 최대 이득이다.

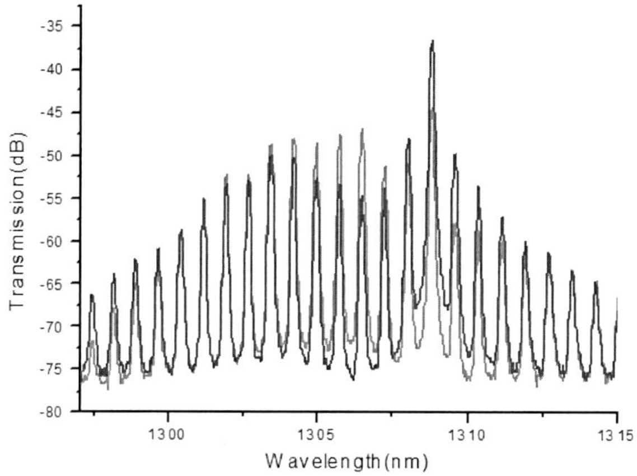

[그림 5.13] 페브리-페롯 레이저 다이오드의 스펙트럼

예제 5.4 • • •

850 nm에서 동작하는 GaAs 레이저의 길이는 300 μm 이며 굴절률은 3.7이다. 발진 파장 주파수 간격과 모드수를 계산하시오.

풀이

$\delta f = \dfrac{c}{2nL}$ 에서

$$\delta f = \frac{3\times 10^8 m/s}{2\times 3.7\times 300\times 10^{-6}m} = 0.00135\times 10^{14} Hz = 135\ GHz$$

$$\delta\lambda = \frac{(850\times 10^{-9})^2}{2\times 3.7\times 300\times 10^{-6}m} = 325\times 10^{-12}m = 0.325\,nm$$

$f = \dfrac{mc}{2nL}$ 으로부터 $m = \dfrac{2nL}{c}f = \dfrac{2nL}{c}\dfrac{c}{\lambda} = \dfrac{2nL}{\lambda}$

$$= \frac{2\times 3.7\times 300\times 10^{-6}}{850\times 10^{-9}} = 2611.76$$

그러므로 모드 수는 2611개 이다.

예제 5.5 • • •

1550 nm에서 동작하는 InGaAsP 레이저의 길이는 300 μm 이며 굴절률은 4.3이다. 모드수를 계산하시오. 그리고 레이저 출력이 절반으로 떨어지는 지점의 선폭이 $2\,nm$ 라면 이득의 스펙트럼 폭은 얼마인가?

풀이

$$m = \frac{2nL}{\lambda}$$

$$= \frac{2 \times 4.3 \times 300 \times 10^{-6}}{1550 \times 10^{-9}} = 1664.5$$

그러므로 존재하는 모드 수는 1664 개다.

$$g(\lambda) = g(0)\exp\left[-\frac{(\lambda-\lambda_0)^2}{2\sigma^2}\right] \text{에서}$$

$$\frac{g(\lambda)}{g(0)} = \frac{1}{2} = \exp\left[-\frac{(2\times10^{-9})^2}{2\sigma^2}\right] \text{이므로 } 0.5 = \exp\left[-\frac{(2\times10^{-9})^2}{2\sigma^2}\right]$$

$$\ln(0.5) = -\frac{(2\times10^{-9})^2}{2\sigma^2} \quad \rightarrow \sigma = 1.699\ nm$$

5.6 레이저 다이오드 구조

[그림 5.14]는 pn 접합이 동일한 물질로 만들어진 동종접합 구조이다. 밀도 반전된 활성영역이 접합면을 따라 층을 이루고 있다. 순방향 바이어스 전압에 의해 전자가 p 영역으로 주입되며 전자의 이동도가 정공보다 크기 때문에 n 영역으로 주입되는 정공의 농도보다 높다. 그러므로 전자가 p 영역으로 주입된다고 볼 수 있다.

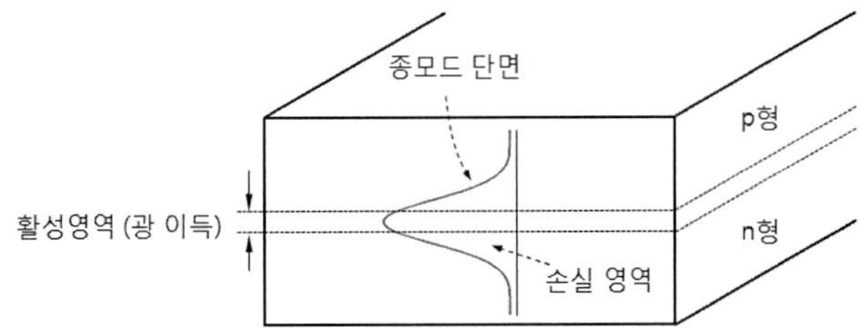

[그림 5.14] 동종 pn 접합에서 모드 단면을 통해 본 이득영역과 흡수손실

전자가 캐리어로서 이동할 수 있는 거리 L_n은 캐리어의 확산정도와 (D_n)와 수명 (τ)에 의존한다.

$$L_n = \sqrt{D_n \tau} \tag{5-16}$$

여기서 D_n은 전자의 확산계수이며 전자의 이동도 μ_n과 관계되어 식 (5-17)로 나타낼 수 있고 이를 아인슈타인 관계식이라 한다.

$$\frac{D_n}{\mu_n} = \frac{kT}{q} \tag{5-17}$$

$GaAs$에서 전자의 이동도는 $\mu_n = 8500\,cm^2/V-\sec$ 이므로 실온에서 확산계수는 $D_n = 220\,cm^2/\sec$ 정도로 계산된다. 여기서 kT/q는 실온에서 0.0259 V 이다.

동종접합 구조에서는 주입된 전자의 확산깊이는 재결합에 의해서 제어되기 때문에 이득영역의 넓이를 거의 제어하지 못한다. 작은 이득영역은 결국 이득영역과 레이저 빔의 모드 중첩을 강하게 만들지 못하며 모드의 꼬리부분은 반도체의 펌핑되지 않는 영역으로까지 퍼져있다. 이 레이저에서 발생하는 파장은 pn 접합의 펌핑 영역에 의해 제공된 것보다도 훨씬 더 큰 면적에 해당하는 직경의 최소 몇 파장 정도되는 공간모드를 가질 것이다. 또한 모드와 이득의 중첩이 미약함으로서 밀도반전 바깥영역에서는 상당한 흡수손실이 발생한다. 이득은 에너지 밴드갭 보다 약간 더 큰 에너지를 가지는 빛을 위하여 존재하므로 펌핑되지 않은 영역으로 진행한다면 에너지 대역에 해당하는 빛은 흡수될 것이다. 동종 접합 반도체 레이저에서 이와 같은 문제를 해결할 수 있는 방법은 반전영역의 이득을 손실을 극복할 수 있는 정도로 매우 크게 하는 것이다.

동종접합 레이저 구조의 단점은 레이저 모드를 제한할 수 없다는 것이다. 레이저 빔은 큰 회절을 경험하게 될 것이고 단거리에서 훨씬 더 큰 크기로 퍼져나가게 된다. 이것은 흡수손실을 더 크게 한다. 동종접합 레이저가 지닌 대부분의 문제는 이종접합 레이저 구조로 해결할 수 있다. [그림 5.15]는 AlGaAs/GaAs 이중 이종접합 레이저의 에너지 밴드 다이어그램과 구조를 보여준다. 이중 이종 구조의 특징은 다음의 두 가지로 요약된다.

- 이득이 좁은 밴드갭 영역에서 형성되므로 공간모드의 날개부분에서 일어나는 흡수를 제거할 수 있다.

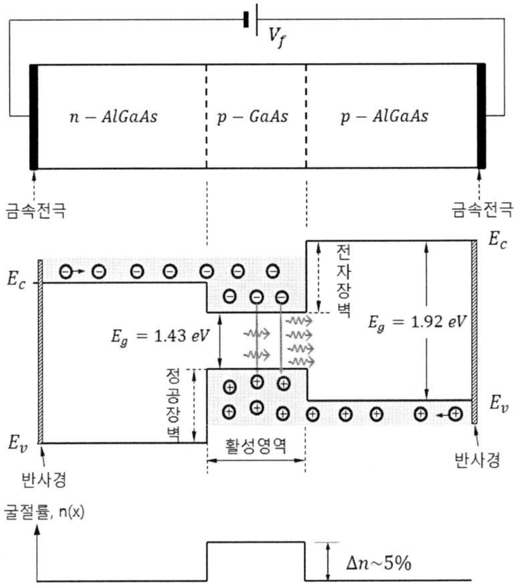

[그림 5.15] 이중 이종접합 레이저의 구조

- 좁은 밴드갭 영역은 더 높은 굴절률을 가지므로 이득 영역과 일치하는 광 모드를 위한 도파로를 구성하는 것이 가능하다.

GaAs와 AlAs는 같은 구조이며 격자상수도 5.64 Å 으로 거의 비슷하다. Al과 Ga 원자는 반경이 같고 GaAlAs 합금 화합물 내에서는 서로서로 자유롭게 대체될 수 있다. 합금 반도체에 대한 일반적인 표기법은 $Ga_{1-x}Al_xAs$ 이며 여기서 x는 0과 1 사이의 값을 가지며 합금에서 Al이 포함된 비율을 의미한다. 이것은 분자표기에 사용하는 방법과는 다르다. 합금형태로 되면 반도체는 두 가지 주요 성질이 수정되는데 밴드 갭과 굴절률의 변화이다. 우선 밴드 갭부터 살펴보자. GaAs의 밴드 갭은 1.43 eV이며 AlAs는 2.16 eV 정도의 밴드 갭을 보인다. 페르미 준위를 기준으로 이들의 에너지 밴드 다이어그램을 나타내면 $GaAs$의 전도대역은 $n-AlGaAs$과 $p-AlGaAs$의 전도대역에 의해 갇힌 형태이며 가전자 대역도 동일한 구조이다. 순방향 전압이 인가되면 $p-AlGaAs$ 영역의 과잉정공은 $GaAs$의 가전자 대역으로 확산해 들어간다. $n-AlGaAs$ 전도대역의 과잉전자도 $GaAs$의 전도대역으로 주입된다. $n-AlGaAs$의 전도대역 에너지 준위는 $p-AlGaAs$의 전도대역보다 낮기 때문에 전자는 전위장벽에 의해 더 이상 확산되지 못하고 $GaAs$의 전도대역에 축적된다. 정공의 경우에도 $n-AlGaAs$의 가전자 대역의 전위장벽으로 인하여 $GaAs$의 가전자 대역에 축적된다. 여기서 $GaAs$ 영역은 전자와 정공의 재결합으로 광자가 발생하는 활성층이 된다. $GaAs$의 굴절률은 양쪽접합면에 있는 $AlGaAs$ 보다 높기 때문에 평면도파로와 유사한 구조이므로 생성된 광자를 가두어 한 방향으로 도파시킬 수 있다. 따라서 이중 이종접합 구조는 동종접합보다 효율이 높은 출력특성을 보인다.

[연습문제]

5.1 가스 레이저의 일종인 헬륨-네온 레이저는 2000 V의 DC 전압과 10 mA의 주입 전류에 의해 동작하며 10 mW의 출력전력을 발생한다. 이 레이저의 효율은 얼마인가?

5.2 레이저 이득물질인 GaAs의 유절률이 13.2인 공진기에서 캐비티 길이가 500 nm, 공진기 손실이 20/cm 일 때 페브리-페롯 레이저 다이오드의 문턱 이득은 얼마인지 구하시오.

5.3 GaN 레이저 다이오드의 출력파장은 420 nm이고 공진기 길이는 500 nm이며 굴절률은 3.5이다. 발진파장 주파수 간격과 모드수를 계산하시오.

5.4 950 nm 출력파장을 가지는 이중 이종접합 AlGaAs 레이저의 길이는 500 nm이며 굴절률은 3.8이다. 모드수를 계산하시오. 그리고 레이저 출력이 절반으로 떨어지는 지점의 선폭이 $1\,nm$라면 이득의 스펙트럼 폭은 얼마인가?

5.5 GaAs의 굴절률은 3.62이며 굴절률 온도의존성은 $\dfrac{dn}{dT} = 1.3 \times 10^{-4}/K$ 이다. 모드 도약 사이의 온도 변화에 대한 850 nm 중심 출력파장의 천이 정도를 구하시오.

5.6 아래 그림은 AlGaAs에서 알루미늄 조성비에 따른 전도대역의 변화를 나타내고 있다. 680 nm 출력파장을 위한 AlxGa1-xAs에서 알루미늄의 조성비를 구하여라.

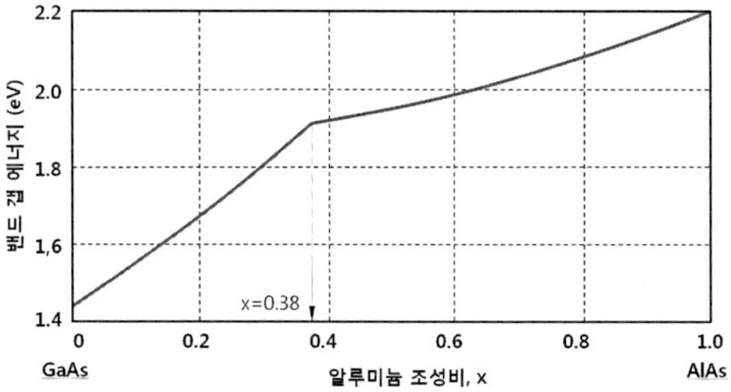

06
CHAPTER

광 다이오드와 수신기

학습목표

1. 광 검출기의 기본구조와 동작원리를 배운다.
2. 입력광원의 파장과 광 검출기를 위한 다양한 반도체 재료의 에너지 밴드갭과의 관계를 이해한다.
3. pin 광 다이오드와 애버런치 광 다이오드의 구조와 동작원리를 설명하고 특징을 이해한다.
4. 광수신기의 기본 회로를 배운다.
5. 광 검출기의 잡음원에 대해서 설명하고 이해한다.

6.1 광 다이오드의 기본원리

광 검출기는 빛 신호를 전압이나 전류와 같은 전기적인 신호로 전환하는 소자이다. [그림 6.1]과 같이 광 컨덕터와 광 다이오드와 같은 대부분의 광 검출기는 광자를 흡수하여 자유전자–정공 쌍을 발생함으로서 광전변환이 이루어진다. 광 검출기로서 갖추어야 할 요구사항은 높은 민감도, 빠른 응답특성, 낮은 잡음, 높은 신뢰도와 저가격이다. 소자의 크기 측면에서는 광섬유의 코어크기에 부합해야 한다.

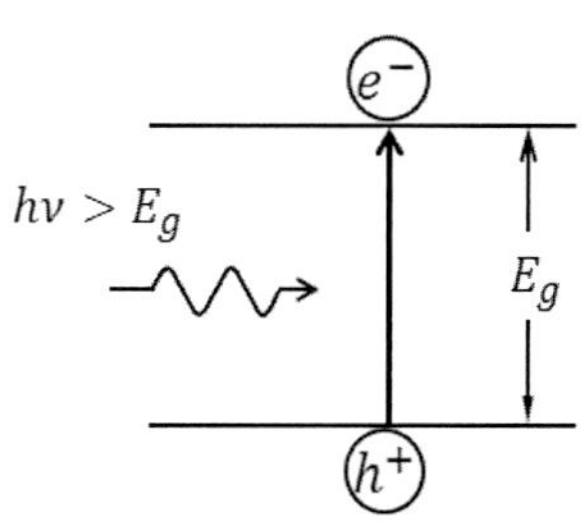

[그림 6.1] 진성 반도체에서 자유전자정공쌍이 외부 입사광에 의해서 생성되는 과정

[그림 6.2]는 $p^{+}n$접합으로 이루어진 광 다이오드의 개략도이다. n 형의 기판에 p 영역이 n영역보다 불순물 농도가 높게 도핑 되어 있다. 역방향 바이어스 전압이 광 다이오드 양 끝단에 걸리면 공핍영역의 폭은 더욱 늘어나는데 도핑농도가 낮은 n 영역으로 훨씬 깊이 밀리고 공핍영역에 강한 전계가 생긴다. 전계의 크기는 접합면에서 가장 크고 n 영역으로 갈수록 작아진다. 공핍영역의 바깥은 다수캐리어가 존재하는 전하중성영역이다.

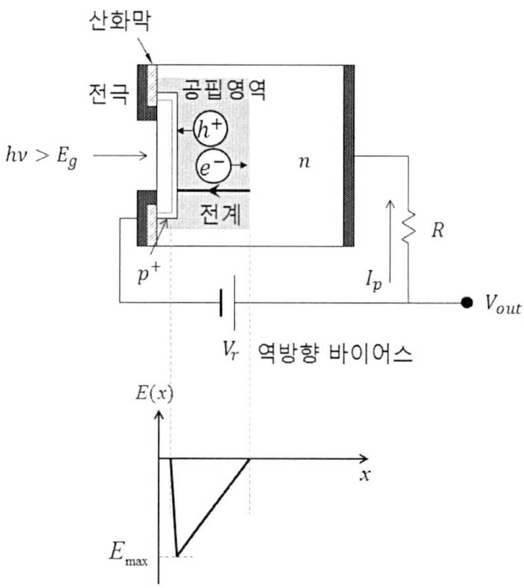

[그림 6.2] 역방향 바이어스된 $p^{+}n$ 접합 광 다이오드의 개략도

p영역은 매우 얇기 때문에 입사광이 들어갈 수 있는 창(window)이 되고 반도체의 에너지 밴드보다 높은 광자에너지는 공핍영역에서 자유전자와 정공 쌍을 생성한다. 이 자유전자와 전공은 전계에 의해 서로 반대방향으로 표동하면서 전하중성영역까지 도달한다. 이때 포동 전하는 전류를 발생하는데 이를 광전류 (I_p) 라 한다. I_p는 외부 회로에 전류를 공급하는데 기여한다. 광전류는 전자와 정공이 공핑영역을 가로질러 중성영역에 도달할 때까지 유지된다. 표동 정공이 p 형의 중성영역에 도달하면 전원의 음의 전극으로부터 공급되는 전자와 재결합한다. 표동 전자의 경우도 유사한 과정으로 설명할 수 있다. 광전류 크기는 입사광에 의해 생성되는 전자 정공 쌍의 수와 전하의 표동속도에 관계된다.

광 생성을 위한 광자흡수 과정은 반도체 재료의 에너지 밴드 다이어그램의 가전자대에 있는 전자를 전도대역으로 여기 시키기 위한 최소한의 에너지인 밴드갭 에너지 E_g와 동일한 광자 에너지가 요구된다. 그러므로 광 발생을 위해 흡수되는 상위 차단 파장 λ_{cutoff}는 반도체 에너지 밴드갭 E_g에 의해 결정된다.

$$\lambda_{cutoff}(\mu m) = \frac{1.24}{E_g(eV)} \tag{6-1}$$

반도체 재료로 많이 사용되는 실리카의 경우 에너지 밴드갭 $E_g = 1.1eV$ 이므로 차단파장 λ_{cutoff}는 1.13 um이다. 즉, 입력광원의 파장이 차단파장보다 긴 경우 실리콘 광 검출기는 사용할 수 없다는 의미이다. 광통신에 주로 사용하는 광원의 파장이 1.30 um와 1.55 um임 감안할 때 실리콘 광 검출기는 적당하지 않다. 게르마늄(Ge)의 경우 $E_g = 0.67eV$이므로 $\lambda_{cutoff} = 1.85$ um이다. 따라서 게르마늄 광 검출기는 광통신에 적합한 수신소자 재료로 사용할 수 있다. [그림 6.3]에 몇 가지 반도체 광 다이오드 재료에 대한 광 흡수 곡선을 보여준다. 이를 이용하여 파장별 해당하는 적절한 광 검출기 재료를 선택한다.

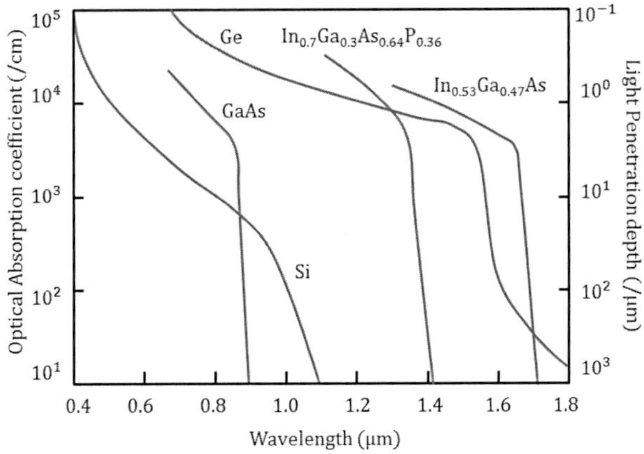

[그림 6.3] 몇 가지 반도체 광 다이오드 재료에 대한 광 흡수 곡선

예제 6.1 • • •

GaAs의 밴드갭 에너지는 실온에서 1.43 eV 이다. 이 재료로 제조되는 광 검출기의 상위 차단파장은 얼마인가?

풀이

$$\lambda_{cutoff} = \frac{hc}{E_q} = \frac{6.625\times10^{-34}\times3\times10^{8}}{1.43\times1.602\times10^{-19}} = 0.867\,\mu m$$

광 검출기로 입사된 모든 광자가 자유 전자·정공 쌍을 생성하는데 전부 기여하는 것은 아니다. 반도체에 흡수된 광자가 자유 전자·정공 쌍으로 전환되는 효율을 검출기의 양자효율 (η)로 정의한다.

$$\eta = \frac{\text{발생된 자유전자정공 쌍}}{\text{흡수된 광자의 수}} \tag{6-2}$$

외부 회로에서 측정된 광전류 I_p 는 광 다이오드의 끝단인 전극으로 흐르는 단위 시간당 전자에 기인한다. 단위 시간당 수집되는 전자의 개수는 전류를 전하량으로 나누어 주면 구해진다. 단위시간당 광 검출기에 도달하는 광자는 입사되는 광 전력을 광자 하나에 대한 에너지로 나누어 주면 된다. 그러므로 식 (6–2)는 식 (6–3)으로 나타낼 수 있다.

$$\eta = \frac{I_p/q}{P_a/h\nu} \tag{6-3}$$

생성된 자유 전자정공 쌍 중 일부는 광전류에 기여하지 못하고 재결합에 의해서 사라지거나 순간적으로 포획될 수 있다. 그리고 반도체의 길이가 광자의 침투깊이와 비슷한 수준이라고 한다면 모든 광자가 검출기에서 흡수되는 것도 아니다. 양자효율을 높이기 위해서 검출기 창 표면에 반사방지막 코팅을 할 수 있다. 또한 공핍영역에서 광자 흡수를 높일 수 있는 구조를 적용하거나, 캐리어가 포획되는 것을 방지하는 방법 등을 사용하지만 궁극적으로 양자효율은 1 보다 작다.

광 다이오드의 응답도 (R)는 입사된 광 전력 (P_o)을 기준으로 생성된 광전류 (I_p)의 비로 그 성능을 특징짓는다.

$$R = \frac{\text{출력광전류}(A)}{\text{입사광전력}(W)} = \frac{I_p}{P_o} = \eta\frac{q}{h\nu} = \eta\frac{q\lambda}{hc} \tag{6-4}$$

응답도는 파장 의존성을 가진다. R 과 λ의 특성 관계는 광 다이오드의 스펙트럼 응답을 나타내는 것이며 일반적으로 제조사에서 제공한다. 이상적인 광 다이오드의 양자효율은 100%로 차단파장까지 선형적으로 증가한다. 그러나 실제에서는 Si 광 검출기에서 보듯이 상위와 하위 차단파장이 이상적인 다이오드의 선 아래쪽에 놓이게 됨으로서 응답도에 제한이 있다. 잘 설계된 Si 광 검출기다이오드의 경우 700-900 nm 파장역역에서 양자효율은 $90-95\%$ 정도이다.

6.2 PIN 광 다이오드

가장 단순한 형태의 광 다이오드는 pn 접합이다. 그러나 공핍층의 정전용량이 충분히 작지 않아서 고주파에 대한 응답특성이 떨어지는 문제점이 있고, 공핍층의 폭이 장파장의 침투 깊이보다 좁은 수 마이크로미터 정도여서 광 흡수가 현저히 떨어져 양자효율이 낮은 단점이 있다. 이러한 문제점은 pin 광 다이오드 구조에 의해서 해결되었다. pin은 [그림 6.4]와 같이 $p^+ - \text{진성} - n^+$ 의 구조로 된 반도체 소자이다.

진성영역은 p^+와 n^+ 영역보다 불순물 첨가가 훨씬 작게 도핑된 영역으로써 응용에 따라 $5 \sim 50\,\mu m$의 폭으로 제작된다. p^+와 진성영역의 경계에서는 정공이 p^+ 영역으로 밀려남으로서 음전하를 띠는 엑셉터 이온이, n^+와 진성영역의 경계에서는 전자가 n^+ 영역으로 밀려남으로서 양전하를 띠는 도너 이온이 남게 된다. 두 전하는 진성영역에 의해 분리되어져 있기 때문에 바이어스 전압이 인가되지 않아도 진성영역에 일정한 크기의 전계 E_o가 n^+에서 p^+ 방향으로 존재하며 다수 캐리어가 진성영역으로 확산되는 것을 막아준다. [그림 6.2]의 pn 접합에서는 전계의 크기가 일정하게 유지되는 평평한 구간이 없다.

광 다이오드에 역방향 전압이 인가되면 공핍영역의 변화는 있지만 거의 무시할 수 있는 수준이므로 진성영역의 전계는 일정한 크기를 유지하면서 식 (6-5)와 같이 증가한다.

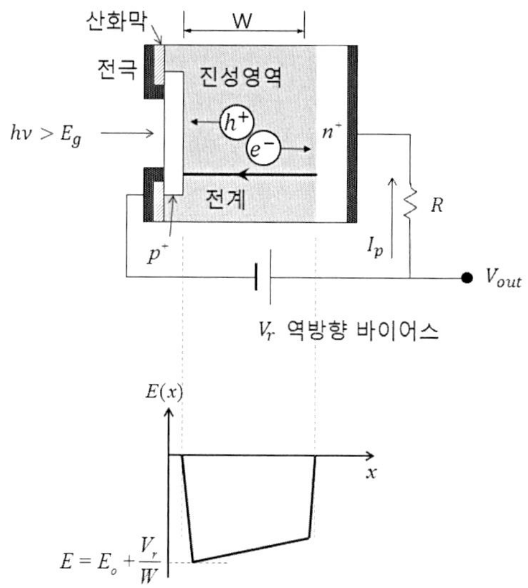

[그림 6.4] pin 광 다이오드 구조 및 내부전계

$$E = E_o + \frac{V_r}{W} \approx \frac{V_r}{W}\ (V_0 << V_r) \tag{6-5}$$

그러므로 pin 검출기는 진성영역에서 광흡수가 일어나도록 설계하여야 한다. 여기에서 발생된 자유전자-정공 쌍은 [그림 6.4]와 같이 전계에 의해 정공은 p^+ 영역으로 전자는 n^+ 영역으로 휩쓸러 가면서 표동전류를 생성한다. 만약 진성영역의 폭이 20 um이고 100 V의 전압으로 역방향 바이어스되어 있는 pin 광다이오드에 파장이 900 um 인 광 펄스가 입사된다면 진성영역에 걸리는 전계의 세기는 식 (6-5)로부터 $5 \times 10^6\ V/m$ 로 계산된다. 그리고 흡수계수는 $\sim 3 \times 10^4/m$ 이며 광자의 침투 깊이는 흡수계수를 역수 취하여 ~33 um 로 계산된다. 빛을 수신하는 영역의 직경이 0.4 mm 이고 입사하는 빛의 세기가 $0.1\, mW/cm^2$ 이면 발생하는 광전류는 56.6 nA 이다. 이때 광 검출기에 직접 입사되는 광전력 P_0는 $1.26 \times 10^{-7}\ W$ 이라면 응답도 $R = I_p/P_o = 0.45\ A/W$ 이다. 식 (6-3)을 이용하여 양자효율을 구하면 $\eta = R\frac{hc}{q\lambda}$ 로부터 0.8 이다.

[그림 6.5]는 양자효율이 100%인 이상적인 실리카 광 다이오드와 실제 실리카 광 다이오드의 파장에 대한 응답도를 나타내고 있다. 파장에 따라 응답도가 달라지며

차단 파장 이상에서는 광 다이오드가 동작하지 않는다. 차단 파장의 존재는 광자에너지가 반도체 물질의 에너지 밴드 갭에 의존함을 의미한다.

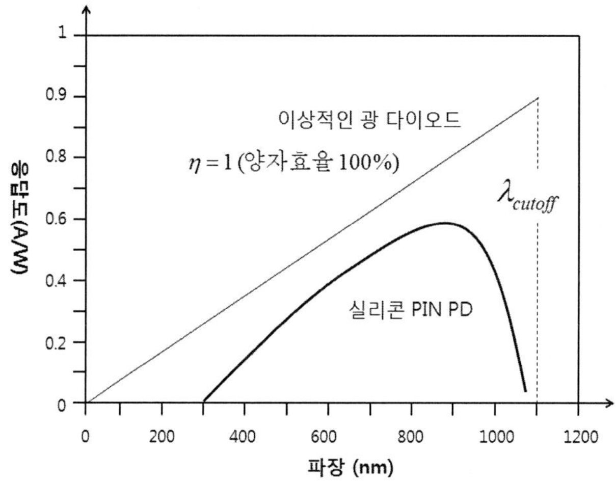

[그림 6.5] 이상적인 광 다이오드와 실제 pin PD의 파장에 대한 반응도

예제 6.2 • • •

$1550\,nm$ 파장에서 3×10^{11}의 광자가 광 다이오드에 입사될 때 평균 1.2×10^{11}의 전자가 소자의 단자에 수집된다. 이 광 다이오드의 양자효율과 응답도를 계산하시오.

풀이

$\eta = \dfrac{\text{수집된 전자 수}}{\text{입사된 광자 수}} \dfrac{1.2 \times 10^{11}}{3 \times 10^{11}} = 0.4$ 이므로 40%의 양자효율을 보인다.

응답도는 식 (6-4)로부터

$$R = \frac{\eta q \lambda}{hc} = \frac{0.4 \times 1.602 \times 10^{-19} \times 1550 \times 10^{-9}}{6.625 \times 10^{-34} \times 3 \times 10^{8}} \simeq 0.5\,A/W$$

예제 6.3 • • •

어떤 광 다이오드에 $1.3\times10^{-19}J$ 의 에너지를 가진 광자가 입사했을 때 양자효율이 70% 이었다.

(1) 이 광 다이오드를 동작시킨 입사광의 파장은 얼마인가?

(2) 이 때 $3\mu A$의 광전류를 발생시키기 위해서 입사되어야 할 광 전력은 얼마인가?

풀이

(1) $\lambda=\dfrac{hc}{E}=\dfrac{6.625\times10^{-34}\times3\times10^{8}}{1.3\times10^{-19}}=1.53\mu m$

(2) $R=\dfrac{\eta q\lambda}{hc}=\dfrac{\eta q}{E}=\dfrac{0.7\times1.602\times10^{-19}}{1.3\times10^{-19}}=0.863A/W$

$P_o=\dfrac{I_p}{R}=\dfrac{3\times10^{-6}}{0.863}=3.5\mu W$

6.3 응답속도

광 검출기의 응답 속도를 제한하는 주요 요인을 살펴보고자 한다. 먼저 광에 의해 생성된 캐리어가 공핍영역을 가로질러 표동하면서 이동하는데 걸리는 시간에 의해 제한된다. 공핍영역의 전계가 포화 영역을 벗어나게 되는 시점에서는 캐리어들은 일정한 표동속도(υ_d)로 이동한다고 가정할 수 있다. 가장 긴 표동시간(t_{drift})은 캐리어가 공핍영역을 완주하는 경우이므로 식 (6-6)과 같이 계산된다.

$$t_{drift}=\frac{W}{\upsilon_d} \tag{6-6}$$

실리콘에서 전계의 크기가 $25\,kV/cm$ 일 때 최대 캐리어 속도가 $1.25\times10^{7}\,cm/s$ 라면 $10\mu m$ 폭의 공핍영역을 통과하는데 걸리는 천이시간은 0.08 ns 이다. 캐리어 확산은 비교적 느린 과정으로 진행된다.

두 번째 제한 요인은 확산계수이다. 반도체 내부에서 거리 d 만큼 이동하는데 걸리는 시간은 확산계수에 반비례한다.

$$t_{diff}=\frac{d^2}{2D_c} \tag{6-7}$$

여기서 D_c는 소수 캐리어 확산계수이다. 확산계수는 반도체 재료의 이동도에 비례하는 상수로 $D_c = \frac{kT}{q}\mu_c$이다. 실온상태의 실리콘에서 정공의 이동도는 $480\,cm/s$ 이므로 확산계수 $D_p = 12.5\,cm/s$를 이용하면 10 um 폭의 공핍영역을 확산해 가는데 걸리는 시간은 40 ns이다. 전자의 경우 이동도는 $1350\,cm/s$, $D_n = 35\,cm/s$ 이므로 확산시간은 14 ns 정도이다.

마지막 제한 요인은 광 다이오드의 정전용량과 부하저항에 의한 시정수이다. pin 광 다이오드에서 공핍영역의 정전용량은 식 (6-8)로 주어진다.

$$C_{pin} = \frac{\epsilon A}{W} \tag{6-8}$$

여기서 ϵ은 반도체의 유전율이고 A는 단면적의 크기이다. pn 접합 광다이오드의 정전용량과는 달리 C_{pin}은 바이어스 전압과 무관하며 크기는 pF 수준이다. 부하저항이 50Ω 이라면 RC_{pin} 시정수는 50 ps이다.

광 검출기의 응답 시간에 영향을 미치는 여러 가지 요인 중에서 소자의 대역폭에 영향을 미치는 파라미터는 표동시간 t_{drift} 이다. 그러므로 3 dB 최대 대역폭은 식 (6-9)로 나타난다.

$$B_{max} = \frac{1}{2\pi t_{drift}} = \frac{v_d}{2\pi W} \tag{6-9}$$

예제 6.4 • • •

공핍영역의 폭이 $30\,\mu m$ 인 pin 광 다이오드의 캐리어 속도가 $2.5 \times 10^6\,cm/s$ 이다. 이 소자의 최대 $3\,dB$ 대역폭은 얼마인가?

풀이

$$B_{max} = \frac{v_d}{2\pi W} = \frac{2.5 \times 10^6 \times 10^{-2}}{2 \times \pi \times 30 \times 10^{-6}} = 1.33 \times 10^8\,Hz$$

6.4 광 수신회로

광 다이오드를 이용한 두 가지 기본적인 수신단 회로는 [그림 6.6]을 참조할 수 있다.

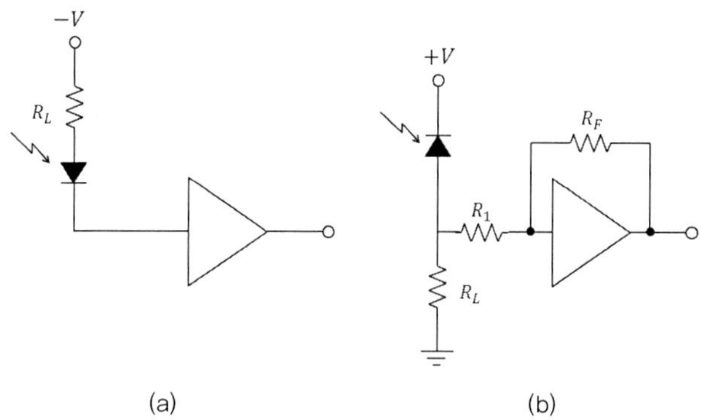

[그림 6.6] 수신단 회로. (a) 트랜스임피던스 증폭기, (b) 전압 이득 수신기

[그림 6.6] (a)의 트랜스임피던스 증폭기는 전류-전압 변환을 제공하는 증폭기를 포함하는 PIN 또는 APD와 같은 전류원을 위한 설계이다. [그림 6.6] (b)는 전압 이득 모드로 동작한다.

연산증폭기는 부하저항 R_L에 걸리는 전압을 증폭한다. 증폭도는 R_1과 R_F에 의해서 결정되는데 반전증폭기의 경우 이득은 $A_I = R_F / R_1$로 결정된다. 부하저항을 결정할 때 광학적 민감도와 응답속도간의 비교가 필요하다. 주어진 회로에서 부하저항이 $M\Omega$ 수준으로 매우 크다면 저항에 기인하는 열적 잡음 전류를 줄일 수 있다. 이것은 잡음 등가전력을 낮춰줌으로써 광 검출기가 낮은 입사광에도 반응할 수 있게 한다. 신호의 검출유무는 광 검출기의 암전류 산탄 잡음에 제한을 받기 때문이다. 그러나 시정수가 커짐에 따라 응답속도는 떨어짐으로 대역폭이 줄어든다. 만약 부하저항이 $50\,\Omega$이라면 부하저항과 다이오드의 접합 정전용량에 의한 시정수가 줄어듦에 따라 반응도가 빠르고 대역폭이 넓어진다.

6.5 내부이득을 가진 반도체 광 다이오드

광통신 검출기의 또 다른 유형은 애벌런치 광 다이오드로서 다음단의 증폭기 입력단으로 일차 광전류 신호가 들어가기 전에 내부적으로 증배시킨다. 수신 회로와 연관된 열잡음이 발생하기 전 광전류가 증배되므로 수신기 민감도가 증가한다. 캐리어의 증배가 일어나게 하기 위하여 빛에 의해 생성된 캐리어는 매우 강한 전장이 있는 영역을 가로 질러야 한다.

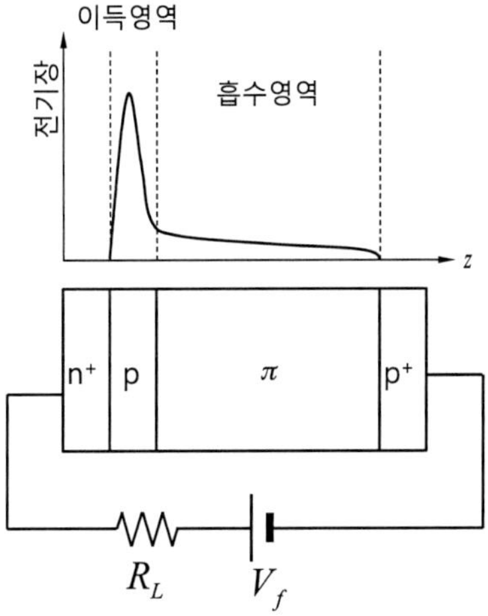

[그림 6.7] 애버런치 광다이오드 구조

이 강한 전기장 영역에서는 빛에 의해 생성된 전자 또는 정공은 충분한 에너지를 얻을 수 있으므로 가전자대역의 바운드 전자는 그들과 충돌에 의해서 이온화된다. 이것이 캐리어가 증배되는 원리로 충돌 이온화라고 한다. 매우 강한 내부 전기장(통상적으로 $3\times10^5\ V/cm$) 영역을 만들기 위하여 pin 보다 더 정교한 구조를 가진다.

과도 잡음을 작게 하면서 캐리어 증배 효과를 얻기 위한 가장 일반적인 구조는 [그림 6.7]과 같다. 높은 저항을 가지는 p형 물질이 p^+ 기판 상에 에피텍셜로 적층된 상태로 확산이나 이온주입으로 고 저항 매질이 만들어지고, 이어서 고농도 도핑으로 n^+ 층을 형성시킨다. [그림 6-7]에서 제시하는 구조를 흔히 $p^+\pi p n^+$ 이라 한다. 여기서 π 층은 기본적으로 진성 물질이다. 낮은 역방향 바이어스 전압이 인가되면 대부분의 전압은 pn^+ 접합에 걸린다. 공핍영역은 애벌런치 붕괴가 일어나는데 필요한 최고 전기장의 5-10%에 이를 때까지 전압의 증가와 함께 늘어진다. 이 시점에서 공핍영역은 진성영역인 π 영역 끝단까지 다다르게 된다. 그러므로 도시된 애버런치 광 다이오드는 완전 공핍 모드에서 동작한다. 빛이 p^+ 영역으로 입사하면

π 영역에서 흡수되는데 이것은 빛에 의해 생성된 캐리어의 회수영역으로서의 역할을 한다. 흡수된 광자는 자신의 에너지를 전자-정공 쌍을 생성하는데 소진한다. 이때 생성된 전자-정공 쌍은 π 영역의 전기장에 의해 분리된다. 정공은 pn^+ 접합에서 π 영역을 통해 p^+로 표류한다. π 영역에는 높은 전기장이 존재하므로 여기에서 캐리어의 증배 작용이 일어난다.

이동 단위 길이 당 캐리어에 의해서 생성된 전자-정공 쌍의 평균수를 이온화 율이라 한다. 대부분의 물질은 전자 이온화 율과 정공 이온화 율이 다르다. 광 다이오드에 발생되어지는 모든 캐리어의 증배율 M은

$$M = \frac{I_M}{I_p} \tag{6-10}$$

여기서 I_M은 증배된 전체 출력 전류의 평균값이고 I_p는 증배되지 않은 일차 광전류로 식 (6-3)에 정의되어 있다.

대부분의 광자가 흡수되어지고 일차적인 캐리어 쌍이 발생하는 공핍층에 강한 전기장이 형성되므로 정공과 전자는 충돌에 의한 새로운 전자-정공 쌍을 여기시킬만한 충분한 에너지를 가진다. 새롭게 생성된 캐리어들은 다시 높은 전장에 의해서 가속되고 또 다른 이온화 충돌을 야기시킨다. 이러한 현상을 애버런치 효과라 한다. 일상적인 역방향 바이어스 다이오드에서 애버런치 현상을 일으킬 수 있다. 그러나 이온화 충돌에 의해서 새로운 캐리어를 발생시키기 위해서는 수십에서 수백 볼트이하의 높은 전압이 요구된다. 표 6.1은 pin PD와 APD의 몇 가지 유형에 대한 광 검출기의 일반적인 특성을 비교하였다.

[표 6.1] 접합형 광 검출기의 일반적인 특징

재료	유형	상승시간 (ns)	동작파장 (nm)	응답도 (A/W)	암전류 (nA)	이득
Si	pin	0.5	300–1100	0.5	1	〈1
Ge	pin	0.1	500–1800	0.7	200	〈1
InGaAs	pin	0.3	900–1700	0.6	10	〈1
Si	APD	0.5	400–1000	75	15	150
Ge	APD	1	1000–1600	35	700	50
InGaAs	APD	0.25	1000–1700	12	100	20

6.6 광 검출기 잡음

광통신 시스템에서 광 다이오드는 미약한 신호를 검출할 수 있는 감응도를 요구한다. 가장 미약한 광신호의 검출은 광 검출기와 이와 연관된 증폭기가 주어진 신호 대 잡음비를 유지할 수 있도록 최적화 되어야 한다. 광 수신기 출력단에서의 신호 대 잡음비는 식 (6-11)과 같다.

$$\frac{S}{N} = \frac{\text{광전류에 의한 신호전력}}{\text{광 검출기 잡음전력} + \text{증폭기 잡음 전력}} \quad (6-11)$$

수신단에서의 잡음원은 광전변환과정의 통계적 특성에 기인하는 광 검출기 잡음과 증폭기 회로의 열잡음이다. 높은 신호 대 잡음비를 얻기 위하여 광 검출기는 큰 신호 전력을 발생시키고 높은 양자 효율을 가져야 하며 광 검출기와 증폭기 잡음은 가능한 낮게 유지될 수 있게 해야 한다.

광통신시스템에서 광 검출기의 감도는 감지 가능한 최소 광 전력의 관점에서 설명할 수 있다. 이것은 신호 대 잡음비가 1인 크기의 광 전류를 생성하는데 필요로 하는 광 전력이다. 신호 대 잡음비에 영향을 미치는 다양한 유형의 잡음을 알아보기 위하여 [그림 6.8]의 간단한 수신모델과 [그림 6.9]의 등가회로를 생각해보자. 광 다이오드는 내부의 작은 직렬저항 R_d, 접합 정전용량과 패키지 정전용량으로 구성된 전체 정전용량 C_d, 부하저항 R_L을 가진다. 광 다이오드 다음의 증폭기는 입력 정전용량 C_a과 저항 R_a를 가진다. 실제 상황에서는 다이오드 내부저항 R_s는 부하저항 R_L 보다 매우 적기 때문에 무시할 수 있다.

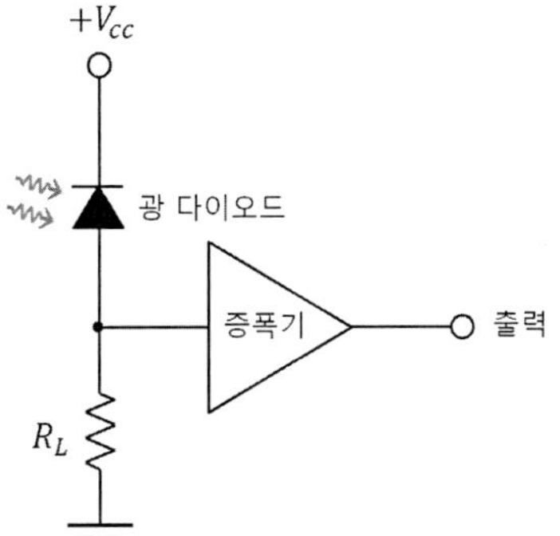

[그림 6.8] 광 검출기 수신기의 간단한 모형

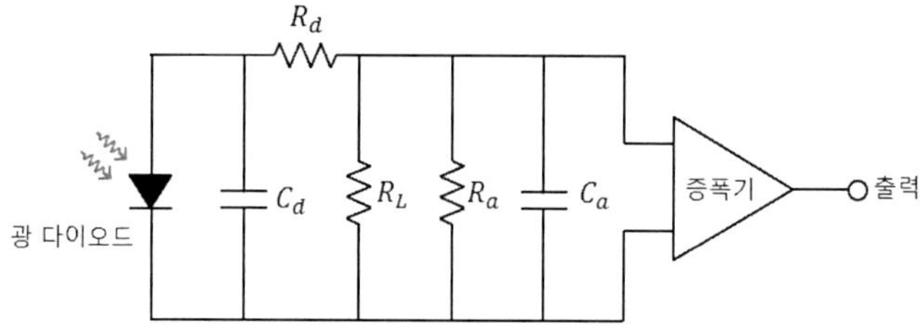

[그림 6.9] 광 검출기 수신기의 [그림 6.8]의 등가회로

전송된 변조신호의 광 전력 $P(t)$가 광 다이오드에 입사되는 즉시 광자에 의한 최초 전류 $i_{ph}(t)$가 발생하며 다음과 같다.

$$i_{ph}(t) = \frac{\eta q}{h\nu} P(t) \tag{6-12}$$

일차적인 전류는 신호전력에 의한 평균 광전류인 dc 값으로 나타나는 I_p와 신호 성분인 $i_p(t)$ 로 구성된다.

$$I_p = \frac{q}{h\nu} P_0 \left(1 - e^{-\alpha_s W}\right)\left(1 - R_f\right) \tag{6-13}$$

여기서 P_0는 광 검출기에 입사하는 광 전력, q는 전하량, $h\nu$는 광자 에너지, α_s는 특정 파장에서의 흡수계수, W는 공핍층의 폭, R_f는 광 다이오드 입력부분의 반사도이다. 양자효율 η를 이용하면 다음과 같이 정리된다.

$$I_p = \frac{\eta q}{h\nu} P_0 \tag{6-14}$$

여기서 I_p / P_0를 응답성이라 한다.

그러나 pin 광 다이오드 신호 전류의 평균 제곱근 $\langle i_s^2 \rangle_{pin}$ 는 식 (6–15)이고 애버런치 광 다이오드는 식 (6–16)이 된다.

$$\langle i_s^2 \rangle_{pin} = \langle i_p^2(t) \rangle \tag{6-15}$$

$$\langle i_s^2 \rangle_{APD} = \langle i_p^2(t) \rangle M^2 \tag{6-16}$$

여기서 M은 애버런치 이득의 평균이다. 만약 변조지수 m인 입력신호가 사인곡선 형태로 변한다면 신호성분은 $\langle i_p^2 \rangle = \frac{m^2}{2} I_p^2$ 이 된다. 아날로그 응용을 위한 m의 범위는 0.25 ~ 0.50 이다.

내부 이득이 없는 광 검출기의 주 잡음원은 양자 잡음(quantum noise), 암전류 잡음(dark current noise)과 표면 누설 전류 잡음이다. 양자 잡음은 산탄 잡음(shot noise)이라고도 하며 광 신호가 광 검출기에 입사했을 때 광전류의 생성과 수집 과정에 의해 일어난다. 양자 잡음 전류 $\langle i_q^2 \rangle$는 다음과 같은 식으로 주어진다.

$$\langle i_q^2 \rangle = \langle i_{shot}^2 \rangle = \sigma_{shot}^2 = 2q I_p B M^2 F(M) \tag{6-17}$$

여기서 B는 광전류 I_p의 평균값에 비례하는 대역폭이며, $F(M)$은 애버런치 과정의 임의의 충돌 현상에 기인하는 잡음지수이다. 시험결과에 따르면 수용할 수 있는 근사치로 $F(M) \simeq M^x$ 이며 x는 재료에 의존하지만 $0 \sim 1$ 범위의 값을 가진다. pin 광 다이오드에서는 M과 $F(M)$은 1이다.

암전류는 광 다이오드로 입사하는 빛이 없음에도 불구하고 소자의 바이어스 회로를 통해 지속적으로 흐르는 전류를 의미하며 벌크 암전류와 표면 암전류의 조합으로 나타난다. 벌크 암전류는 광 다이오드의 접합 영역에서 열적으로 생성되며 식 (6-18)로 주어진다.

$$\langle i_d^2 \rangle_{bulk} = 2q I_D M^2 F(M) B \tag{6-18}$$

여기서 I_D는 애버런치 광 다이오드와 같은 소자의 증배가 없는 초기 벌크 암전류이다.

표면 암 전류는 표면 누설 전류로 일컬어진다. 이것은 표면결함과 청결도, 바이어스 전압과 표면적에 의존한다. 이것을 줄일 수 있는 효과적인 방법은 표면 누설전류를 부하저항으로부터 분기시킬 수 있는 가드링을 사용하는 것이다. 표면 암전류는 다음과 같이 주어진다,

$$\langle i_d^2 \rangle_{surface} = 2q I_L B \tag{6-19}$$

여기서 I_L은 표면 누설 전류이다. 애버런치 증배는 벌크 암전류에 영향을 미치지만 표면 암전류와는 무관함을 알 수 있다.

암전류와 신호전류는 상관관계가 없기 때문에 광 검출기 잡음 전류의 평균 제곱

근 $\langle i_N^2 \rangle_{total}$ 은 식 (6-20)이 된다.

$$\langle i_N^2 \rangle_{total} = \langle i_{shot}^2 \rangle + \langle i_d^2 \rangle_{bulk} + \langle i_d^2 \rangle_{surface}$$

$$= 2q(I_p + I_d)M^2 F(M) B + 2qI_L B \tag{6-20}$$

증폭기의 입력 임피던스가 부하저항보다 훨씬 크다면 열잡음은 부하저항의 것보다는 훨씬 작다. 광 검출기 부하저항에 의한 열잡음 전류의 평균 제곱근은 다음과 같다.

$$\langle i_{th}^2 \rangle = \frac{4k_B T B}{R_L} \tag{6-21}$$

여기서 k_B는 볼쯔만 상수 $(8.62 \times 10^{-5}\, eV/K = 1.36 \times 10^{-23}\, J/K)$ 이고 T는 절대온도이다. 수신기 대역폭의 요구조건에 상응해야하지만 부하저항으로 열잡음을 줄일 수 있다.

예제 6.5 • • •

GaAs pin 광 다이오드가 1310 nm 파장에서 초기 벌크 암전류는 5 nA, 양자효율 0.92, 부하저항 1.5 $k\Omega$ 의 파라미터를 가진다. 입사 광전력은 250 nW, 수신기 대역폭은 25 MHz 이다. 단 표면 누설전류는 무시한다.

(1) 일차 광전류를 계산하시오.

(2) pin 광 다이오드의 양자잡음전류 평균제곱근을 구하시오.

(3) 암전류를 계산하시오.

(4) 수신기의 열잡음 평균 제곱근을 구하시오.

풀이

(1) $I_p = \dfrac{\eta q}{h\nu} P_0 = \dfrac{\eta q}{h} \dfrac{\lambda}{c} P_0$

$$= \frac{0.92 \times 1.6 \times 10^{-19} C \times 1310 \times 10^{-9} m}{6.625 \times 10^{-34} J \cdot s \times 3 \times 10^8 m/s} \times 250 \times 10^{-9} W$$

$$= 24255 \times 10^{-11} W$$

$$\simeq 0.243 \mu W$$

(2) $\langle i_q^2 \rangle = 2qI_pB$

$$= 2 \times 1.6 \times 10^{-19} C \times 0.243 \times 10^{-6} A \times 25 \times 10^6 Hz$$

$$= 1.94 \times 10^{-18} A^2$$

(3) 표면 누설 전류는 무시하므로

$$\langle i_d^2 \rangle_{bulk} = 2qI_dB$$

$$= 2 \times 1.6 \times 10^{-19} C \times 5 \times 10^{-9} A \times 25 \times 10^6 Hz$$

$$= 4 \times 10^{-20} A^2$$

(4) $\langle i_{th}^2 \rangle = \dfrac{4k_BTB}{R_L}$

$$= \frac{4 \times 1.38 \times 10^{-23} J/K \times 300K}{1.5 \times 10^3 \Omega} \times 25 \times 10^6 Hz$$

$$= 276 \times 10^{-18} A^2$$

[실습과제 6.1] PIN 광다이오드의 열잡음과 산탄잡음

통신거리에 따른 광다이오드의 열잡음과 산탄잡음의 영향을 살펴보기 위한 시뮬레이션 레이아웃을 [그림 6.10]에 보여준다. 두 개의 광다이오드 중 하나는 산탄 잡음만 고려하고, 다른 하나의 광다이오드는 5×10^{-23} W/Hz 의 열잡음 인자로 설정하고 시뮬레이션 한다. 사용한 광섬유는 1550 nm에서 0.2 dB의 손실을 가진다.

통신거리에 따른 광다이오드의 열잡음과 산탄잡음 결과는 [그림 6.11]과 같다. 왼쪽 거리별 열잡음의 아이 다이어그램, 오른쪽은 거리별 산탄잡음의 아이 다이어그램이다. 열잡음의 경우 통신거리가 멀어짐에 따라 수신 전력이 크게 감소하므로 데이터 통신에 상당한 제약으로 작용한다. 그러나 0 또는 1에 대한 신호의 세기에는 무관하다. 산탄잡음의 경우 신호의 세기에 의존하며 통신거리에는 상대적으로 덜 민감한 요소이다.

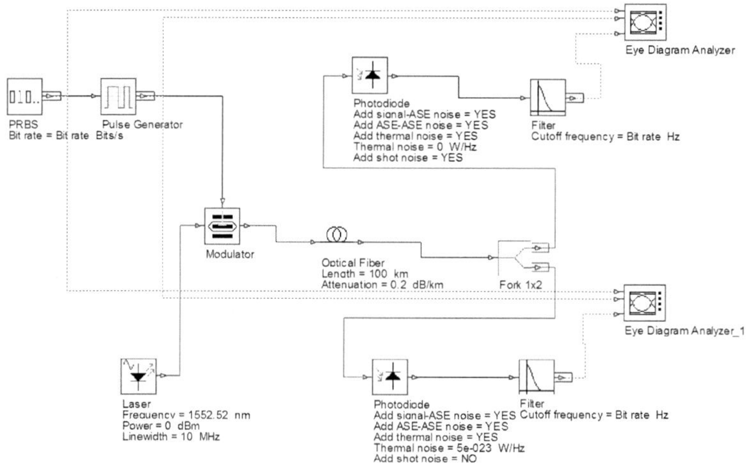

[그림 6.10] 광 다이오드의 열잡음과 산탄잡음 시뮬레이션 레이아웃

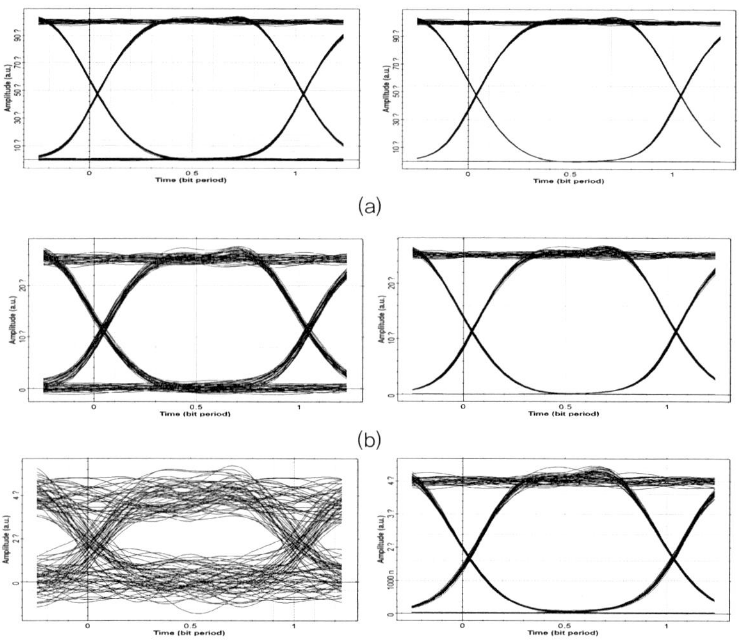

[그림 6.11] 통신거리에 따른 열잡음 (왼쪽)과 산탄잡음 (오른쪽)의 아이 다이어그램. (a) 50 km 전송 후, (b) 80 km 전송 후, (c) 120 km 전송 후

[실습과제 6.2] PIN 광다이오드와 APD의 열잡음과 산탄잡음 비교

APD는 내부 양자이득을 가지므로 산탄잡음이 시스템의 성능을 떨어뜨린다. PIN 광다이오드와 APD의 잡음 특성을 알아보기 위한 레이아웃을 [그림 6.12]에 나타내었다. 열잡음 지수는 $5 \times 10^{-23}\ W/Hz$ 이며 광섬유 길이는 100 km 이다.

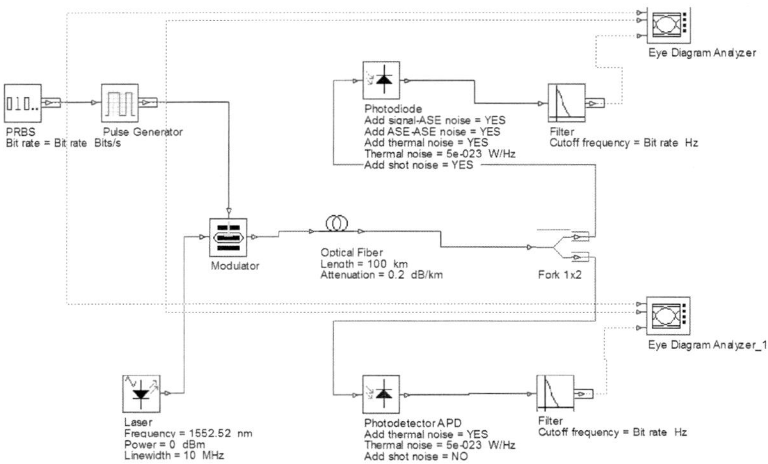

[그림 6.12] PIN 광다이오드와 APD의 열잡음과 산탄잡음비교 레이아웃

[그림 6.13]은 두 다이오드에 대한 열잡음 결과를 보여준다. APD는 내부이득을 가지므로 PIN 광다이오드에 비하여 시스템 성능을 개선시킬 수 있다. 그러나 [그림 6.14]의 산탄잡음에서는 두 다이오드에서 큰 차이가 없다. APD 이득이 일정 수준에 도달하면 수신 민감도 향상에 한계가 있게 된다.

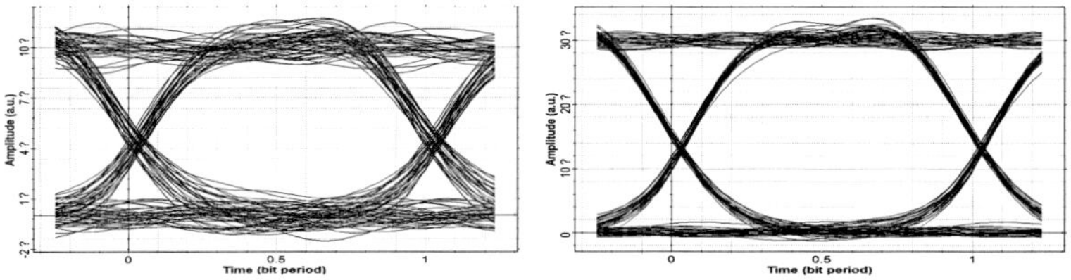

(a) (b)

[그림 6.13] 열잡음. (a) PIN 광다이오드, (b) APD

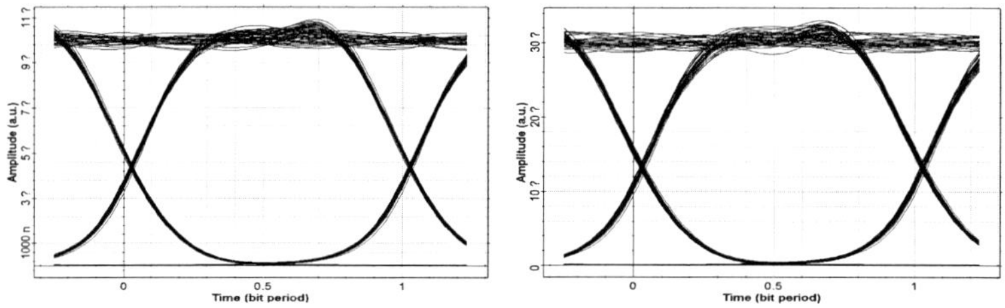

(a) (b)

[그림 6.14] 산탄잡음. (a) PIN 광다이오드; (b) APD

[연습문제]

6.1 Si와 Ge의 밴드갭 에너지는 실온에서 각각 1.1 eV 와 0.67 eV 이다. 이 재료로 제조되는 광 검출기의 상위 차단파장은 각각 얼마인가?

6.2 $1500\,nm$ 파장에서 5.5×10^6의 광자가 InGaAs 광 다이오드에 입사될 때 평균 4.5×10^6의 전자-정공 쌍이 생성된다. 이 광 다이오드의 응답도를 계산하시오.

6.3 Ge 광 검출기의 경우 1300 nm 파장에서 응답도가 0.45 A/W이다. 입사된 광 전력이 5 uW 라면 발생되는 광전류는 얼마인가?

6.4 어떤 광 다이오드에 $1.53 \times 10^{-19} J$ 의 에너지를 가진 광자가 입사했을 때 양자효율이 90% 이었다.
(1) 이 광 다이오드를 동작시킨 입사광의 파장은 얼마인가?
(2) 이때 $10\,\mu A$의 광전류를 발생시키기 위해서 입사되어야 할 광 전력은 얼마인가?

6.5 InGaAs의 양자효율은 1300 nm～1600 nm 파장영역에서 90%이다. 이 파장영역에서 입력파장에 따른 응답도를 구하시오.

6.6 실리콘 애버런치 광 검출기의 양자효율은 900 nm에서 0.65이다. 1 uW의 입사광이 15 uA의 광전류를 생성한다면 캐리어의 증배률을 계산하시오.

6.7 수신단의 광 검출기의 정정용량은 2.5 pF이고 증폭기의 정전용량은 5 pF이며 증폭기의 입력저항은 $1M\Omega$이다. 부하저항이 50Ω 일 때 회로의 대역폭을 계산하시오.

07 CHAPTER 광 증폭기와 파장분할다중화

학습목표

1. 광 증폭기의 필요성과 기본 동작에 대해서 배운다.
2. 반도체 광증폭기와 광섬유형 광증폭기의 동작원리와 구조에 대해서 설명한다.
3. 라만산란과 라만 광 증폭기의 구조와 동작원리를 설명한다.
4. 파장분할 다중화의 기본개념을 이해하고 파장분할 다중화 소자로서 벌크형 광학격자, 배열도파로, 광섬유격자, 광섬유 결합기에 대해서 배운다.

7.1 광 증폭기

광 링크를 구성함에 있어서 고려해야할 것은 전력 예산을 공식화 하는 것과 활용 가능한 전력 한계를 초과하는 경로손실을 보상해주는 재생기(repeater)를 추가하는 것이다. 종래의 재생기로 광 신호를 증폭한다는 것은 빛을 전기로 변환 후 전기적인 신호의 증폭, 재 시간조정, 펄스 형상화, 그리고 전기적인 신호를 다시 광 신호로 전환하는 것이다. 이러한 과정이 중간 속도 수준에서 단일 파장이라면 잘 동작하겠지만 고속 다중 파장 시스템이라면 매우 복잡해지고 가격적인 부담이 발생한다. 그래서 효과적인 대안은 빛을 증폭하는 완전 광 증폭기이다.

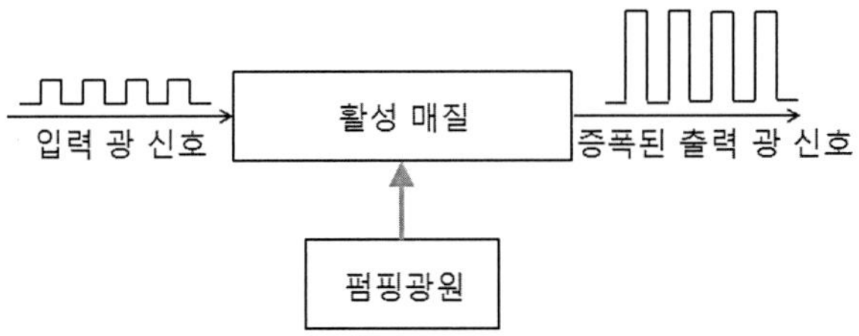

[그림 7.1] 일반적인 광 증폭기의 기본 동작

[그림 7.1]은 일반적인 광 증폭기의 기본동작을 보여준다. 이것은 유도방출 과정을 통해 입사광의 광 전력을 증가시키는 것이다, 완전 광 증폭기에서는 레이저 다이오드와 같이 유도방출을 위한 분포반전이 필요하지만 광 궤환 메커니즘이 필요하지 않는 것이 차이점이다. 두 가지 유형을 고려할 수 있는데 반도체 광 증폭기와 희토류 원소 첨가 광섬유 증폭기이다.

7.1.1 반도체 광 증폭기

반도체 광 증폭기의 두 가지 유형은 공진기 구조인 페브리 페로 증폭기와 비 공진기 형인 진행파 증폭기이다. 페브리 페로 증폭기에서 반도체 크리스털의 수직 절단된 끝단 면은 부분 반사를 하는 거울 역할을 하기 때문에 페브리 페로 공동(cavity)을 형성하며 30% 정도의 자연적 반사도를 가진다. 대부분 반사도를 높이기 위하여 끝단 면에 유전체 코딩을 하게 된다. 광자가 공동공진기 내부로 입사되면 높은 강도의 에너지가 방출될 때까지 거울에 의해 반복적 왕복 반사 과정을 거치면서 내부이득을 만든다. 페브리 페로 증폭기는 제작이 쉬운 반면 광 신호 이득은 증폭기 온도와 입력 광 주파수 변화에 매우 민감하여 제작 시 온도와 주입전류 안정화에 세심한 주의를 요한다.

진행파 증폭기는 페브리 페로 증폭기와 구조는 동일하지만 유전체 코딩 대신 최종 끝단 면이 반사 방지막 코딩이 되어 있거나 또는 일정한 각으로 잘려져 있다. 내부 반사는 일어나지 않으므로 입력 광이 진항파 증폭기를 한번 통과하면서 증폭이 일어난다. 페브리 페로 증폭기 보다 넓은 광학적 대역폭과 높은 포화 전력 및 낮은 편광 민감도를 제공하므로 훨씬 광범위하게 사용된다.

[실습과제 7.1] 진행파 증폭기를 이용한 광 신호 증폭 시뮬레이션

[그림 7.2]는 진행파 반도체 광 증폭기를 이용한 광 신호 증폭을 시뮬레이션하기 위한 레이아웃이다. 1 μW 광 전력의 가우시안 펄스가 1 Gb/s 비트율 입력 신호로 반도체 증폭기에 입사하여 증폭된 결과를 [그림 7.3]에서 보여준다. 380 nW 신호가 32 mW로 증폭되었음을 알 수 있다.

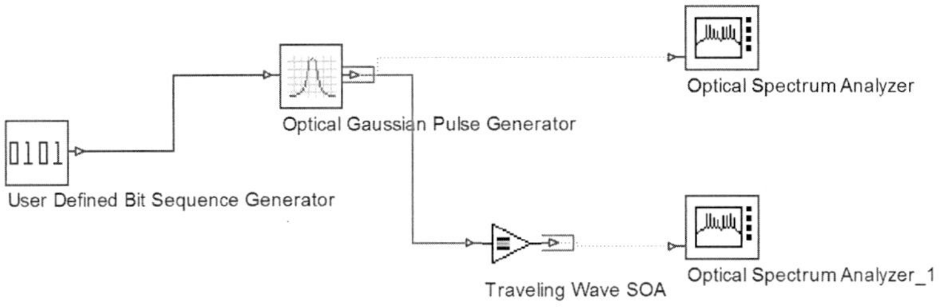

[그림 7.2] 진행파 반도체 광 증폭기를 이용한 광 신호 증폭 레이아웃

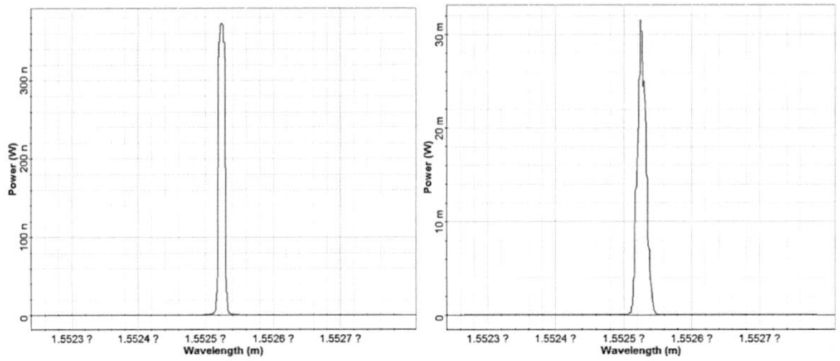

(a) (b)

[그림 7.3] 가우시안 입력 펄스에 대한 증폭 전 (a)과 후 (b) 의 스펙트럼 비교

7.1.2 어븀첨가 광섬유 증폭기

광섬유 증폭기는 레이저에 있는 외부 광 공동을 제외하면 레이저와 같은 원리로 작동한다. 활성 매질은 유리 또는 결정 구조에 Er^{3+} 와 같은 희토류 이온이 첨가물로 존재한다. 예를 들면 1000 ppm-중량 % 농도의 어븀 이온이 어븀 첨가 광섬유 증폭기(Erbium-Doped Fiber Amplifier: EDFA)를 만들기 위해 단일모드 광섬유의 코어에 첨가된다. 펌프 에너지원은 보통 1480 nm 또는 980 nm 파장의 다이오드 레이저에 의해 제공된다. Er^{3+} 대한 에너지 준위 다이어그램은 [그림 7.4] 같다.

1480 nm 펌핑 레이저 광은 준위 2로 980 nm 펌핑 레이저 광은 준위 3으로 어븀 이온을 여기 시킨다. 준위 3은 캐리어가 머물 수 있는 시간이 수 um 이하이므로 캐리어 수명이 수 ms 이상으로 상대적으로 긴 준 안정준위인 준위 2로 급속한 비방

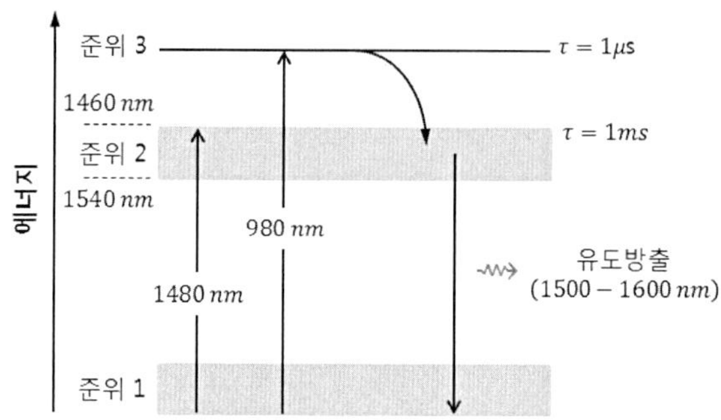

[그림 7.4] 1480 nm 와 980 nm 펌핑에 대한 Er^{3+} 의 방출을 보여주는 3 준위 에너지 다이어그램

사 천이를 한다. 여기에서 어븀 이온은 더 낮은 에너지 준위인 준위 1로 자연 방출 또는 유도방출을 한다. 입력신호가 1500 nm부터 1600 nm 이상의 범위에 걸쳐있는 파장이라면 유도방출에 의해서 증폭될 것이다.

[그림 7.5]는 인라인 증폭기로 사용되는 어븀첨가 광섬유 증폭기의 예이다. 이 경우 어븀첨가 광섬유의 처음과 끝단에 연결된 두 개의 레이저로 펌핑된다. 펌프신호가 증폭된 신호와 함께 전송되는 것을 방지하기 위하여 증폭기 전후에 아이솔레이터가 연결되어 있다.

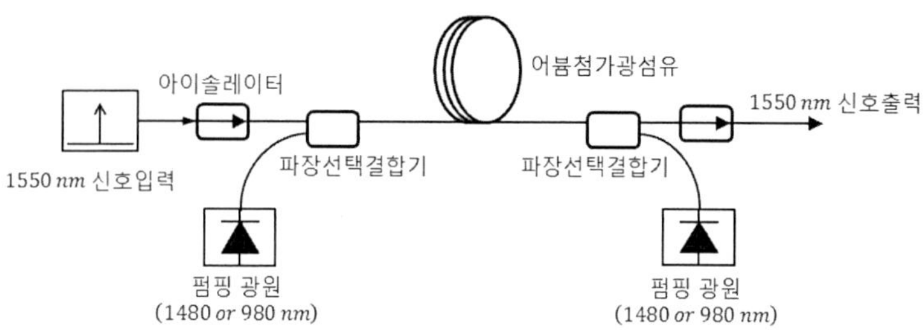

[그림 7.5] 어븀 첨가 광섬유 증폭기의 개략도

희토류 첨가 광섬유로 만들어지는 광섬유 증폭기의 성능을 모델링하기 위하여 흔히 사용되는 것은 길레스 매개변수(Giles parameters) 이며 파장 의존성을 갖는 두 가지 양을 사용하는데, 바닥상태의 모든 레이저 활성이온의 흡수계수와 기저상태에서 모든 레이저 활성이온의 이득계수이다. [그림 7.6]은 어븀 첨가 광섬유의 흡수 파장영역과 자발방출에 의해 증폭된 파장영역을 나타낸다. C-밴드에서 사용할 수 있는 파장 대역을 제공한다.

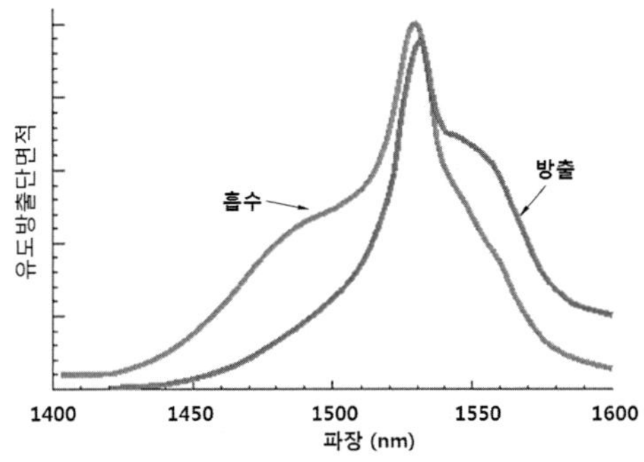

[그림 7.6] 어븀첨가 광섬유의 흡수와 자발 방출에 의해 증폭된 출력 스펙트럼

[실습과제 7.2] 어븀첨가 광섬유 증폭기 시뮬레이션

[그림 7.7]은 5m 길이의 어븀첨가 광섬유를 이용한 1550 nm 파장영역의 광 신호 증폭을 보여주는 시뮬레이션 레이아웃이다. 1550 nm 중심파장에서 -20 dBm 신호크기를 가지는 레이저 광원과 어븀 첨가 광섬유를 여기하기 위한 100 mW 출력의 980 nm 펌핑 광원이 파장분할 다중화기를 통해 동시에 광섬유로 입사된다.

[그림 7.8]은 광 스펙트럼 분석기로 관측한 출력 파형이다. 980 nm 파장에서 펌핑 광원을, 1550 nm에서는 입사광이 30 dB 정도 증폭된 파장이 나타남을 확인할 수 있다. 어븀첨가 광섬유의 증폭된 자발방출(amplified spontaneous emission: ASE)이 C-밴드에서 발현됨을 보인다.

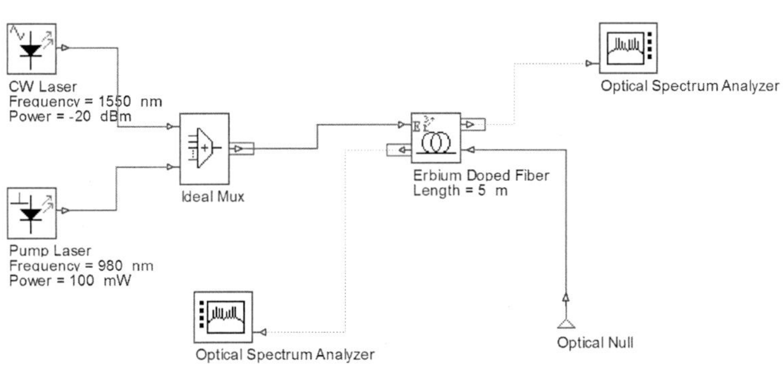

[그림 7.7] 어븀 첨가 광섬유 5 m를 이용한 1550 nm 신호 증폭 레이아웃

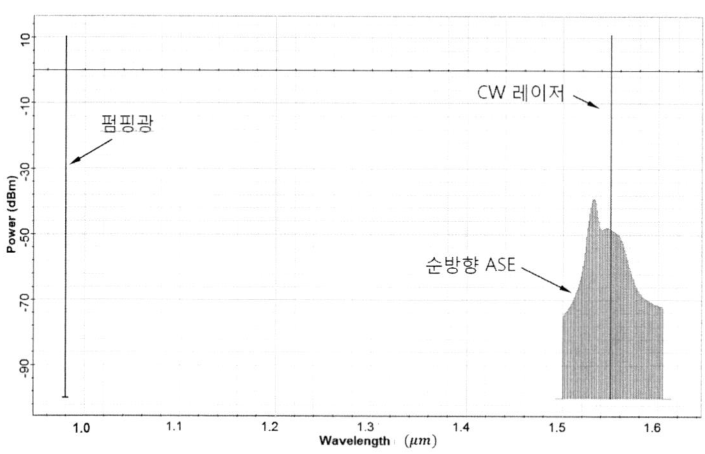

[그림 7.8] 펌핑 광원과 순방향 EDF의 증폭된 자발 방출을 보여주는 스펙트럼

7.1.3 라만산란

어떤 유전체 물질의 빛에 대한 응답은 강한 전자기장에 대해서는 비선형이 되므로 광섬유에 대해서도 동일하게 적용된다. 비록 규소가 높은 비선형성을 가지는 물질은 아니지만 좁은 코어에 빛이 갇혀서 장거리 전송되는 도파로의 기하학적 구조를 보면 비선형 효과를 만들게 된다. 레일리 산란은 산란된 빛의 주파수가 변하지 않는 탄성산란이다. 반대로 비탄성 산란에서는 산란된 빛의 주파수가 변화한다. 비탄성 산란의 예는 라만 산란(Raman scattering)과 브릴루앙 산란(brillouin scattering)이다. 이 둘 사이의 차이점은 라만 산란은 광학 포논(optical phonon)이 참여하는데 비해 브릴루앙 산란에는 음향 포논(acoustic phonon)이 참여한다는 것이다. 포논은 결정격자의 양자화된 진동을 나타내는 준입자이며 고체의 열과 전기 전도도 등에 중요한 역할을 한다. 긴 파장의 포논은 음파를 생성한다. 포톤(photon)은 빛의 에너지가 양자화된 것을 가리키므로 혼돈하지 말아야 한다. 여기서는 광 증폭기로 응용되는 유도라만 산란에 대해서 알아본다.

자발 라만 산란은 펌핑 광원의 파가 광섬유의 재료인 규소 분자에 산란될 때 발생한다. [그림 7.9]에서 레일리 산란은 여기된 전자가 다시 기저상태로 되돌아오므로 에너지 밴드 갭의 차이가 없게 되어 주파수 변화가 발생하지 않는다. 산란 되어 나오

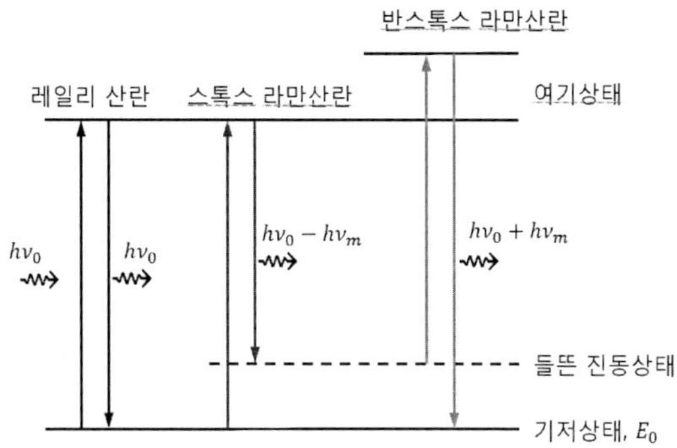

[그림 7.9] 라만 신호에 포함된 상태를 보여주는 에너지 준위 다이어그램

는 빛이 입사광과 다른 에너지를 가지는 경우를 비탄성 산란이라고 하는데 산란 물질 내부에서 에너지를 주고 받는 경우로 이것이 라만 산란에 해당한다. 비탄성 산란 중, 물질이 에너지를 얻는 경우를 스톡스 산란(stokes scattering) 이라고 하고 물질이 에너지를 잃는 경우를 반 스톡스 산란(anti-stokes scattering) 이라고 한다. 상온에서 대부분의 분자는 들뜬 진동 상태에 있기 때문에 분자는 외부의 에너지를 얻어 여기상태가 될 확률이 많다. 즉 스톡스 산란이 반 스톡스 보다 강도가 강해 일반적으로 스톡스 산란만 관찰한다. 만약 펌핑 전력이 문턱 값을 초과하는 경우에는 라만 산란 과정이 유도된다. 유도 라만산란은 자발 라만산란과 달리 광섬유의 진행 방향과 역방향으로 동시에 나타난다. 이것은 비트 주파수 $\omega_p - \omega_s$ 에서 주파수 성분을 발생시키고 이는 분자 진동을 끌어내는 원천으로서의 역할을 한다. 산란파의 세기가 이 진동에 대한 응답으로서 커지므로 양의 궤한 루프가 생긴다.

라만 이득 계수는 광 주파수의 차이와 펌핑 광원의 주파수, 편광에 의존한다. [그림 7.10]은 두 입사빔의 편광이 동일하다고 가정할 때 주파수 차이의 함수로서 규소의 라만 이득 계수를 보여준다. 최대 라만이득은 13 THz의 주파수 오프셋에서 얻어진다. 예를 들면 190 THz 주파수의 펌핑파는 13 THz 떨어진 177 THz 신호 주파수에서 최대 라만 이득을 보일 것이다. 다음 실습과제에서 상세 내용을 확인하도록 한다.

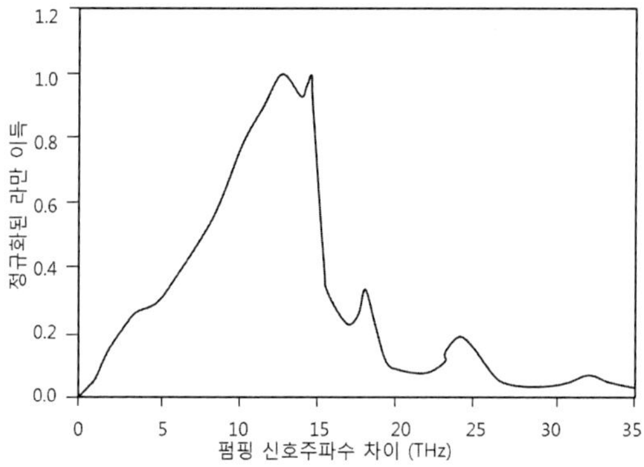

[그림 7.10] 규소에 대한 라만 이득 스펙트럼

[실습과제 7.3] 단일 입력 채널에 대한 유도 라만산란

[그림 7.11]은 유도 라만산란을 확인하기 위한 시뮬레이션 레이아웃이다. 비선형 효과를 가진 0.15 km의 광섬유를 이용하여 193.4 THz (1550 nm 파장에 해당함) 주파수의 150W 광원으로 펌핑하였을 때 스톡스 산란을 확인하고자 한다. 스톡스 파를 위한 광원은 펌핑 광원과 10 THz 아래의 183.4 THz (1635 nm 파장에 해당함)의 −99 dBm 신호세기를 가진다.

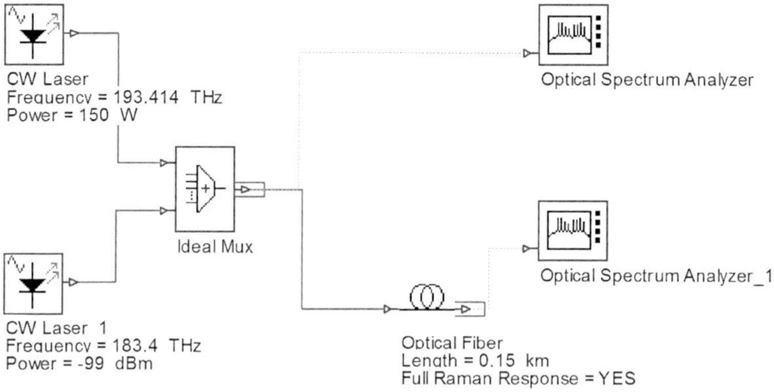

[그림 7.11] 유도 라만산란 시뮬레이션 레이아웃

[그림 7.12] (a)는 193.4 THz에서 강한 펌핑 광원과 183.4 THz에서 미약한 스톡스 파로 구성된 입력신호 스펙트럼을 보여준다. 비선형 효과를 포함하는 광섬유를 통과한 후 -99 dBm의 미약한 저주파 신호가 −57 dBm까지 증폭되었음을 그림 [7.12] (b)에서 확인할 수 있다. 그러므로 유도 라만산란에 의한 이득은 42 dBm 정도가 된다.

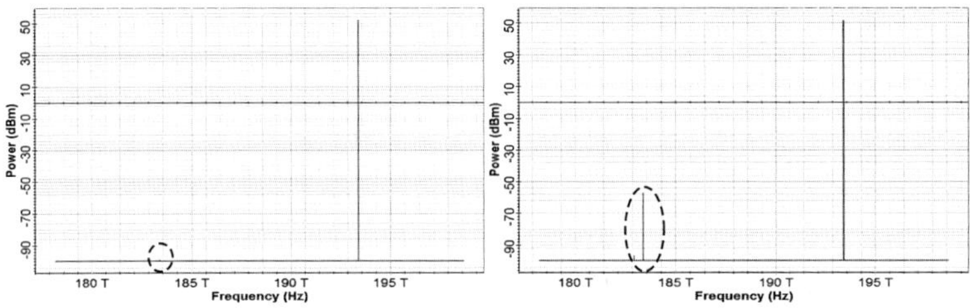

(a) (b)

[그림 7.12] (a) 강한 펌핑 광원과 미약한 스톡스 파로 구성된 입력신호 스펙트럼, (b) −99 dBm의 미약한 저주파 신호가 증폭된 라만 이득 스펙트럼

[실습과제 7.4] 다중 입력 채널에 대한 유도 라만산란

[그림 7.13]은 다중 입력 채널에 대한 유도 라만산란을 확인하기 위한 시뮬레이션 레이아웃이다. 0.15 km의 광섬유를 이용하여 190 THz 주파수의 150 W 광원으로 펌핑하였다. 스톡스 파는 187 THz, 184 THz, 181 THz, 178 THz 등 4개의 CW 레이저를 이용하였고 모두 −99 dBm 신호세기를 가진다.

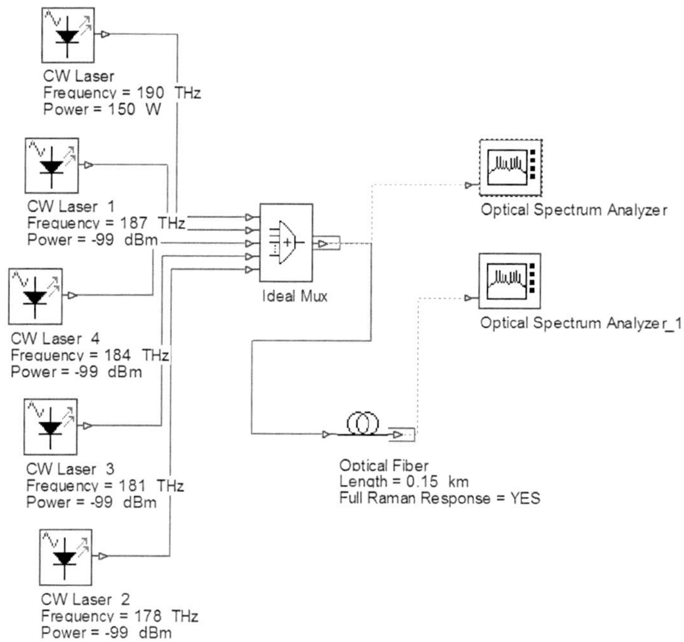

[그림 7.13] 다중 채널에 대한 유도 라만산란을 위한 레이아웃

[그림 7.14] (a)는 190 THz에서 강한 펌핑 광원에 의한 유도 라만산란으로 증폭된 라만 이득 스펙트럼을 보여준다. 4개의 탐침 주파수는 [표 7.1]과 같이 증폭되며 인접한 두 개의 다른 주파수에서도 스톡스 라만 산란이 일어나고 있다. 각각 탐침 주파수에 대한 이득은 주파수에 의존함을 알 수 있다. [그림 7.12]에서 예측한 것과 같이 190 THz 주파수의 펌핑파는 13 THz 떨어진 177 THz 신호 주파수에서 59 dBm의 최대 라만 이득을 보였다.

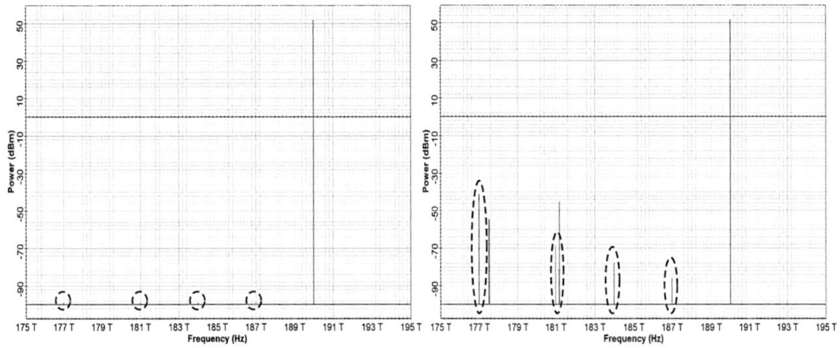

(a) (b)

[그림 7.14] 4개의 입력 신호에 대한 라만 이득 스펙트럼. (a) 입사단의 펌핑 광원과 다중 입력신호, (b) 다중 입력신호의 라만이득에 의한 증폭

[표 7.1] 탐침 주파수별 이득

탐침 주파수 (THz)	입력신호전력 (dBm)	출력신호전력 (dBm)	이득 (dBm)
187	−99	−86	13
184	−99	−78	21
181	−99	−68	31
178	−99	−40	59

7.1.4 라만 광 증폭기

라만 광 증폭기(Raman Amplifier)는 광섬유에 추가적인 에너지를 펌핑하여 신호를 증폭한다는 점에서는 어븀 첨가 광섬유 증폭기와 유사하지만 광 신호를 전송광섬유 내에서 직접 증폭한다는 관점에서는 어븀 첨가 광섬유 증폭기와 원리가 다르다. [그림 7.15]와 같이 높은 광 전력의 라만 펌핑 에너지를 이용하여 신호광원과 역방향으로 주입한다. 펌프광은 분산 라만 증폭이라는 과정을 통해 광섬유 자체의 진동모드와 결합하여 펌프파장이 신호 파장보다 적절히 짧을 때 신호 광을 증폭한다. 라만 펌프 광원의 파장은 1550 nm 대역의 신호 증폭을 위해 1455 nm 파장 주변의 고출력 레이저를 사용해야 한다. 어븀 첨가 광섬유 증폭기와 비교하였을 때 신호 증폭이 전송 광섬유 내에서 직접 일어난다는 장점과 더불어 1100 ~1700 nm 에 이

러는 넓은 파장 영역에서 증폭이 일어나는 유리한 특성을 보인다. 특히 라만 증폭기는 어븀 첨가 광섬유 증폭기가 담당하지 못하는 1300 nm 영역의 신호 증폭을 가능하게 한다.

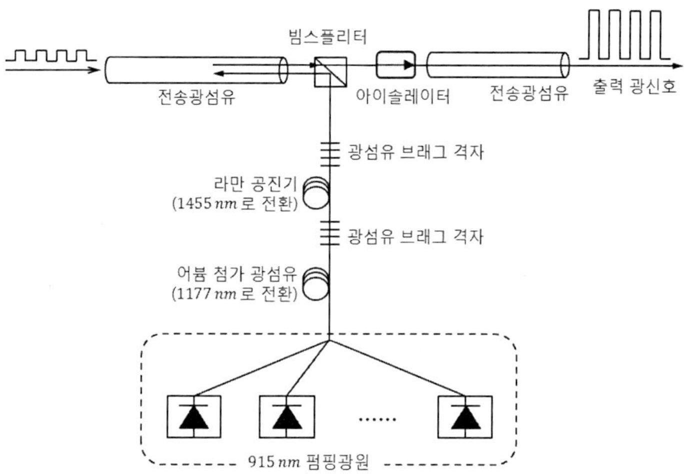

[그림 7.15] 라만 증폭기의 구성도

또한 라만 증폭기는 100 km 이상의 장거리 전송이 가능하다. 어븀 첨가 광섬유 증폭기의 경우 통상적으로 80 km 이하이다. 그러나 라만 증폭기는 시스템이 다소 복잡하다. [그림 7.15]에서 라만 증폭기는 복수개의 레이저 다이오드를 이용하여 펌핑 광원을 구성한다. 1550 nm 파장영역의 신호 증폭은 어븀첨가 광섬유 증폭기가 주로 활용된다면 라만증폭기는 1310 nm 영역의 신호를 증폭하는 형태로 사용되는 경우가 많다.

[실습과제 7.5] 라만 광 증폭기 시뮬레이션

[그림 7.16]은 라만 증폭기의 시뮬레이션 레이아웃이다. 신호 광원은 1540 nm를 시작으로 1 nm 파장간격씩 떨어져 있으며 멀티플렉스에 의해 광섬유로 입사된다. 통신 광섬유의 길이는 25 km 이다. 펌핑광원은 1405 nm 파장을 시작으로 총 12개의 레이저가 멀티플렉스를 통해 전송광섬유에 입사되는데 광원의 전송방향과 반대이다.

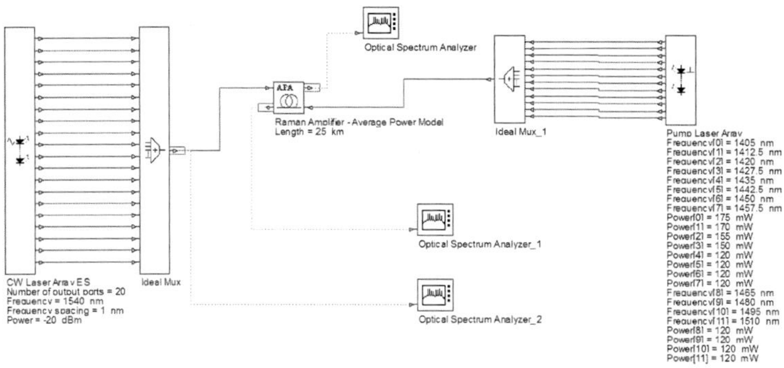

[그림 7.16] 라만 증폭기 시뮬레이션 레이아웃

[그림 7.17]은 라만 증폭 전 후 신호의 스펙트럼이다. [그림 7.17] (a)는 20개의 입력 채널 신호이며 [그림 7.17] (b)는 이 신호가 라만 증폭기를 거친 후 출력 신호를 보여준다. 라만 증폭에 의해 15 dB 이상의 이득이 발생함을 알 수 있다.

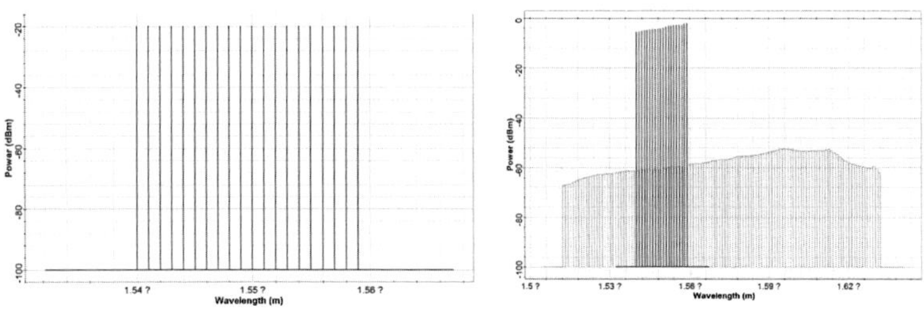

(a) (b)

[그림 7.17] 라만 증폭 전 후 신호의 스펙트럼. (a) 20 채널 입력신호, (b) 라만 증폭 후 동시 증폭된 입력 채널 신호

7.2 파장분할다중화

광통신 시스템의 용량은 광 반송자가 가지는 높은 주파수 때문에 10 Tbps를 초과할 수 있다. 그러나 비트율은 분산과 비선형효과, 전자소자의 속도에 의해 보통 10 Gbps 이하로 제한된다. 하나의 동일한 광섬유에 여러 개의 다른 파장을 가지는 광 채널을 적용한다면 1 Tbps 이상으로 시스템 용량을 확장할 수 있다. 채널 다중화는 시간영역

과 주파수 영역에서 이루어지는데 각각 시분할 다중화(time-division multiplexing: TDM)와 주파수 분할 다중화(frequency-division multiplexing: FDM) 라고 한다. 두 기법은 전기적인 신호에서 사용되어진다. 광 영역에서 사용될 수 있는 기법은 광 시분할 다중화(optical TDM: OTDM)와 파장분할 다중화(wavelength-division multiplexing: WDM)이다. 다중 채널 시스템의 개념은 1970년에 최초로 발표되었고 1978년에 실험실 수준에서 실현되었다. 통신시스템 적용은 1990년대 상당한 주목을 받았으며 1996년 이후 상업적으로 파장분할 다중화 시스템이 보급되기 시작했다.

파장분할 다중화는 다른 파장의 다중 광 캐리어가 독립적인 전기적 비트열에 의해서 변조되지만 동일한 광섬유로 통신하는 형태의 다중화 기법이다. 수신단에서 광 신호는 광학적인 기법을 사용하여 채널들을 분리하는 역 다중화를 수행한다. 파장분할 다중화는 광섬유가 제공하는 넓은 영역의 대역폭을 개발하여 활용할 수 있는 수단을 제공한다. 통신 파장 중 세 번째 창인 1550 nm 영역의 대역폭은 15 THz 정도로 본다. 채널 간 간격이 100 GHz 이하라면 10 Gbps 비트율을 가지는 수백 채널이상을 단일 광섬유에 수용가능하다. 통신망의 핵심 또는 중추를 담당하는 장거리 광섬유 링크에서 파장분할 다중화는 총 비트율을 간단히 증가시킬 수 있는 역할을 한다. [그림 7.18]은 높은 전송용량을 제공하는 파장분할 다중화 링크를 보여준다. 각각 자신의 캐리어 파장에서 동작하는 몇 개의 송신기 출력은 같이 다중화되어진다.

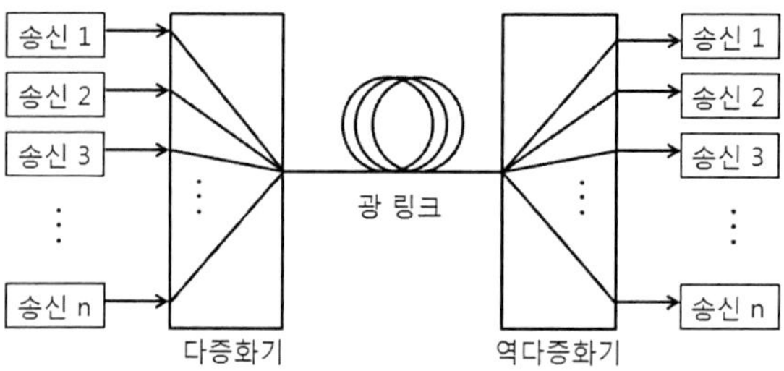

[그림 7.18] 다중 채널의 광섬유 링크

다중화된 신호는 통신링크의 반대편 끝단으로 전송되기 위하여 광섬유로 입사된다. 역 다중화기는 파장에 해당하는 자신의 수신기로 각 채널을 보낸다. 각 채널의 비트율이 B_1, B_2, B_3, ..., B_n인 정보가 길이 L의 광섬유에 동시에 입사하였다면 총 비트율-거리 곱(total bit rate-distance, BL)은 다음과 같다.

$$BL = (B_1 + B_2 + B_3 + \bullet\ \bullet\ \bullet + B_n)\,L \tag{7-1}$$

비트율이 모든 채널에서 동일하다면 시스템의 전송용량은 N 배로 늘어난다. 파장분할 다중화 광 링크의 최고 전송용량은 파장영역에서 빽빽이 할당된 채널을 얼마나 더 근접시킬 수 있느냐에 달렸다. 최소 채널 간격은 채널간 누화에 의해 제한된다. 일반적으로 채널간격은 비트율의 2배를 초과할 없다.

파장분할 다중화 시스템의 채널 주파수는 국제전기통신연합(Inter-national Telecommunication Union: ITU)에서 표준화시켰다. [그림 7.19]와 같이 186-196 THz 주파수 영역(파장으로는 1530 nm에서 1612 nm)에서 100 GHz (1550 nm에서 0.8nm에 해당) 로 설정되었다. 이 값은 10 Gbps 비트율에서는 단지 10%의 스펙트럼 효율을 보인다. 좀 더 최근에는 ITU에서 50 GHz의 주파수 간격을 가지는 파장분할 다중화 채널을 규정하였다. 이 채널 간격을 40 Gbps 비트율과 조합하면 스펙트럼 효율이 80%까지 올라간다.

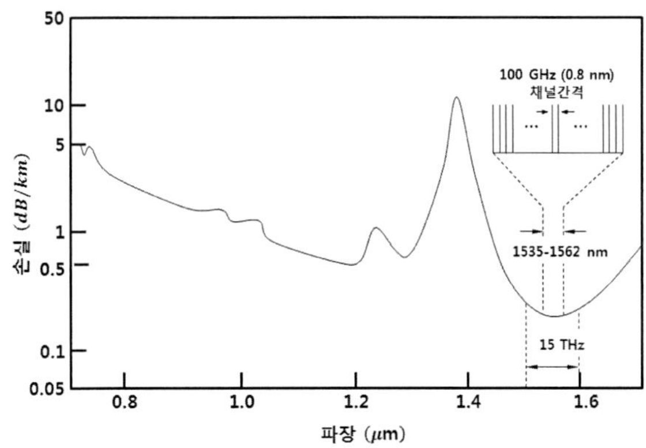

[그림 7.19] 파장분할 다중화을 위한 100 GHz 채널간격을 가지는 C 밴드 영역 (ITU-T 표준)

예제 1.5 • • •

파장분할 다중화는 광전송 시스템에서 120개의 채널이 송신단에 다중화 되어있다. 각 채널의 비트율이 2.5 $Gbps$ 라면 전송용량은 얼마인가? 또 전송거리가 100 km 라면 총 BL 곱을 계산하시오.

풀이

전송용량 $C = N \times B = 120 \times 2.5\ Gbps = 300\ Gbps$ 이다.

총 BL 곱은

$N \times B \times L = 120 \times 2.5\ Gbps \times 100\ km = 30\ Tbps \cdot km$ 이다.

7.2.1 파장분할 다중화 표준

파장분할 다중화는 본질적으로 광 캐리어 주파수에서의 주파수 분할 다중화이므로 국제전기통신연합에서 개발한 파장분할 다중화 표준안은 [표 7.2]와 같이 주파수 관점에서의 채널 간격을 규정한 것이다. 일정한 파장간격을 선택하는 이유는 특정 동작 모드에 레이저가 잠길 때 레이저의 출력파장이 고정되기 때문이다. ITU-T의 권고안인 G.692에서는 193.1 THz (1552.524 nm의 파장에 해당)를 기준 주파수로 100 GHz의 채널간격을 규정하고 있으며 50 GHz (0.4 nm 파장간격)와 200 GHz (1.6 nm 파장)을 대안으로 제시하고 있다. 2002년에 공포된 G.694.1 에서는 고밀도 파장분할다중화(dense WDM)에서는 주파수 간격이 100 GHz에서 12.5 GHz (0.1 nm @ 1550 nm)로 좁아졌다. 이것은 25 GHz 채널을 위한 레이저 다이오드의 파장천이 허용오차가 ±0.02 nm 이하로 온도제어 및 파장제어가 가능한 고품질의 레이저를 요구한다. 여기에 적합한 형태의 레이저는 분포궤환 레이저(distributed feedback laser: DFB laser)이다. 현재 사용되고 있는 EDFA의 C-밴드 대역은 1530~1560 nm 파장영역이다. 이 파장영역에서 16 채널을 사용하고 싶다면 채널간 간격은 30÷16 (nm) 이 된다. 채널간격은 파장보다는 주파수를 사용하는 것이 보편화되어 있으므로 $\lambda f = c$ 관계를 이용하면 주파수 채널간격을 구할 수 있다.

$$\Delta f = \frac{c\,\Delta\lambda}{\lambda^2} \tag{7-2}$$

[표 7.2] ITU-T 권고안의 주파수와 파장 그리드

주파수 (THz)	파장 (nm)	주파수 (THz)	파장 (nm)	주파수 (THz)	파장 (nm)	주파수 (THz)	파장 (nm)
196.100	1528.77	195.100	1536.61	194.100	1544.53	193.100	1552.52
196.000	1529.55	195.000	1537.40	194.000	1545.32	193.000	1553.33
195.900	1530.33	194.900	1538.19	193.900	1546.12	192.900	1554.13
195.800	1531.12	194.800	1538.98	193.800	1546.92	192.800	1554.94
195.700	1531.90	194.700	1539.77	193.700	1547.72	192.700	1555.75
195.600	1532.68	194.600	1540.56	193.600	1548.51	192.600	1556.55
195.500	1533.47	194.500	1541.35	193.500	1549.32	192.500	1557.36
195.400	1534.25	194.400	1542.14	193.400	1550.12	192.400	1558.17
195.300	1535.04	194.300	1542.94	193.300	1550.92	192.300	1558.98
195.200	1535.82	194.200	1543.73	193.200	1551.72	192.200	1559.79

예제 7.2 • • •

1550 nm에서 동작하는 네트워크에 50 GHz 채널간격의 WDM이 적용되었다. 채널간격을 nm로 계산하시오.

풀이

$$f=\frac{c}{\lambda}=\frac{3\times10^{8}m/s}{1550\times10^{-9}m}=193.548\times10^{12}\,Hz$$

$$\Delta\lambda=\frac{c\Delta f}{f^{2}}=\frac{3\times10^{8}m/s\times50\times10^{12}\,Hz}{(193.548\times10^{12}\,Hz)^{2}}=0.4nm$$

7.2.2 파장분할 다중화 소자

광섬유 통신 시스템을 위한 파장분할 다중화 기술의 구현은 몇 가지 새로운 소자를 필요로 한다. 그 중 결합기는 파장분할 다중화기의 유일한 수동소자는 아니다. 파장분할 다중화 기술의 급진전으로 모든 수동 파장 선택적 소자에 대해 자세히 살펴볼 것을 요구하는데 그 중에서 중요한 것은 다중화기(또는 결합기), 역 다중화기(또는 분리기), 라우터, 애드/드롭 다중화기, 필터 등이다.

먼저 [그림 7.20]와 같이 얇고 투명한 스페이서(간격을 띄울 수 있는 얇은 물질)를 반 반사 코팅 사이에 위치시킨다면 다중 반사와 간섭은 좁은 주파수 영역을 선택하는데 사용할 수 있으며 이것을 간섭필터라 한다.

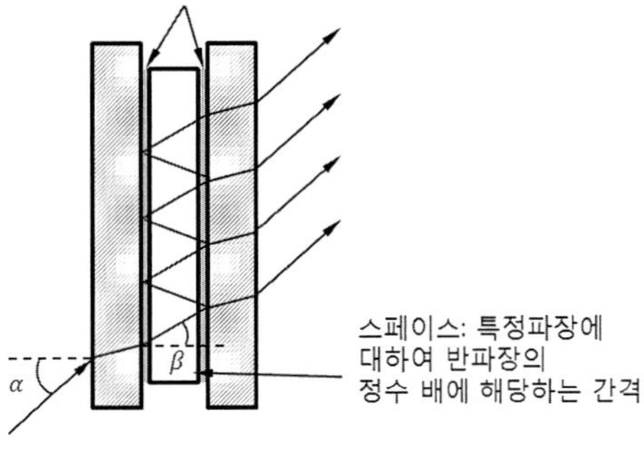

[그림 7.20] 간섭필터의 구조도

만약 스페이서 간격이 원하는 파장에 대하여 반파장 두께라면 다른 파장에 대해서는 상쇄간섭이 일어나서 감쇠되어진다. 여기서 입사각 $\alpha=0^{\circ}$ 라면 $\beta=0^{\circ}$ 이

되므로 스페이서 간격 d는 다음 식으로 주어진다.

$$d = \frac{\lambda_0}{2n\cos\beta} \tag{7-3}$$

만약 $\alpha \neq 0^\circ$ 이라면 투과 파장은 입사각에 따라 달라진다.

$$\lambda(\alpha) = \lambda_0 \sqrt{\frac{n^2 - \sin^2\alpha}{n^2}} \tag{7-4}$$

예제 7.3 • • •

[그림 7.20]에서 굴절률이 1.45인 스페이스를 이용하여 1550 nm 파장을 통과시키고자 한다. 입사각이 법선 방향일 때 스페이서 두께를 구하시오. 만약 입사각이 45°라면 투과 파장은 어떻게 달라지는가?

풀이

$d = \dfrac{\lambda_0}{2n\cos\beta}$ 에서 $d = \dfrac{1550 \times nm}{2 \times 1.45 \times \cos(0)} = 534.48\,nm$

$\alpha = 45^\circ$ 라면

$\lambda(\alpha = 45^\circ) = 1550\,nm \sqrt{\dfrac{1.45^2 - \sin^2 45}{1.45^2}} = 1184.3\,nm$

7.2.3 벌크형 광학 격자

[그림 7.21]은 경사형 굴절률을 가지는 막대형 렌즈를 가지는 격자 결합기의 예를 보여준다. 입력 광섬유에 λ_1, λ_2, λ_3 의 파장이 입사하여 렌즈의 끝단에 있는 회절격자에 도달하면 격자는 세 개의 파장을 각각 다른 각도로 분해하여 세 개의 출력 광섬유로 집중시킨다. 출력 광섬유의 적절한 중심 맞추기가 중요하다. 격자 결합기는 파장 분할 다중화 시스템에서 몇 개의 파장을 분리하기 위해서는 좋은 성능을 보이지만 파장이 밀집되어 있는 시스템에서는 제조하기가 상당히 까다롭다.

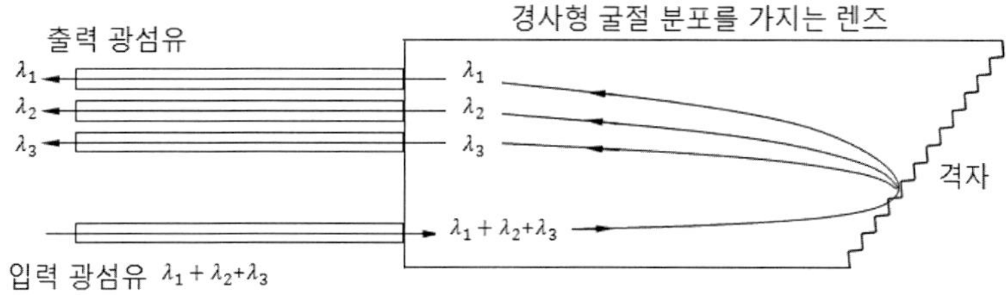

[그림 7.21] 경사형 굴절률 막대 렌즈로 구현된 격자형 결합기

7.2.4 배열 도파로

파장을 분리하는 다른 방법은 [그림 7.22]와 같이 하나의 도파로에 다중화 되어 있는 빛을 평면 도파로 배열에 통과시키는 것이다. λ_1, λ_2, λ_3, ..., λ_n으로 된 다중 파장의 신호가 왼쪽에 위치한 도파로에 입사하면 파장별로 빛을 분리할 수 있는 결합기로 빛이 확산되어 여러 개의 휘어진 도파로가 있는 곳으로 진행한다. 도파로의 길이는 약간씩 다르므로 각각의 도파로를 통과하는 시간이 달라진다. 분리된 도파로 안의 빛이 규칙적인 시간지연을 가지므로 오른쪽에 위치란 결합기에 도달하여 섞이게 되면서 간섭과 회절이 발생한다. 그 결과로 각각의 파장은 다른 각도에서 결합기의 출력 쪽으로 분리되어 나타난다. 이 결합기로부터 원하는 파장을 가지기 위해서 출력에 배열되는 도파로는 적당한 간격에 위치해야 한다. 이 소자의 동작을 해석하는 이론은 복잡하지만 매우 간단한 구조의 장점이 있다. 특히 파장이 밀집한 파장분할 다중화기에서 파장을 분리하는데 유용하다.

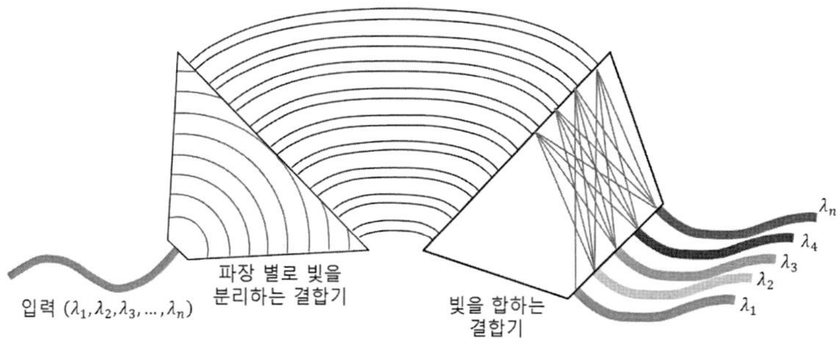

[그림 7.22] 길이가 다른 배열로 구성된 파장 분할을 위한 도파로

7.2.5 광섬유 격자

광섬유 소자로서 광섬유 격자는 파장분할 다중화를 위해 매우 매력적인 소자이다. 보통의 광섬유는 길이방향으로 균일한 구조와 조건을 보인다. 그러나 광섬유 격자는 일정한 구간에 광섬유 길이방향으로 규칙적인 굴절률 변화를 만들어 빛이 상호작용할 수 있도록 한다.

광섬유 격자를 제조하는 방법은 [그림 7.23]과 같이 자외선 빛을 이용하여 광섬유 코어의 굴절률 변화를 유도하는 것이다. 이때 자외선의 파장은 게르마늄 (Ge)이 도핑된 실리카 광섬유의 원자결합을 깨트림으로서 격자를 형성할 수 있다. 일반적으로 외부 자외선 레이저는 위상 마스크라고 하는 얇고 평평한 실리카에 조사되면 두 방향으로 빛의 대부분이 회절 한다. 이 빛들은 서로 간섭하므로 빛 강도가 높고 낮은 주기적인 간섭무늬 형태가 광섬유 상에 발생한다. 이때 강도가 높은 부분에 놓인 광섬유는 원자결합이 깨어져 굴절률이 변하여 격자를 형성한다.

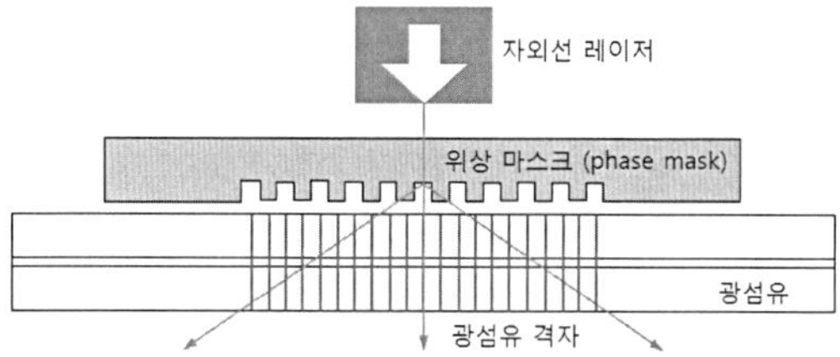

[그림 7.23] 광섬유 격자 제조의 예

기하학적인 이유로 광섬유에 새겨지는 격자의 간격은 위상 마스크 간격의 절반에 해당한다. 즉, 위상 마스크의 간격이 D 라면 광섬유 격자 간격은 $D/2$ 이다. 레이저의 파장은 격자 간격에 영향을 미치지 않지만 격자의 강도에 영향을 준다. 굴절률 변화정도는 조사된 자외선 양과 광섬유에 첨가된 화합물, 전처리 과정의 유무에 의존한다. 전처리의 경우 빛을 조사하기 전 광섬유 코어에 수소를 주입하는 것으로 민감도를 향상시켜 굴절률을 1% 까지 높일 수 있다.

광섬유 격자가 새겨진 광섬유에 일정 대역폭을 가진 빛이 진행한다면 어떤 현상이 발생하는가? 여기서 각각의 격자는 약간의 빛을 반사하는 반사체로서의 역할을 한다. 격자수가 더 많아지고 더 강한 자외선에 의해 형성되었다면 반사도는 더 높아진다.

격자에 의해 선택되는 반사파장을 브래그 파장(Bragg wavelength)이라고도 하며 다음과 같이 주어진다.

$$\lambda_B = 2n_{eff}\Lambda \qquad (7-5)$$

여기서 n_{eff}은 광섬유 격자의 유효 굴절률이며 Λ는 격자 주기이다. 반사파의 스펙트럼 폭 $\Delta\lambda$는 다음과 같다.

$$\Delta\lambda = \left(\frac{2\Delta n\eta}{\pi}\right)\lambda_B \qquad (7-6)$$

여기서 Δn은 격자형성에 의한 코어의 굴절률 차이며 η는 코어의 광 전력 비율이다.

[그림 7.24]는 광섬유 격자의 투과 및 반사 스펙트럼이다. 투과파의 경우 대역제거 필터와 같지만 반사파는 대역 통과 필터와 같다. 격자의 주기에 의해 특정 파장을 선택적으로 추출할 수 있다. 만약 격자의 주기가 바뀌면 브래그 파장도 달라지는 특성을 이용하여 파장가변 소자로도 활용한다.

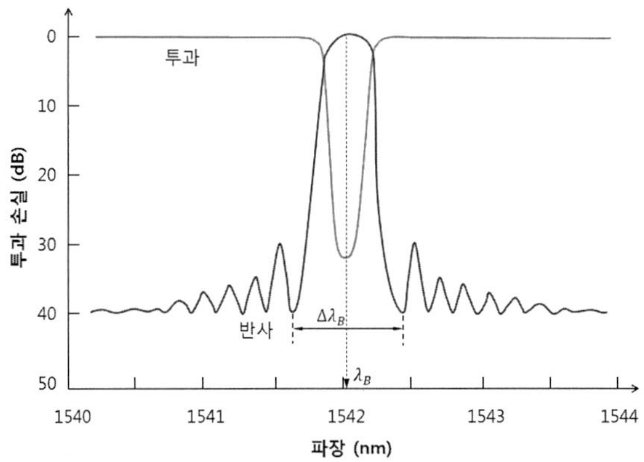

[그림 7.24] 광섬유 격자의 투과 및 반사 스펙트럼

[그림 7.25]는 광섬유 격자를 이용하여 파장 선택성 소자로서 애드-드롭 필터를 소개하고자 한다. 소자의 왼쪽 광섬유 입력에 브래그 λ_B를 포함한 세 개의 파장이 입사한다면 서큘레이터를 통과한 후 광섬유 격자에서 브래그 파장의 주기에 의해 λ_B는 반사되어 다시 서큘레이터로 되돌아 온 후 다른 경로의 광섬유로 추출된다. λ_1과 λ_2는 그대로 통과하여 오른쪽 출력 광섬유로 나온다. 이것이 파장분할 다중화에서 특정파장을 드롭 (drop) 하는 것이다. 광선로에 특정 파장을 추가할 경우 애드 (add) 필터를 사용하는데 광섬유 격자 오른쪽에 서큘레이터를 설치하고, 추가하고자 하는 파장을 입사하면 브래그 파장만 반사되어 출력 광섬유에 다시 λ_B 파장을

추가할 수 있다.

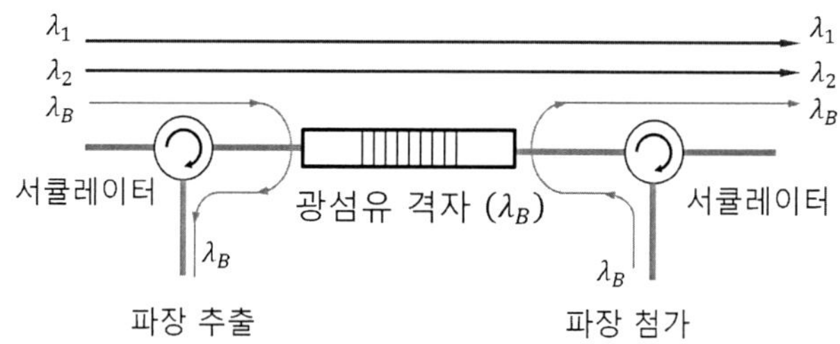

[그림 7.25] 광학적 파장 추출 및 추가할 수 있는 애드-드롭 (add-drop) 멀티플렉스

예제 7.4 • • •

광섬유 코어의 유효 굴절률이 1.48이고 격자 주기가 450 nm인 광섬유 격자의 브래그 파장을 구하시오.

풀이

$\lambda_B = 2n_{eff}\Lambda$에서 $\lambda_B = 2\times 1.46\times 450\,nm = 1314\,nm = 1.314\,\mu m$

7.2.6 2×2 광섬유 결합기

일반적으로 M×N 결합기라고 하면 M 개의 입력포트와 N 개의 출력포트를 가지는 것을 의미한다. 여기서는 결합기의 구조와 동작원리를 간단히 살펴보기 위하여 2×2 광섬유 결합기를 설명한다. 통상적인 제조법은 두 개의 단일모드 광섬유를 접착시킨 후 꼬아서 당기는 과정에 고온을 가하여 용착시키면서 균등한 융합부위가 만들어지게 하는 것이다. [그림 7.26]에서 보는바와 같이 두 개의 광섬유가 용착하여 광 결합 영역이 생겼음을 알 수 있다. 여기서 입사 광 전력은 P_0 이며 크기는 1로 가정하였다. P_1은 동일한 광섬유 출력으로 빠져나가는 통과 광 전력이고, P_2는 융융된 다른 광섬유로 결합된 광 전력이며, P_3는 입사포트 방향으로 반사되는 광 전력이다.

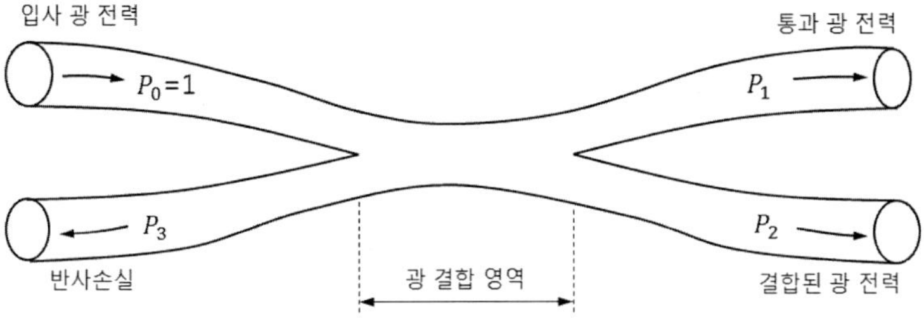

[그림 7.26] 광섬유형 2×2 결합기

한 광섬유에서 다른 광섬유로 결합되는 광 전력은 3가지 파라미터에 의해 영향을 받는다. 결합영역의 축 방향 길이, 결합영역에서 광섬유 코어 반경이 감소한 정도와 결합영역에서 두 광섬유 코어 반경의 차이 등이다.

결합기 자체 손실이 없다고 가정하면 한 광섬유에서 다른 광섬유로 결합하는 광 전력 P_2는 다음과 같다.

$$P_2 = P_0 \sin^2[\kappa(\lambda) z] \tag{7-7}$$

여기서 $\kappa(\lambda)$는 두 광섬유 사이에 작용하는 전자기장의 상호영향을 고려한 결합계수이다. 동일한 코어 광섬유를 사용했다면 전력 보존에 의해 $P_0 = P_1 + P_2$ 가 성립하므로 P_1을 구할 수 있다.

$$P_1 = P_0 - P_2 = P_0\{1 - \sin^2[\kappa(\lambda)z]\} = P_0 \cos^2[\kappa(\lambda)z] \tag{7-8}$$

이로부터 광 전력이 입사된 광섬유의 출력은 광 전력이 결합되는 광섬유보다 항상 위상이 90° 앞섬을 [그림 7.27]의 계산결과에서 볼 수 있다.

$\kappa(\lambda)z = \pi/2$ 이면 광섬유 1에서 광섬유 2로 모든 전력을 넘겨준다. 여기서 $\pi/2 < k(\lambda)z < \pi$ 에서는 광섬유 2가 광섬유 1을 구동하는 위치로 바뀌게 되면서 광섬유 2로 전력 결합이 일어난다. 음의 축 방향 ($-z$ 방향)으로 되돌아가는 에너지가 발생하지 않으므로 이를 방향성 결합기라고 한다.

결합영역의 주어진 횡단면에서 결합률은 결합계수 $\kappa(\lambda)$에 의해 결정된다. 그러나 광섬유 출력단에서 얻을 수 있는 것은 결합영역의 길이에 의존한다. [그림 7.27]과 같이 모든 입력 전력이 P_1으로 전달되고 P_2에는 전혀 전달되지 않게 할 수 있다. 한 광섬유에서 다른 광섬유로 광 전력을 완전히 전달할 수 있는 최소거리는 $\kappa(\lambda) z = \pi/2$ 일 때 이다. 그러므로 결합길이 L_c는 다음과 같다.

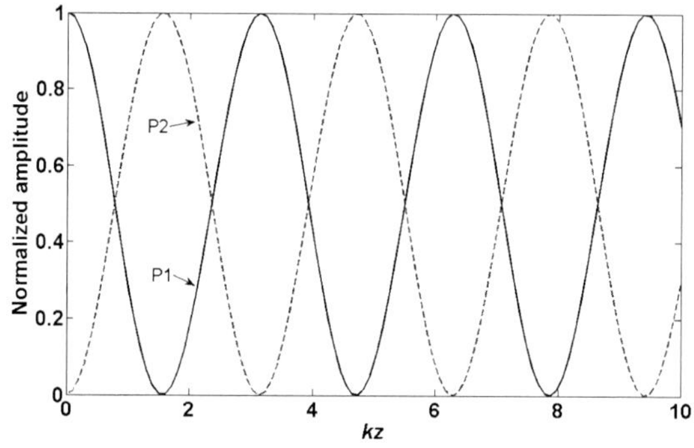

[그림 7.27] $\kappa(\lambda)z$의 함수로 나타낸 결합기 광 출력 P_1과 P_2

$$L_c = \frac{\pi}{2\kappa(\lambda)} \tag{7-9}$$

만일 두 개의 광섬유가 단일모드로서 동일하다면 결합계수 $\kappa(\lambda)$는 다음과 같이 주어진다.

$$\kappa(\lambda) = \frac{\pi\sqrt{\Delta}}{2a}\exp\left[-\left(A + Bw + Cw^2\right)\right] \tag{7-10}$$

여기서 $\Delta = \dfrac{n_1^2 - n_2^2}{n_1^2}$ 으로 비굴절률을 의미한다. $w = u/a$ 로 a는 광섬유 코어, u는 두 광섬유의 축간 거리이다. 직경변수 A, B, C는 아래와 같이 정의된다.

$$A = 5.279 - 3.663\,V + 0.384\,V^2$$

$$B = -\,0.777 + 1.225\,V - 0.015\,V^2$$

$$C = -\,0.018 - 0.006\,V - 0.009\,V^2$$

여기서 V는 정규화된 차단주파수이며 $V = (2\pi/\lambda_0)\,a\sqrt{(n_1^2 - n_2^2)}$ 이다. λ_0 진공에서의 파장이다.

예제 7.5 • • •

코어의 굴절률이 1.451, 클래딩의 굴절률이 1.446인 단일모드 광섬유의 코어 직경은 $8.5\mu m$ 이다. 이를 이용하여 1550 nm 파장에서 동작하는 3 dB 광 결합기를 만들려고 한다. 이를 위해 필요한 최소 결합길이 L_c를 구하시오. 단, 두 광섬유의 축간 거리는 두 코어 반경 사이의 거리와 클래딩의 일부분이 포함된다고 가정하여 $u=12\mu m$로 둔다.

풀이

식 (7.7), (7.8)의 $P_2 = P_0 \sin^2[\kappa(\lambda)z]$와 $P_1 = P_0 \cos^2[\kappa(\lambda)z]$을 이용하면 해를 구할 수 있다. [그림 7.27]에서 sine과 cosine이 $\pi/4$에 도달하면 두 광섬유로 동일한 광 전력이 분배되므로 $\kappa(\lambda)z = \pi/4 = 0.785$가 3 dB 결합기를 구현하기 위한 조건이 된다. 그러므로 $\kappa(\lambda = 1550\,nm)$를 구하면 L_c를 얻을 수 있다. 식 (7-10)을 이용하여 $\kappa(\lambda)$를 구한다.

$$\Delta = \left(n_1^2 - n_2^2\right)/n_1^2 = \left(1.451^2 - 1.446^2\right)/1.451^2 = 0.0069$$

$u = 12\mu m$ 이므로 $w = u/a = 12\mu m/4.25\mu m = 2.82$

$$V = \frac{2\pi}{1.55\mu m} \times 4.25\mu m \times \sqrt{1.451^2 - 1.446^2} = 2.07$$

$V = 2.07 < 2.405$이므로 단일모드임을 알 수 있다.

$$A = 5.279 - 3.663 \times 2.07 + 0.384 \times 2.07^2 = -0.658$$

$$B = -0.777 + 1.225 \times 2.07 - 0.015 \times 2.07^2 = 1.694$$

$$C = -0.018 - 0.006 \times 2.07 - 0.009 \times 2.07^2 = -0.069$$

$$A + Bw + Cw^2 = -0.658 + 1.694 \times 2.82 - 0.069 \times 2.82^2 = 3.57$$

$$\kappa(\lambda = 1550\,nm) = \frac{\pi}{2} \times \frac{\sqrt{0.0069}}{4.25\mu m} \times \exp(-3.57) = 864.42/m$$

$\kappa(\lambda)z = \pi/4 = 0.785$이므로 $L_c = 0.785/864.42 \simeq 0.91\,mm$

광 결합길이는 0.91 mm이다.

이상은 결합기를 손실이 없는 이상적인 소자로 가정하였지만 실제 결합기는 신호가 결합기를 통과할 때 손실이 발생한다. 주요 손실은 초과손실, 삽입손실, 반사손실이다. 초과손실은 입력 전력 대 총 출력전력의 비로 정의된다.

$$\text{초과손실}(dB) = 10\log\left(\frac{P_0}{P_1 + P_2}\right) \tag{7-11}$$

삽입손실은 특정한 포트 대 포트의 경로에 대한 손실비이다. a 포트에서 b 포트로의 경로에 대한 삽입손실은 다음과 같이 주어진다.

$$\text{삽입손실}(dB) = 10\log\left(\frac{P_a}{P_b}\right) \tag{7-12}$$

반사손실 또는 누화손실은 입력포트에 대한 다른 포트의 격리정도를 나타내는 지수이며 광 전력이 다른 포트 쪽으로 산란이나 후방 반사되어 발생한다.

$$\text{반사손실}(dB) = 10\log\left(\frac{P_i}{P_0}\right) \tag{7-13}$$

예제 7.6 • • •

2×2 방향성 결합기의 입력 전력은 $200\mu W$ 이다. 다른 세 포트에서의 출력 전력은 각각 $P_1 = 87\mu W$, $P_2 = 83\mu W$, $P_3 = 10nW$ 이다.

(1) 결합효율을 계산하시오.
(2) 초과손실은 얼마인가?
(3) 삽입손실을 계산하시오.
(4) 반사손실은 얼마인가?

풀이

(1) $\text{결합효율} = \dfrac{P_2}{P_1+P_2}\times 100\% = \dfrac{83}{87+83}\times 100\% = 48.8\%$

(2) $\text{초과손실} = 10\log\left(\dfrac{200}{87+83}\right) = 0.71\,dB$

(3) $\text{삽입손실}(\text{포트}0\rightarrow\text{포트}1) = 10\log\left(\dfrac{200}{87}\right) = 3.61\,dB$

$\text{삽입손실}(\text{포트}0\rightarrow\text{포트}2) = 10\log\left(\dfrac{200}{83}\right) = 3.82\,dB$

(4) $\text{반사손실} = 10\log\left(\dfrac{10\times 10^{-3}}{200}\right) = -43\,dB$

[실습과제 7.6] 광섬유 결합기의 결합효율

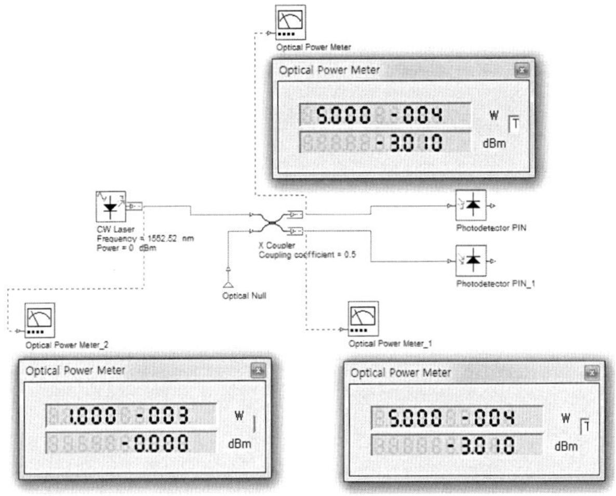

[그림 7.28] 결합효율이 50%인 3 dB 광 결합기

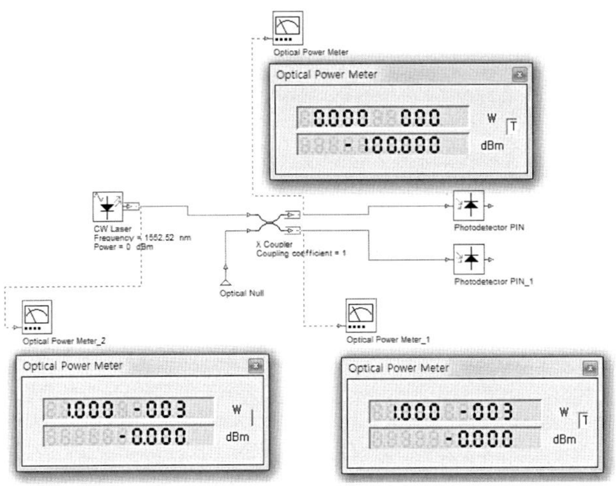

[그림 7.29] 결합효율이 100%인 광 결합기

[그림 7.28]는 2×2 광 결합기에서 결합계수가 0.5 인 3 dB 결합기이다. 입력전력이 1 mW (0 dBm)일 때 결합기의 두 출력 포트의 전력을 측정한다. 3 dB 결합기이므로 두 포트에서 50:50 전력분배가 일어나서 광 파워미터에 −3 dBm 씩 나타남을 알 수 있다.

[그림 7.29]은 결합계수가 1인 경우이다. 즉 결합효율이 100% 이므로 입력단과 반대의 출력포트로 전체 광 전력이 출력된다. P_1은 출력전력이 없으며 P_2에 0 dBm이 측정된다.

[실습과제 7.7] 광 시간분할 다중화 시스템

광 시간분할 다중화 시스템에서는 한 개 광원의 동일한 캐리어 주파수를 이용하여 몇 개의 광 신호가 발생할 수 있게 일정한 비트율로 변조된다. [그림 7.30]와 같이 4개의 진폭변조기를 이용하여 광학적으로 변조되어지고 변조율이 10 Gbps 라면 총 전송 비트율은 4×10 Gbps = 40 Gbps가 된다. 다중화단에서는 한 개의 레이저 다이오드가 1×4포크에 연결되어 4개의 출력광을 형성한다. 각각의 진폭변조기는 10 Gbps 비트율을 가지는 RZ 펄스발생기에 연결되어 광 신호를 변조한다. 동시에 발생되는 4개의 변조신호는 2.5 ns의 시간지연을 두면서 결합되고 광섬유로 내보낸다. 사용한 광섬유의 길이는 광섬유 손실 (여기서는 0.2 dB/km)을 고려하여 시뮬레이션의 편의상 0.1 km로 설정하였다. 수신기에서는 송신기와 동일한 클록으로 변조되는 진폭 변조기를 이용하여 수신된 신호를 복조한다. 여기서는 첫 번째 채널의 복조된 신호만 볼 수 있도록 설계되었다.

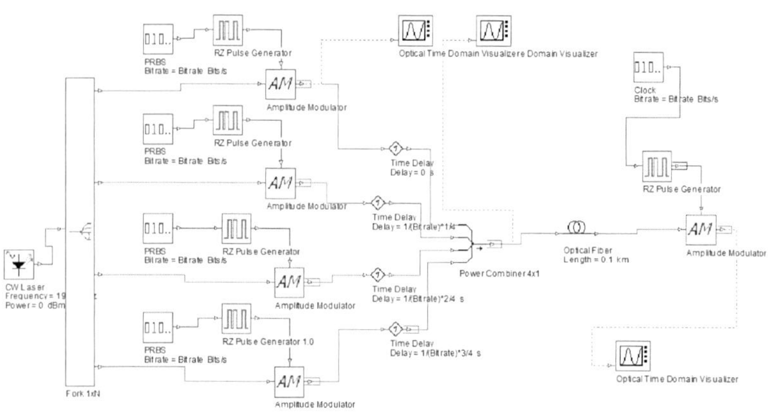

[그림 7.30] 4-채널 광 시간분할 다중화 시스템을 위한 레이아웃

[그림 7.31]은 송신단의 시분할 다중화된 4개의 채널별 신호파형이며 채널별 10 Gbps로 변조된 임의신호가 발생함을 알 수 있다.

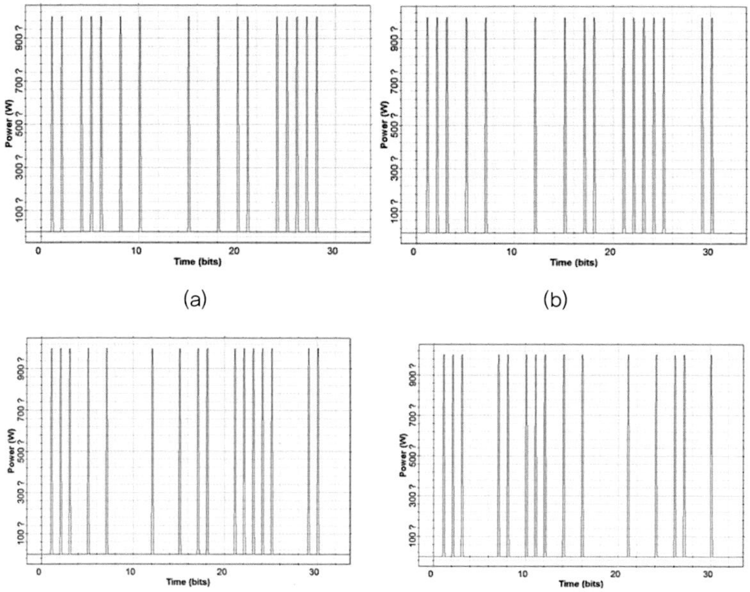

(a) (b) (c) (d)

[그림 7.31] 송신단의 시분할 다중화된 4개의 채널별 신호파형. (a) 채널 1, (b)채널 2, (c) 채널 3, (d) 채널 4

[그림 7.32] (a)는 10 Gbps 송신신호의 4개 채널이 다중화된 40 Gbps 신호 파형을 [그림 7.32] (b)는 수신단에서 역 다중화하여 복조된 채널 1의 신호를 보여준다. [그림 7.31] (a)와 동일함을 알 수 있다. 짧은 광 링크를 통과하였으므로 약간의 감쇠만 발생하였지만 신호 사이에 다른 채널의 신호잡음이 있다. 그러나 무시할 수 있을 정도의 매우 미미한 값이다.

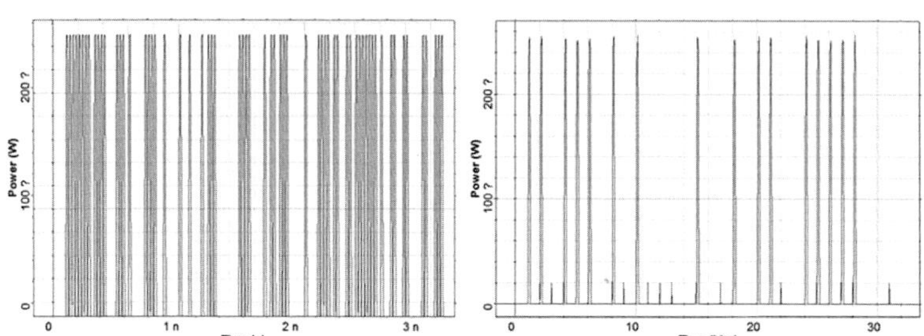

(a) (b)

[그림 7.32] (a) 4개의 채널이 다중화된 40 Gbps 출력신호,
(b)수신단에서 역 다중화된 채널 1의 복조된 10 Gbps 신호

[실습과제 7.8] 8-채널 파장분할 다중화 시스템

광 시간분할 다중화 시스템에서는 한 개 광원을 시간 분할하여 통신하는 시스템이라면 파장분할 다중화 시스템은 각 채널별로 할당된 고유 파장의 광원을 이용하여 통신을 한다. [그림 7.33]과 같이 8 채널이라면 각각 파장이 다른 8개의 광원이 필요하다. 각각 광원의 출력은 4 dBm으로 설정되었다.

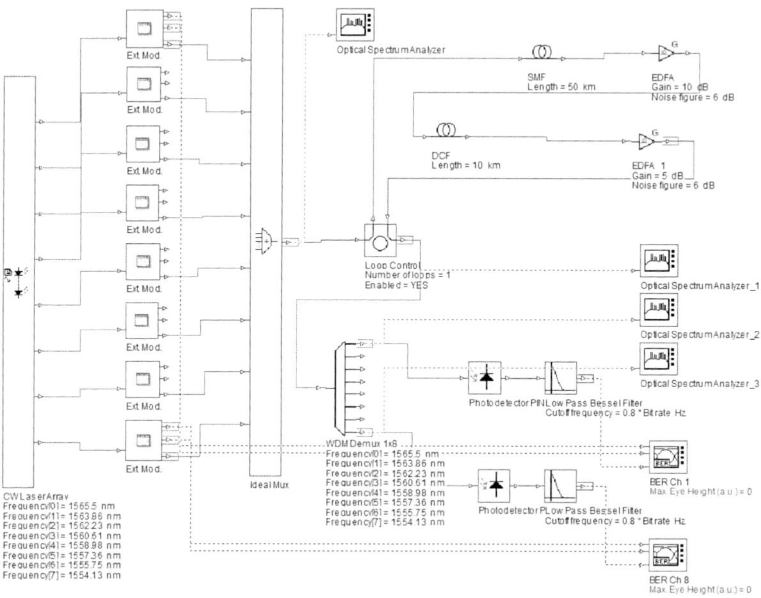

[그림 7.33] 8-채널 파장분할 다중화 시스템을 위한 레이아웃

1×8 다중화기를 통해 결합된 다중파장 정보는 실제 통신 링크 환경과 유사한 경로를 통과한다. 여기서는 단일모드 광섬유 50 km 를 통과한 후 광 증폭기로 손실을 보상한다. 다시 분산보상 광섬유를 통과하면서 펄스퍼짐을 보상하고 여기서 발생한 손실은 다시 광 증폭기를 통과하면서 보상하는 형태로 구성되어있다. [그림 7.34]는 8 개의 광원을 다중화 한 후 출력된 스펙트럼을 측정한 것이다. 일정한 간격의 8 개 채널이 합성되었음을 확인할 수 있다.

수신단에서는 1×8 역 다중화기로 8개의 채널을 파장별로 분리한 후 광 검출기와 저역통과 필터를 사용하여 신호 복원을 한다.

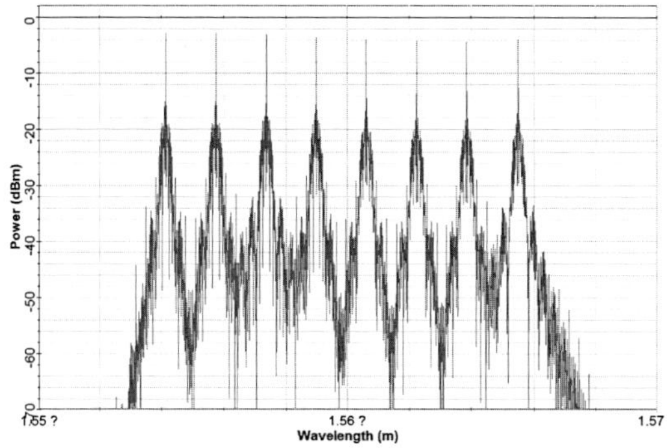

[그림 7.34] 다중화된 8개 채널의 스펙트럼

[그림 7.35] (a)는 1565.5 nm 파장의 캐리어 주파수를 가진 채널 1과 [그림 7.35] (b)는 1554.13 nm 파장의 캐리어 주파수를 가진 채널 8을 역 다중화기에서 분리함을 보여주는 예를 제시하고 있다. 다중화기와 역 다중화기는 파장 분할 다중화 시스템에서 핵심소자이다. [그림 7.36]은 단일모드 광섬유 50 km와 분산 보상 광섬유 10 km를 전송 후의 선택된 두 채널에 대한 아이 다이어그램이다.

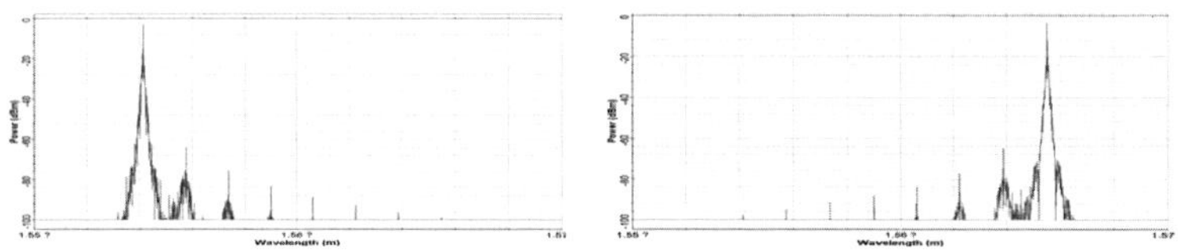

(a) (b)

[그림 7.35] 역 다중화기를 통해 각각 채널의 분리. (a) 채널 8; (b) 채널 1

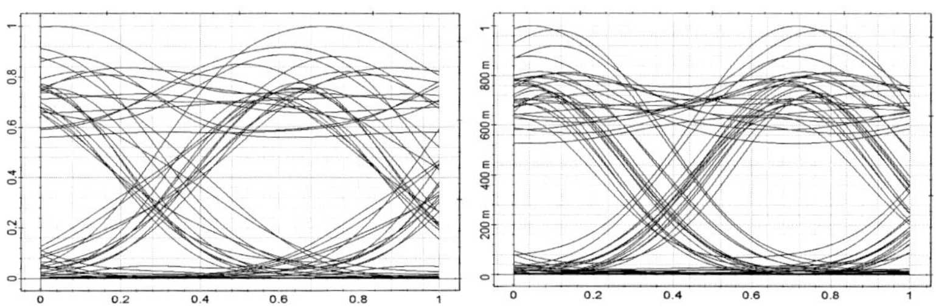

(a) (b)

[그림 7.36] 단일모드 광섬유 50 km와 분산 보상 광섬유 10 km를 전송 후의 선택된 두 채널에 대한 아이 다이어그램 (a) 채널 8; (b) 채널 1

[연습문제]

7.1 파장분할 다중화는 광전송 시스템에서 60개의 채널이 송신단에 다중화 되어있다. 각 채널의 비트율이 1.25 $Gbps$ 라면 전송용량은 얼마인가? 또 전송거리가 50 km 라면 총 BL 곱을 계산하시오.

7.2 코어의 굴절률이 1.451, 클래딩의 굴절률이 1.446인 단일모드 광섬유의 코어 직경은 $8\mu m$ 이다. 이를 이용하여 1310 nm 파장에서 동작하는 3 dB 광 결합기를 만들려고 한다. 이를 위해 필요한 최소 결합길이 L_c를 구하시오. 단, 두 광섬유의 축간 거리는 두 코어 반경 사이의 거리와 클래딩의 일부분이 포함된다고 가정하여 $u = 10\mu m$로 둔다.

7.3 2×2 방향성 결합기의 입력 전력은 $1mW$ 이다. 다른 세 포트에서의 출력 전력은 각각 통과전력 $P_1 = 0.45mW$, 결합전력 $P_2 = 0.48mW$, 반사전력 $P_3 = 20nW$ 이다.

(1) 결합효율을 계산하시오.

(2) 초과손실은 얼마인가?

(3) 통과전력 삽입손실과 결합전력 삽입손실을 계산하시오.

(4) 반사손실은 얼마인가?

7.4 광섬유 코어의 유효 굴절률이 1.448이고 격자 주기가 700 nm인 광섬유 격자의 브래그 파장을 구하시오.

08 CHAPTER 광섬유 통신시스템

학습목표

1. 반도체 광원에서 광섬유로 결합되는 광 결합효율을 계산한다.
2. 데이터 통신을 위한 발광다이오드와 반도체 레이저의 구동 회로를 설계하고 변조특성을 시뮬레이션 한다.
3. 광수신기 회로를 설계하고 복조특성을 시뮬레이션 한다.
4. 통신성능을 평가하는 아이패턴을 분석하고 통신시스템 설계시 유의할 사항을 알아본다.

광섬유 안에서 진행하는 빛의 형태로 정보를 전송하는 것은 광섬유 통신시스템의 성공적인 구현을 요구한다. 이런 시스템은 다양한 개별소자의 조합으로 구성되며 개별소자들은 요구되는 역할을 수행할 수 있도록 함께 연결된다. 광섬유를 이용한 신뢰할 수 있는 통신을 보장하기 위하여 전송시스템안의 모든 소자들은 상호호환 적이어서 개별적인 성능이 전체 시스템의 성능을 떨어뜨리는 것이 아니라 증대시키는 것이 필수다. 디지털 또는 아날로그 전송을 위한 일반적인 광섬유 통신시스템의 주요 구성소자는 [그림 8.1]의 시스템 블록다이어그램에서 보여준다.

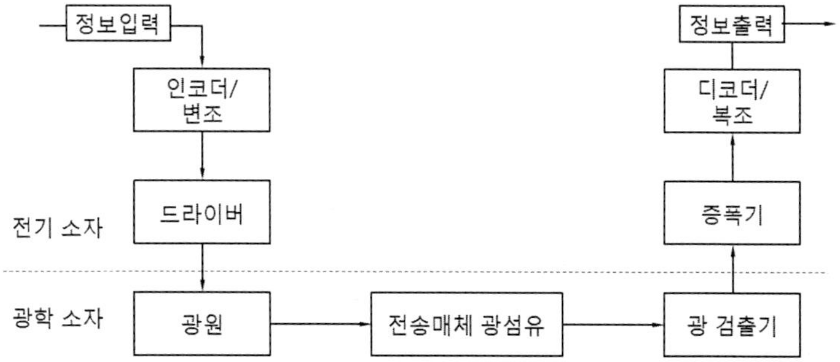

[그림 8.1] 공섬유 통신시스템의 기본 블록 다이어그램

전송종단의 장치는 광원을 동작시키기 위한 전자적 구동 회로 또는 변조의 전단계로서 인코더로 구성된다. 광원으로부터 방출된 빛은 전송매체를 구성하는 케이블 내부에 존재하는 광섬유로 입사된다. 전송매체의 가장 먼 끝단에서 빠져나오는 빛은 수신종단 장치의 입력단에 위치한 광 검출기에 의해 전기적인 신호로 다시 전환된다. 초기에 전송되어진 정보를 얻기 위하여 이 신호는 디코딩 또는 복조되기 전에 증폭되어진다. 광통신 시스템을 구성하는 소자들의 성공적인 결합을 위해서는 한 소자에서 다른 소자로의 상호작용을 고려하는 것이 필요하다. 전체 시스템 안에서 순수 이득을 제공하기 위하여 어떤 목적을 위한 시스템 성능의 최적화는 다른 소자의 성능과 상충되는 부분을 상호 타협함으로서 특정소자의 특성을 상쇄하는 것이 도움이 된다. 사용된 광학적 소자에 대한 의존성이 높은 경우 시스템 설계자는 시스템의 성능을 향상시키기 위하여 전기적 소자의 선택에 더 많은 다양성을 주는 중요한 역할을 한다.

8.1 광 전력 입사

광원으로부터 방출된 광 전력이 어느 정도 광섬유 안으로 결합되는가는 결합효율 η로 나타낸다.

$$\eta_c = \frac{P_f}{P_s} \tag{8-1}$$

여기서 P_s는 광원에서 방출하는 광 전력, P_f는 광섬유로 결합되는 광 전력이다. 결합 효율은 광원에 부착되는 광섬유의 유형이나 렌즈 등의 결합효율을 개선할 수 있는 소자의 사용 유무에 의해 달라진다. 실제로 많은 광원 공급자들은 최적의 광 결합 효율을 가질 수 있는 구조를 적용하고 있으며 편의성을 위하여 1 m 내외의 광섬유를 이미 광원과 결합시켜놓았다. 이 광섬유 부분을 피그 테일 (pigtail)이라고 한다. 피그 테일된 광원을 이용한 광섬유로의 광 전력 입사는 두 개의 광섬유를 정렬하는 문제로 단순화할 수 있다. 즉 코어의 크기와 개구수, 코어 굴절률의 프로파일이 달라서 두 광섬유의 정렬이 완전하지 못할 경우를 고려해야 한다. 그리고 광섬유 단면의 청결정도와 수직 절단 여부도 영향을 미친다.

발광 광원의 광 출력을 측정하는 유용한 파라미터는 주어진 다이오드 전류에서의 밝은 정도 (brightness: B) 즉 광도 (radiance)이다. 광도는 단위 방출 표면적당 단위 입체각에서 방출되는 광 전력으로 정의한다. 단위는 watt/steradian/square meter $\left(W/(sr \cdot m^2)\right)$ 이다. 스테라디안은 입체각의 국제단위이며 평면에서 각도를 나타내는 라디안처럼 3차원 공간에서 각도로 나타나는 2차원의 영역을 나타낼 때 사용한다. 광섬유로 결합될 수 있는 광 전력은 광 전력의 공간적 분포에 의존하므로 전체 광 전력보다는 광원의 광도가 광원-광섬유 결합 효율을 고려할 때 더 중요한 인자가 된다.

[그림 8.2]는 극축 (z 축)에 대하여 수직으로 발광하는 면을 특징짓기 위한 구 좌표계를 보여준다. 광도는 θ와 ϕ의 함수가 될 것이며 발광 면은 매 지점마다 변할 것이다. 해석의 단순화를 위해 광원 영역에 걸쳐서 균일하게 방출하는 것으로 가정한다. 표면 방출 LED는 산란방사(lambertian) 출력 패턴에 의해 특징이 부여되어진다. 이것은 광원을 어떤 방향에서 보더라도 동일한 밝기를 가짐을 의미한다. 임의의 각 θ로 전달되는 광 전력은 방출면에 수직을 기준으로 측정되며 방출표면의 투영 면적이 보는 방향에 대하여 $\cos\theta$로 변하기 때문에 광도 또한 $\cos\theta$의 함수가 된다. 산란방사 광원에 대한 방출 패턴은 식 (8-2)로 표현된다. 측면발광 LED와 레이저 다이오드는 좀 더 복잡한 방출 패턴을 보인다.

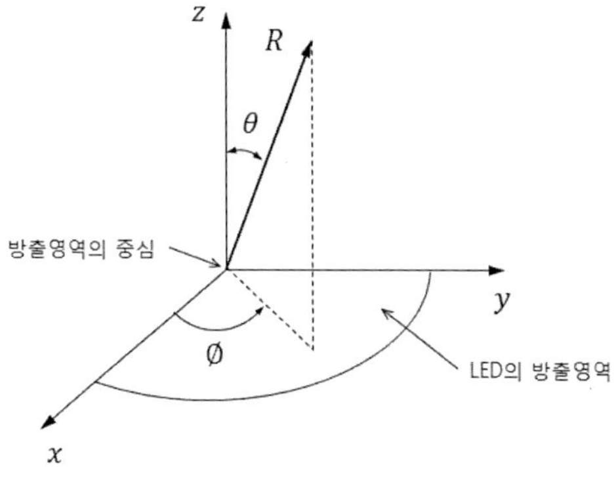

[그림 8.2] 광원으로부터 방사패턴을 특징짓기 위한 구 좌표계

이 광원은 수직 $I(\theta, 0°)$과 수평 $I(\theta, 90°)$면에 대하여 다른 광도를 보이므로 식 (8-2)로 근사시킬 수 있다.

$$\frac{1}{I(\theta,\phi)} = \frac{\sin^2\phi}{I_0\cos^T\theta} + \frac{\cos^2\phi}{I_0\cos^L\theta} \tag{8-2}$$

여기서 T와 L은 각각 횡축방향과 종축방향의 전력분포 계수를 의미한다. 일반적으로 측면 발광 다이오드에서는 $L = 1$이며 T는 아주 큰 값이다. 레이저 다이오드에서 L은 100 이상의 값을 가진다. $L = 1$의 의미는 120° 반치 전력 빔 폭을 가지는 산란방사 분포라는 것이다.

8.2 광 결합계산

광섬유로 결합하는 최대 광 전력을 계산하기 위하여 [그림 8.3]과 같은 광원의 광도가 대칭적인 것부터 살펴보자. 이때의 광도는 $I(A_s, \Omega_s)$이다. 여기서 A_s와 Ω_s는 각각 광원의 면적과 입체 방사각이다. 광섬유의 끝단면이 광원의 발산각 중심에 놓이고 가능한 한 가까이 위치해야한다. 결합되는 광 전력 P_c는 식 (8-3)의 관계식으로 유도된다.

$$P_c = \int_{A_f} dA_s \int_{\Omega_f} d\Omega_s I(A_s, \Omega_s) \tag{8-3}$$

$$= \int_0^{r_m} \int_0^{2\pi} \left[\int_0^{2\pi} \int_0^{\theta_{0,\max}} I(\theta, \phi) \sin\theta \, d\theta \, d\phi \right] d\theta_s \, r \, dr$$

여기서 광섬유의 면적과 입체 수광각은 적분 구간의 한계를 정한다. 발광 표면상의 모든 복사 점광원으로 부터의 광도 $I(\theta, \phi)$는 광섬유의 입체 수광각 범위로 적분한다. $\theta_{0,\max}$는 광섬유의 최대 수광각이다. 결합된 전체 광전력은 증가 영역 $d\theta_s r\, dr$의 개별적 발광 점광원에 의한 기여부분을 합한 것으로 정의된다. 한 예로 표면 방출 LED의 반경 r_s가 광섬유 코어 반경 a보다 작다면$(r_s < a)$ 식 (8-3)은 식 (8-1)에 의해 다음과 같이 간략화 된다.

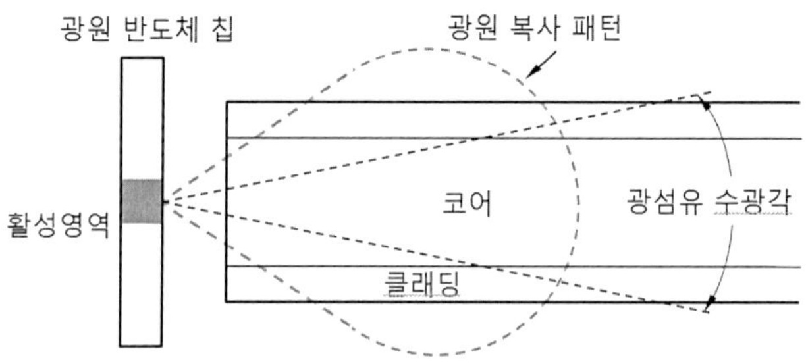

[그림 8.3] 광섬유로 결합되는 광원과 복사패턴

$$P_c = \int_0^{r_s} \int_0^{2\pi} \left(2\pi I_0 \int_0^{\theta_{0,\max}} \cos\theta \sin\theta \, d\theta \right) d\theta_s \, r \, dr \tag{8-4}$$

$$= \pi I_0 \int_0^{r_s} \int_0^{2\pi} \sin^2\theta_{0,\max} \, d\theta_s \, r \, dr$$

$$= \pi I_0 \int_0^{r_s} \int_0^{2\pi} (NA)^2 \, d\theta_s \, r \, dr \tag{8-5}$$

계단형 광섬유라면 $r_s < a$의 조건에서 식 (8-5)는 다음과 같이 계산된다.

$$P_{c,\,step} = \pi^2 r_s^2 I_0 \,(NA)^2 = 2\pi^2 r_s^2 I_0 \, n_1^2 \Delta \tag{8-6}$$

면적이 A_s인 광원으로부터 방출하는 전체 광 전력 P_s을 계산하면

$$P_s = A_s \int_0^{2\pi} \int_0^{\frac{\pi}{2}} I(\theta, \phi) \sin\theta \, d\theta \, d\phi$$

$$= \pi r_s^2 2\pi I_0 \int_0^{\frac{\pi}{2}} \cos\theta \sin\theta \, d\theta$$

$$= \pi^2 r_s^2 I_0 \tag{8-7}$$

$r_s < a$인 경우 식 (8-6)을 식 (8-7)에 적용하면 다음과 같다.

$$P_{c,step} = P_s (NA)^2 \tag{8-8}$$

만약 발광영역의 반경이 광섬유 코어의 반지름보다 큰 경우 $(r_s > a)$ 식 (8-9)로 주어진다.

$$P_{c,step} = \left(\frac{a}{r_s} \right)^2 P_s (NA)^2 \tag{8-9}$$

언덕형 굴절률 광섬유의 경우 $r_s < a$에 대하여 표면 방출 LED에 대한 광 결합효율은 다음 식으로 유도된다.

$$P_{c,graded} = 2\pi^2 I_0 \int_0^{r_s} \left(n^2(r) - n_2^2 \right) r \, dr \tag{8-10}$$

$$= 2\pi^2 r_s^2 I_0 \, n_1^2 \Delta \left[1 - \frac{2}{\alpha + 2} \left(\frac{r_s}{a} \right)^{\alpha} \right]$$

$$= 2P_s n_1^2 \Delta\left[1 - \frac{2}{\alpha+2}\left(\frac{r_s}{a}\right)^{\alpha}\right] \qquad (8\text{-}11)$$

여기서 $n(r)$은 코어 굴절률 변화의 분포를 의미하며 $n(r) = n_1\left[1 - 2\Delta\left(\frac{r}{a}\right)^{\alpha}\right]^{1/2}$ 이고 α는 굴절률 분포의 모양을 의미한다.

예제 8.1 • • •

발광영역 반경이 35μm인 LED의 광도는 150 $W/(cm^2 \cdot sr)$이며 산란방사 패턴을 가진다. 개구수는 0.2로 같지만 코어직경이 각각 100μm, 50μm 인 두 계단형 광섬유에 대한 광 전력 결합 정도를 비교하시오.

풀이

코어직경이 100μm인 경우 코어 반경은 50μm로 발광영역의 반경보다 크므로 식 (8-8)을 적용한다.

$P_{c,step} = P_s(NA)^2 = \pi^2 r_s^2 I_0 (NA)^2$

$P_{c,step} = \pi^2 \times (35\times10^{-4}cm)^2 \times [150\ W/(cm^2 \cdot sr)] \times 0.2^2$

$= 0.725\, mW$

코어직경이 50μm인 경우 코어 반경은 25μm로 발광영역의 반경보다 작으로 식 (8-9)를 적용한다.

$P_{c,step} = \left(\frac{a}{r_s}\right)^2 P_s(NA)^2 = \left(\frac{a}{r_s}\right)^2 \pi^2 r_s^2 I_0 (NA)^2$

$= \left(\frac{25\times10^{-4}cm}{35\times10^{-4}cm}\right)^2 \times \pi^2 \times (35\times10^{-4}cm)^2 \times [150\ W/(cm^2 \cdot sr)] \times 0.2^2$

$= 0.37\, mW$

광섬유 코어의 직경이 큰 경우 광 결합 효율이 높은 것은 당연한 결과이다.

8.3 광전송 회로

고출력, 고속 스위칭이 가능한 레이저에 비하면 통신 측면에서 LED는 상당히 제약적이지만 동작은 매우 쉽다. 이진 디지털 데이터 전송을 위한 LED의 동작은 수십~ 수 백 mA 범위의 전류로 온-오프 스위칭 하는 것이 요구된다. 이것은 구동회로 입력단에서 로직 전압 수준으로 고속 응답 성능을 보여야 한다.

[그림 8.4]는 LED의 전류 스위칭 동작을 얻기 위한 일반적인 방법이다. 회로는 공통 이미터 모드에서 동작되는 바이폴라 트랜지스터를 스위치로 사용하고 있다. 이 단일 스위치 회로는 전류이득을 제공할 뿐만 아니라 트랜지스터가 포화되었을 때는 스위치를 가로지르는 약간의 전압 떨어짐만이 있다. LED를 통과하는 최대전류는 저항 R_2에 의해 제한된다. 소자에 독립적인 바이어스는 저항 R_L에 의해 제공된다. 공통 이미터의 스위칭 속도는 트랜지스터의 공간전하와 확산 정전용량에 의해서 제한된다. 그러므로 대역폭은 전류이득과 상반되므로 협상되어야 한다. 이것

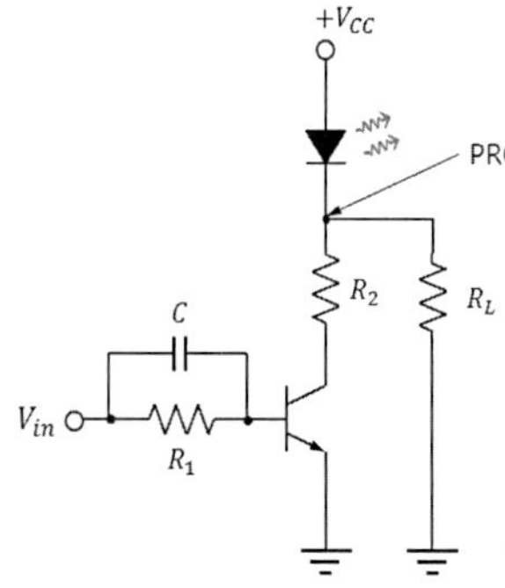

(a)

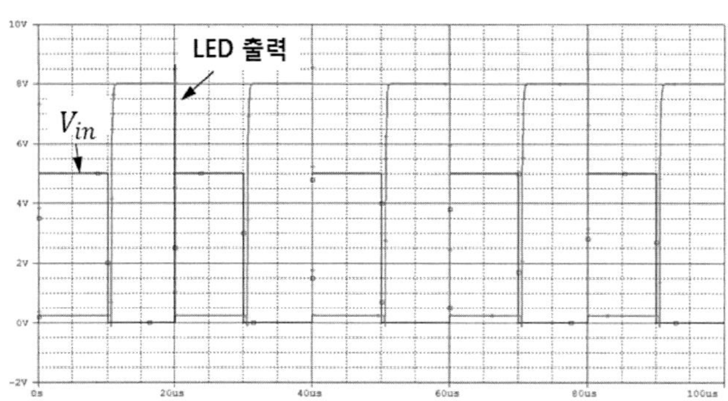

(b)

[그림 8.4] (a) 공통 이미터 스위칭 회로로 구성된 이진 디지털 데이터 전송을 위한 LED 구동회로, (b) 시뮬레이션 $\left(R_1 = 10\Omega, R_2 = 1k\Omega, R_L = 1M\Omega\right)$

은 어느 정도까지는 스위치 온 동안 베이스 전류를 과 구동함으로서 보상되어질 수 있는데 여기서는 속도 증가 커패시턴스 C에 의해서 달성된다. 저 임피던스 구동 회로를 사용함으로서 펄스 형성이나 속도증가 소자 없이 LED를 고속으로 스위칭 시킬 수 있다. 여기서는 공간전하와 확산 정전용량의 충전이 가능한 한 빨리 일어난다. [그림 8.4] (b)는 $R_1 = 10\Omega, R_2 = 1k\Omega, R_L = 1M\Omega, C = 0.01\mu F$ 으로 두고 50 kHz 주파수의 이진 디지털 입력 신호에 대한 LED 출력을 시뮬레이션 한 결과이다. 저주파임에도 불구하고 약간의 출력신호 왜곡이 있다.

스위칭 속도를 증가시키기 위해서는 저 임피던스 구동회로를 이용하여 LED를 동작시킨다. [그림 8.5] (a) 회로는 이미터 팔로우 구동 회로로 LED를 변조한다. 여기서 $R_E C$ 부분을 보상 매칭 네트워크라 한다. 매칭 네트워크의 값이 최적화된 회로에서는 180 pF의 정전용량을 가지는 LED에 대해서 2.5 ns의 광학적 상승시간을 제공할 수 있는데 이것은 100 Mbps의 속도를 허용한다. 이 회로의 시뮬레이션 결과는 [그림 8.5] (b)와 같다. [그림 8.4] (b)의 결과와 비교하였을 때 5 MHz의 입력 주파수에도 LED 구동 파형의 왜곡이 없을 정도로 빠른 스위칭이 가능함을 알 수 있다.

최근 가시광 LED의 고 출력화로 인하여 실내 및 실외 조명등이 LED로 교체되고 있다. LED는 기존 등기구에 비하여 저전력 소비와 긴 수명으로 인하여 주목받고 있다. 한편 LED가 반도체 소자로 디지털 변조가 가능하다는 점을 조명등에 적용함으로서 근거리 가시광 통신을 구현하고자 하는 연구가 진행되고 있다.

[그림 8.6]은 LED 조명들을 위한 충분한 전류를 공급함과 동시에 빠른 스위칭으로 통신을 동시에 구현할 목적으로 하는 회로이다. 통상적으로 디지털 소자에서 나오는 신호를 이용하여 MOSFET를 구동하기 위하여 고속 전력 MOSFET 구동 칩을 사용한다.

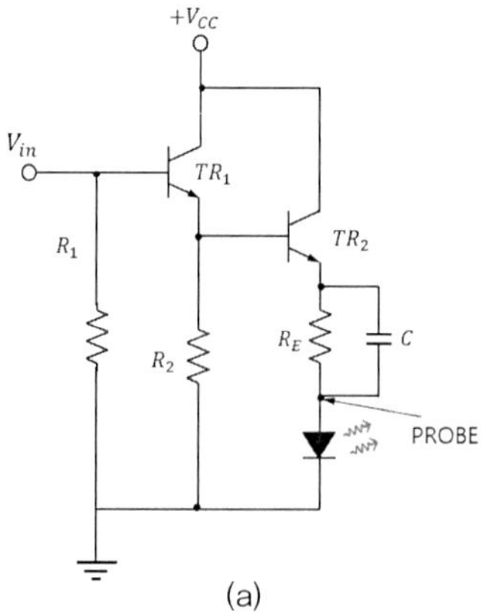

(a)

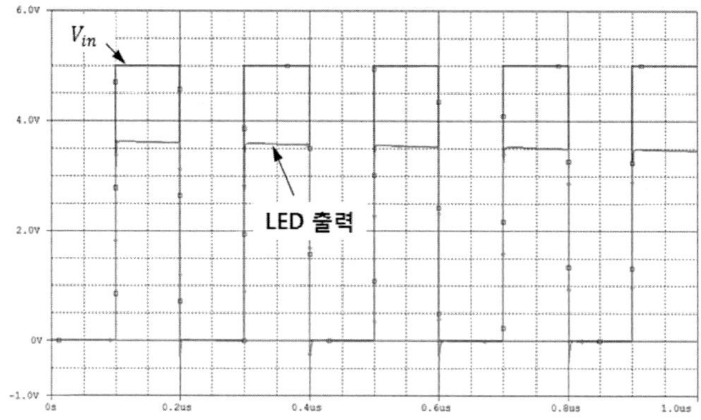

[그림 8.5] (a) 보상 매칭 네트워크 $R_E C$ 을 가진 이미터 팔로우로 구성된 저 임피던스 구동회로, (b) 계산결과 $\left(R_1 = 10k\Omega, R_2 = 10k\Omega, R_E = 470\Omega, C = 0.1\mu F\right)$

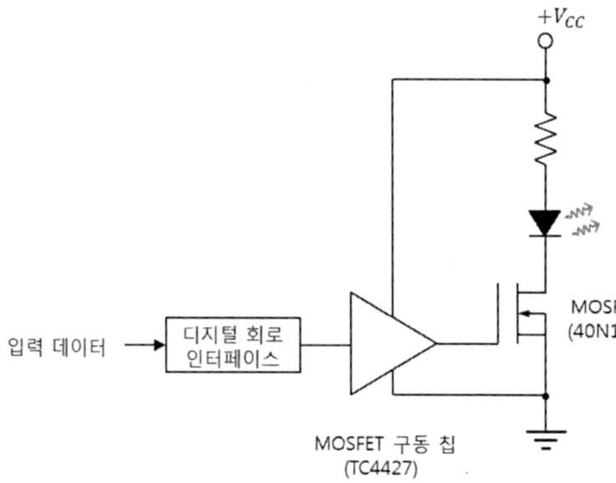

[그림 8.6] 고출력 LED 구동을 위한 회로

아날로그 전송을 위해서 구동회로는 시 변환 입력 전압 파형의 진폭과 위상을 정확하게 따르는 LED의 출력 광을 발생시킬 수 있어야 한다. 그러므로 LED의 출력 전력은 입력 전압 또는 전류에 선형적으로 응답해야 한다. 그러나 LED 고유의 비선형성으로 인해 신호왜곡이 발생하므로 적절한 보상이 없는 LED 전송회로는 아날로그 통신에 있어서 성능의 제약을 가져온다. 단, 극단적인 저 왜곡 수준을 요구하지 않는다면 간단한 구동회로를 설계할 수 있다. 다음은 두 가지 가능한 아날로그 구동회로를 [그림 8.7]과 [그림 8.8]에서 보여준다. 그림 [8.7] (a)는 입력 베이스 전압을 콜렉터 전류로 전환하는 공통 이미터 트랜스 컨덕턴스 증폭기를 구성하는 회로를 보여준다. 피크 값의 절반정도 대기 콜렉터 전류를 가지는 클래스 A 모드 동작을 위하여 바이어스 되어있다. 즉 베이스단의 DC 바이어스 전압은 $V_B \cong \left(\frac{R_2}{R_1+R_2}\right)V_{CC}$ 이므로 콜렉터 전류는 $I_C \cong \frac{V_B - V_{BE}}{R_E}$ 이다.

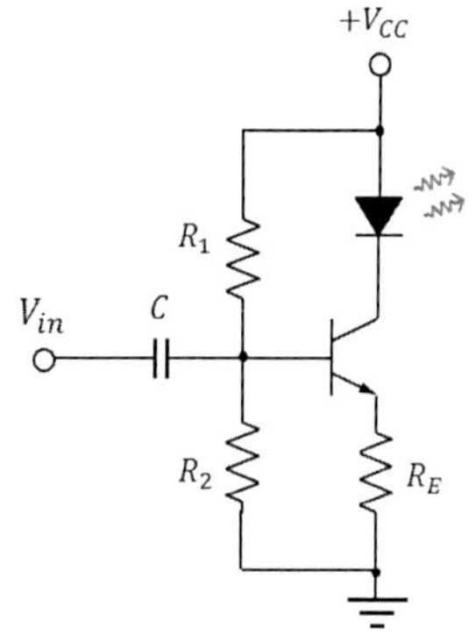

(a)

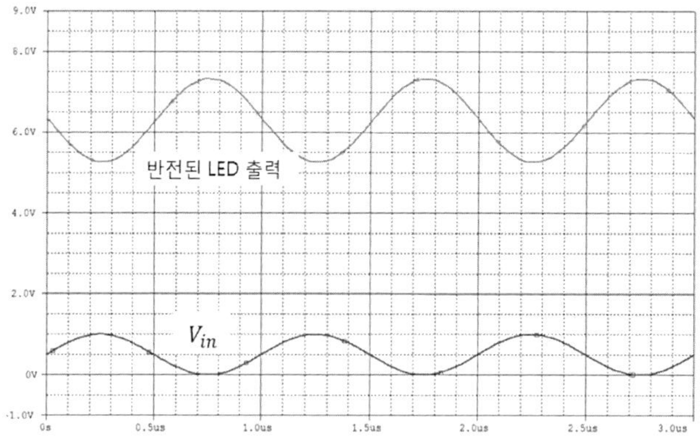

(b)

[그림 8.7] (a) 아날로그 LED통신을 위한 공통 이미터 구동회로, (b) 시뮬레이션. $(R_1 = 10k\Omega, R_2 = 3.3k\Omega, R_E = 470\Omega)$

[그림 8.7] (b)는 $R_1 = 10k\Omega$, $R_2 = 3.3k\Omega$, $R_E = 470\Omega$ 으로 가정한 회로에 대한 시뮬레이션 결과이다. 정현파 입력신호에 대하여 반전 증폭된 LED 구동 신호를 확인할 수 있다. 유사한 트랜스 임피던스 구성은 전원의 임피던스를 줄이고 증

폭기의 입력 임피던스를 증가시키기 위하여 달링턴 트랜지스터 쌍을 이용할 수 있다. 2개의 트랜지스터를 직접 연결하여 등가적으로 하나의 트랜지스터처럼 동작하도록 하는 연결 회로이며, 간단한 구조로 매우 높은 공통 이미터 전류 증폭률과 개선된 입출력 직선성을 얻을 수 있어 큰 신호의 출력회로로 이용된다.

[그림 8.8] (a)는 npn 트랜지스터와 pnp 트랜지스터로 구성된 달링턴 접속을 이용한 아날로그 LED 통신을 위한 구동회로이다.

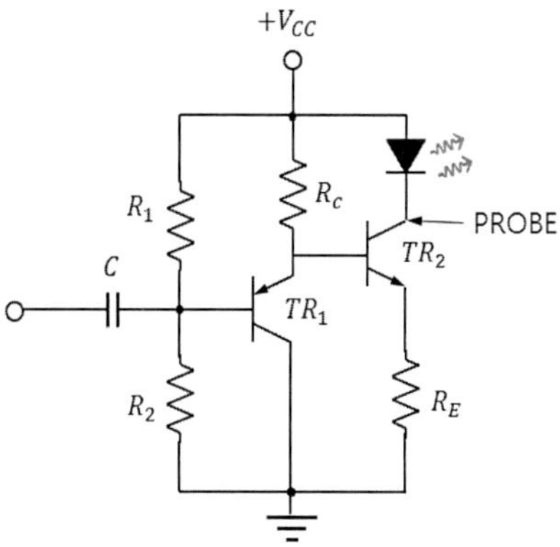

(a)

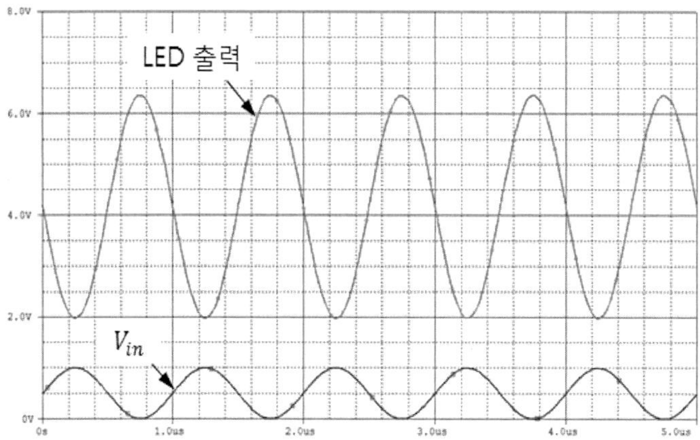

(b) $\left(R_1 = 12k\Omega, R_2 = 1.5k\Omega, R_C = 670\Omega, R_E = 2.3k\Omega\right)$

[그림 8.8] (a) 달링톤 트랜지스터 구동회로, (b) 시뮬레이션 결과

pnp 트랜지스터의 이미터는 npn 트랜지스터의 베이스를 구동시킨다. 높은 이미

터 전류 증폭률로 인하여 [그림 8.8] (b)의 시뮬레이션결과의 출력 파형은 [그림 8.7] (b)의 결과에 비해 큰 출력신호를 보인다.

예제 8.2 • • •

[그림 8.8] (a)의 회로에서 콜렉터 전류 I_C 를 구하시오.

단, $V_{CC}=10\,V, R_1=10k\Omega, R_2=5.6k\Omega, R_E=560\Omega, \beta_{DC}=100$ 이다.

풀이

먼저 베이스 전압을 구한다.

$V_{BE}=\left(\dfrac{R_2}{R_1+R_2}\right)V_{CC}=\left(\dfrac{5.6k\Omega}{15.6k\Omega}\right)10\,V=3.59\,V$, 따라서 이미터 전압은

$V_E=V_B-V_{BE}=3.59\,V-0.7\,V=2.89\,V$ 이므로 이미터 전류는

$I_E=\dfrac{V_E}{R_E}=\dfrac{2.89\,V}{560\Omega}=5.16\,mA$

그러므로 콜렉터 전류 $I_C\simeq I_E=5.16\,mA$ 이다.

8.4 레이저 구동회로

임계 소자인 레이저는 LED와는 다소 다른 구동 전류 요구조건이 있다. 디지털 데이터 통신을 고려한다면 레이저는 오프 상태에서 실질적으로 가해진 바이어스가 주어져야 하는데 이것은 흔히 프리 바이어스라 한다. 오프 상태에서 임계 아래 이긴 하지만 문턱 부근에서 레이저에 바이어스가 필요한 이유는 다음과 같다. 스위치 온 지연시간을 줄여주고 완화된 발진을 최소화한다. 주위의 온도변화와 소자의 노화에 대한 보정을 쉽게 할 수 있다. 온-오프 전류가 대부분의 레이저에 대하여 차이가 별로 없으므로 디지털 구동 전류에 의해 발생하는 접합 부분 열을 줄일 수 있다. 비록 임계 부근의 바이어스가 오프 (off) 상태에서 빛의 자발 방출을 일으킨다고 하지만 이것이 디지털 전송에서 문제가 되지 않는 이유는 온 (on) 상태에서 유도방출이 10배 이상 더 크기 때문이다.

[그림 8.9] (a)는 디지털 전송을 위한 레이저 구동 회로이며 고속 레이저 동작을 위해 전계효과 트랜지스터를 사용한 단락 구동기가 적용되었다. 충분한 전압이 저

항 R_2와 보정 커패시터 C를 사용하여 레이저와 직렬로 유지될 수 있으므로 FET는 활성영역 이나 핀치오프 영역으로 바이어스 된다. 특정 입력전압 (V_{GS})에 대하여 저항 R_1을 통해 흐르는 총 전류의 특정양은 R_2로 흐르는 전류의 균형을 깨게 되며 레이저를 우회하는 경로로 전환된다. 그러므로 소자에 대해서는 오프 상태를 제공한다. 안정적인 GaAs MOSFET을 사용하면 1 Gbps 이상 변조시킬 수 있다.

[그림 8.9] (b)는 $R_{in} = 1M\Omega$, $R_s = 500\Omega$, $R_1 = 3.3k\Omega$, $R_2 = 330\Omega$, $C = 0.1\mu$의 파라미터 값을 이용하여 시뮬레이션 한 결과이다. 레이저의 안정적인 동작을 위하여 바이어스 전압이 5V이며 이를 기준으로 디지털 변조됨을 볼 수 있다.

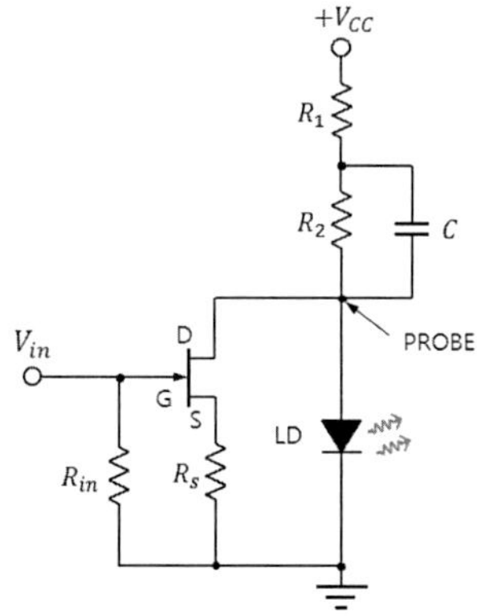

(a)

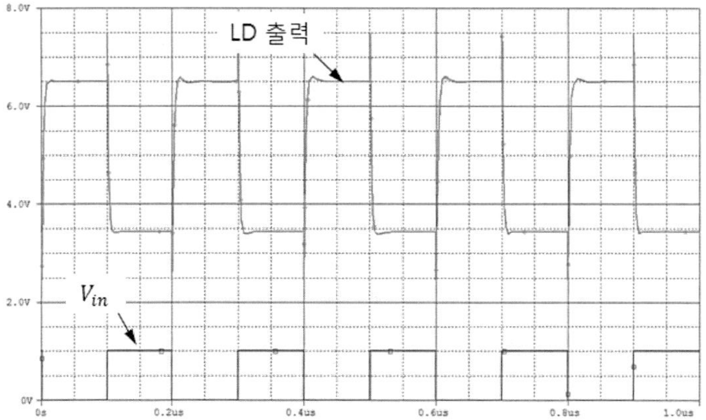

(b) $R_{in} = 1M\Omega$, $R_s = 500\Omega$, $R_1 = 3.3k\Omega$, $R_2 = 330\Omega$, $C = 0.1\mu$

[그림 8.9] (a) 주입 레이저를 위한 단락 구동 회로, (b) 시뮬레이션 결과

[실습과제 8.1] LED 변조 시뮬레이션

[그림 8.10]은 LED의 변조특성을 시뮬레이션 하는 레이아웃이다. 광 검출기에서 전기적인 복조가 일어난 후 저역통과 필터를 통과시킨다.

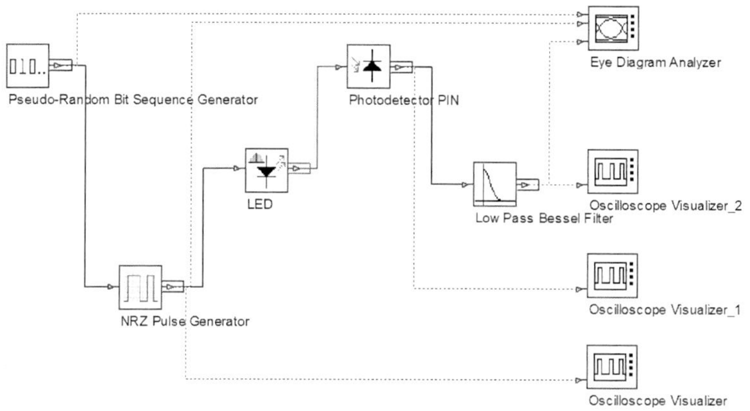

[그림 8.10] LED 변조특성을 보기 위한 시뮬레이션 레이아웃

LED의 주파수 응답특성은 캐리어 수명과 기생 정전용량에 의해 결정된다. 작지만 일정한 순방향 바이어스 전압이 인가되면 LED의 기생정전용량은 무시할 수 있다. LED의 광학적 3-dB 변조 대역폭은 다음과 같이 표현된다.

$$f_{3dB} = \frac{\sqrt{3}}{2\pi(\tau_n + \tau_{RC})} \qquad (8-12)$$

여기서 τ_n은 캐리어 수명이며 τ_{RC}는 시상수이다. 임의 신호발생기와 NRZ (non-return zero) 신호발생기를 이용하여 LED를 변조한다. 여기서 $\tau_n = 1\,ns$, $\tau_{RC} = 0.5\,ns$로 가정하면 $f_{3dB} = 180$ MHz 부근이다. 시스템의 성능을 보기 위해 최종단에서 아이 다이어그램을 분석할 수 있도록 한다.

먼저 변조주파수가 차단주파수보다 작은 120 MHz 인 경우 결과는 [그림 8.11] (a)와 같다. 임의 신호발생기의 입력신호와 비교하여 출력단의 저역통과 필터를 통과한 후 복조된 신호는 약간 왜곡을 보이지만 완전한 재생이 가능하다.

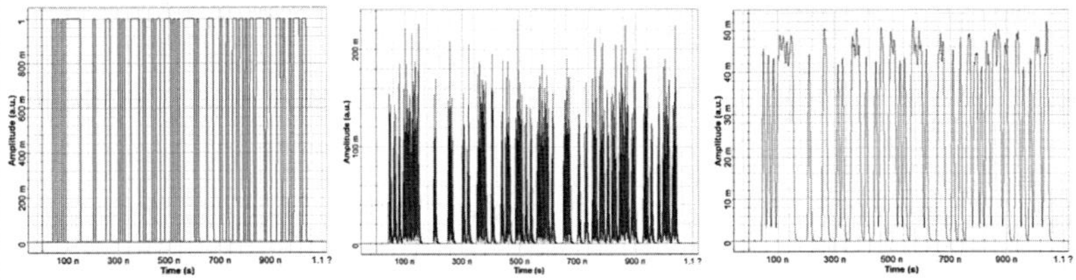

전기적 변조 입력 신호 (Oscilloscope Visualizer) | 광 검출기 통과 후 신호 (Oscilloscope Visualizer_1) | 저역통과필터 후 신호 (Oscilloscope Visualizer_2)

(a)

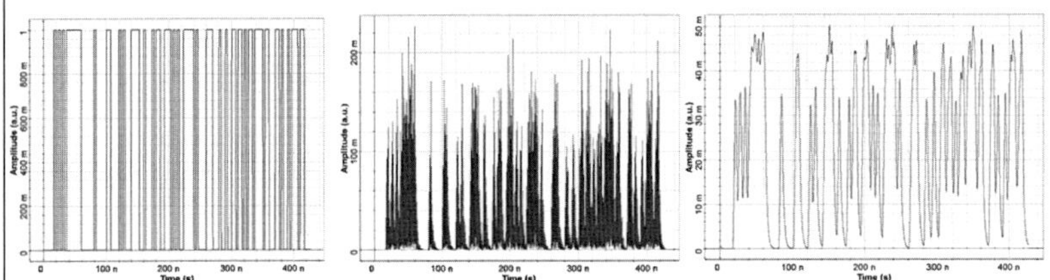

전기적 변조 입력 신호 (Oscilloscope Visualizer) | 광 검출기 통과 후 신호 (Oscilloscope Visualizer_1) | 저역통과필터 후 신호 (Oscilloscope Visualizer_2)

(b)

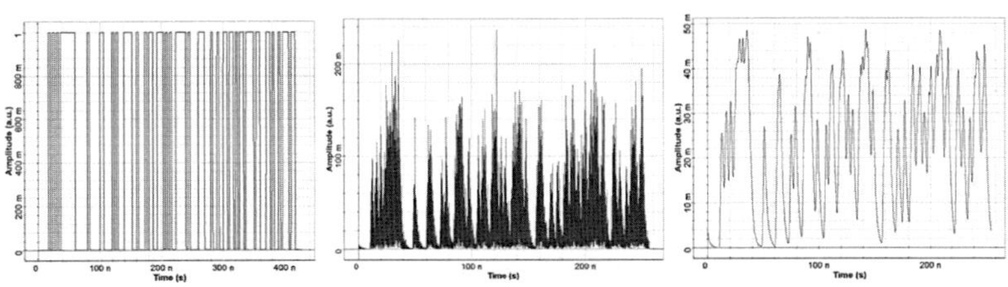

전기적 변조 입력 신호 (Oscilloscope Visualizer) | 광 검출기 통과 후 신호 (Oscilloscope Visualizer_1) | 저역통과필터 후 신호 (Oscilloscope Visualizer_2)

(c)

[그림 8.11] 변조 속도에 따른 LED 응답특성.
(a) 120 Mb/s, (b) 300 Mb/s, (c) 500 Mb/s

차단주파수보다 높은 300 MHz의 입력주파수에 대한 LED의 응답특성은 [그림 8.11] (b) 과 같다. 변조 주파수가 증가할수록 LED의 응답 성능이 떨어짐을 알 수 있다. [그림 8.11] (c)로부터 500 MHz 변조 주파수에서는 저역통과 필터 통과 후 신호가 상당히 왜곡되어 있음을 볼 수 있다.

[그림 8.12]는 시스템의 성능을 비교하기 위하여 120 MHz, 300 MHz, 500 MHz의 변조 주파수에서의 아이 다이어그램을 보여준다. 주파수가 올라감

에 따라 아이가 닫힘을 보여준다. 즉 120 MHz에서는 아이가 열려 있어서 양호한 통신이 가능하지만 500 MHz에서는 아이가 닫혀있어서 통신이 불가능함을 유추할 수 있다.

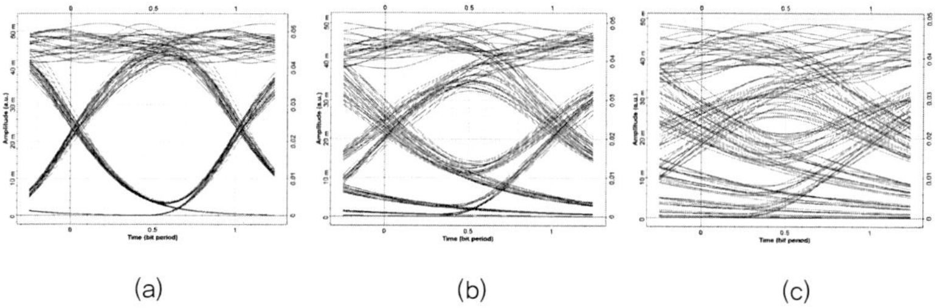

[그림 8.12] LED 변조 속도에 따른 시스템 성능을 보여주는 아이다이어그램.
(a) 120 Mbps, (b) 300 MBps, (c) 500 Mbps

[실습과제 8.2] 레이저 다이오드 변조 시뮬레이션

고속 데이터 전송을 위한 직접 변조 방식의 레이저를 이용하면 변조 주파수는 이완 발진 주파수보다 작다. 이완 발진 주파수는 캐리어 수명 τ_n과 광자 수명 τ_{ph}에 의존하며 다음의 식으로 나타난다.

$$f_{res} = \frac{1}{2\pi\sqrt{\tau_n \tau_{ph}}}\sqrt{\frac{I}{I_{th}} - 1} \qquad (8\text{-}13)$$

여기서 I_{th}는 레이저의 문턱전류, I는 변조 피크 전류이다. [그림 8.13]은 레이저 다이오드의 변조특성을 시뮬레이션하기 위한 레이아웃이다. $I_{th} = 35$ mA, $\tau_n = 1$ ns, $\tau_{ph} = 5$ ps 이라고 가장하고 변조 피크 전류 $I = 40$ mA일 때 변조 주파수에 대한 시스템의 성능을 비교하고자 한다. 이완 주파수는 1.3 GHz 부근이다.

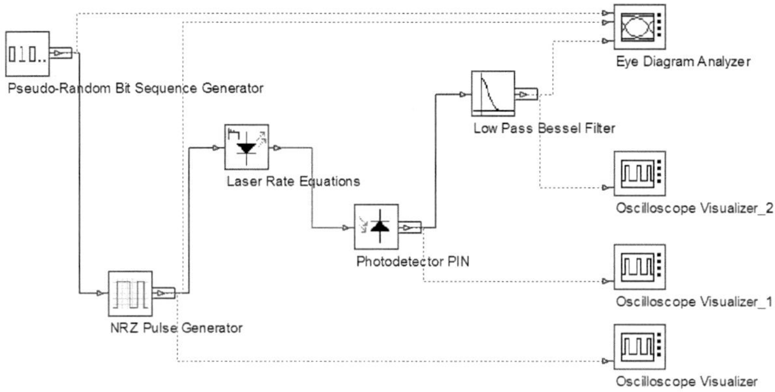

[그림 8.13] 레이저 다이오드 변조특성을 보기 위한 시뮬레이션 레이아웃

[그림 8.14]는 변조 비트율이 500 Mbps, [그림 8.15]는 5 Gb/s, [그림 8.16]은 15 Gbps 인 경우 레이저 다이오드의 신호응답 특성을 보여준다. 이완 주파수보다 낮은 500 Mbps에서는 출력단의 신호파형이 임의 발생된 입력 변조 신호와 거의 동일하게 복조됨을 보인다. 비트 율이 높아질수록 저역필터를 통과한 후의 신호 왜곡이 심하게 발생함을 알 수 있다.

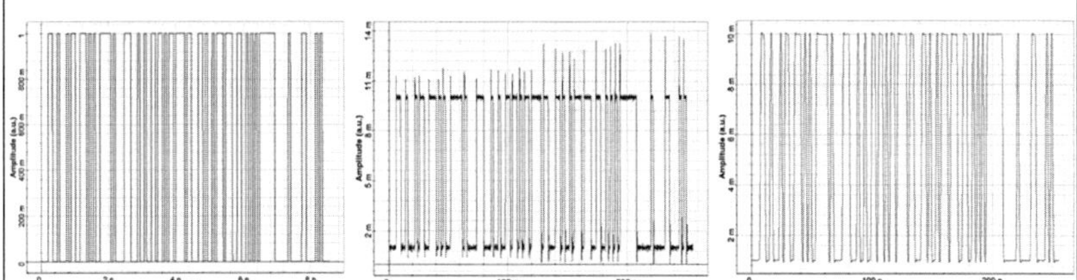

전기적 변조 입력 신호 (Oscilloscope Visualizer) | 광 검출기 통과 후 신호 (Oscilloscope Visualizer_1) | 저역통과필터 후 신호 (Oscilloscope Visualizer_2)

[그림 8.14] 500 Mbps 변조 입력신호에 대한 응답 특성

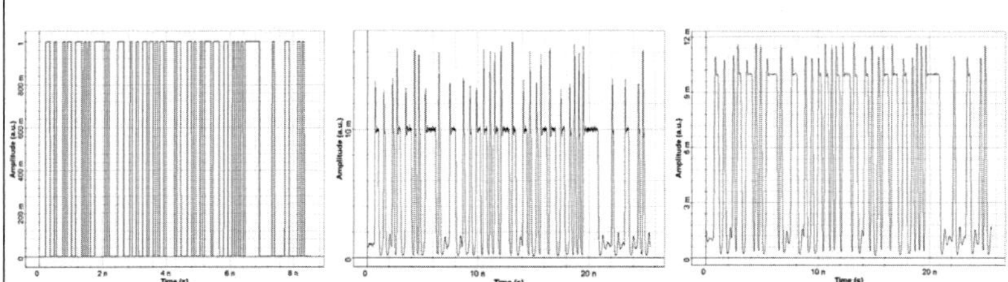

전기적 변조 입력 신호 (Oscilloscope Visualizer) | 광 검출기 통과 후 신호 (Oscilloscope Visualizer_1) | 저역통과필터 후 신호 (Oscilloscope Visualizer_2)

[그림 8.15] 5 Gbps 변조 입력신호에 대한 응답 특성

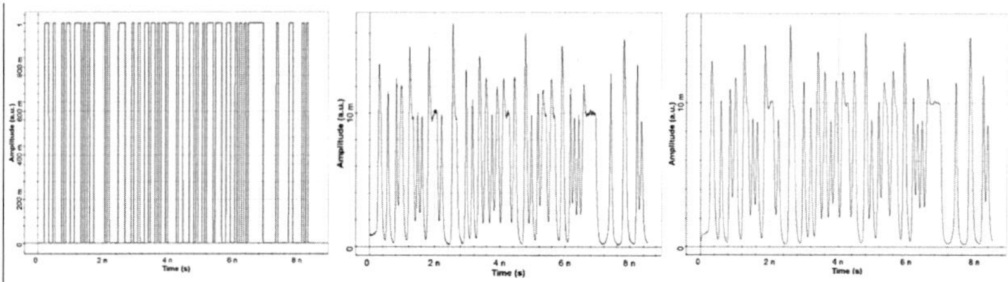

전기적 변조 입력 신호 (Oscilloscope Visualizer) | 광 검출기 통과 후 신호 (Oscilloscope Visualizer_1) | 저역통과필터 후 신호 (Oscilloscope Visualizer_2)

[그림 8.16] 15 Gbps 변조 입력신호에 대한 응답 특성

[그림 8.16]의 15 Gbps 에서는 저역통과 필터 후의 신호파형이 매우 왜곡되어 통신에 심각한 영향을 줌을 예측할 수 있다. 이러한 결과는 시스템의 성능 저하를 야기함을 [그림 8.17] 의 아이 다이어그램을 통해 알 수 있다.

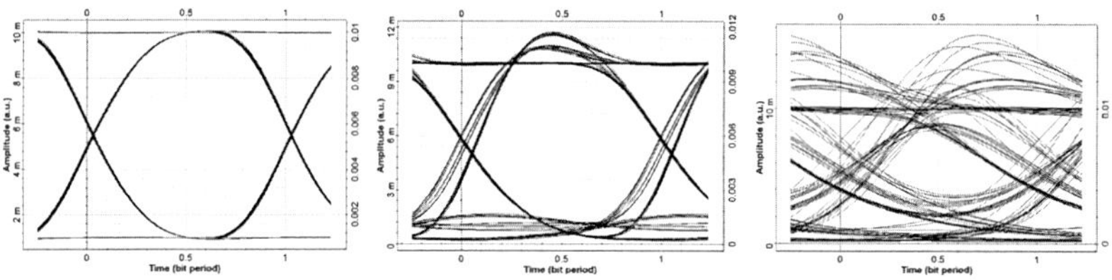

(a) (b) (c)

[그림 8.17] LD 변조 속도에 따른 시스템 성능을 보여주는 아이 다이어그램.
(a) 500 Mbps, (b) 5 GBps, (c) 15 Gbps

8.5 광 수신기 회로

수신기 잡음은 수신기의 감도를 제한하는 요소로서 광섬유 통신에서 중요성을 가지므로 전체 시스템의 설계에 규정되어야 한다. 내부 이득이 없다면 광 다이오드의 주요 두 가지 잡음은 암 전류 잡음과 양자 잡음이며 이 두 가지는 광전류의 산탄 잡음으로 여겨진다. 내부 애버런치 이득이 없는 상태에서 열잡음은 검출기 부하 저항과 증폭기의 능동소자에 기인한다.

[그림 8.18] 주요 요소를 포함하는 광수신단의 개략도

[그림 8.18]은 주요 요소를 포함하는 광수신단의 개략도이다. 광 검출기는 수신된 광 신호에 선형적으로 비례하는 전기적인 신호를 생성한다. 초기 증폭은 전치증폭기에서 수행되며 수신된 신호의 상실을 피하기 위해 부가적인 잡음 유입이 최소가 되도록 해야 한다.

[그림 8.19] (a)는 가장 간단한 형태의 전치증폭기로서 바이폴라 접합 트랜지스터(Bipolar Junction Transistor: BJT)를 사용한다. 전계효과 트랜지스터는 입력 임피던스가 너무 높기 때문이다. 이미터 쪽 저항 없이 접지된 이미터 증폭기와 결합된 pin PD의 저 입력 임피던스 전압 전치증폭기를 보여준다. 알맞은 저 입력 임피던스로 설계되어지므로 평형기 없이 중간 대역폭에서 동작한다.

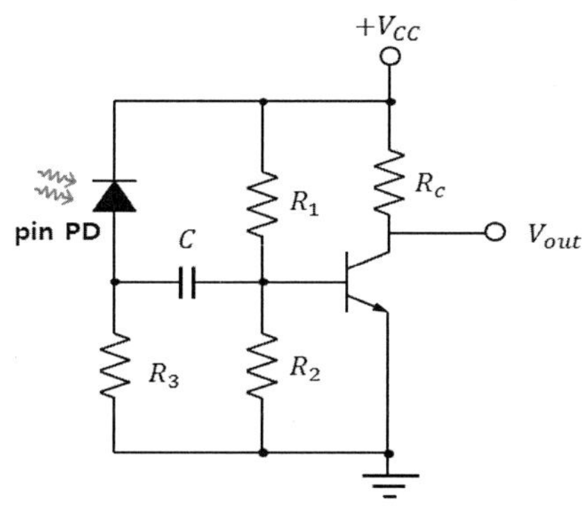

(a)

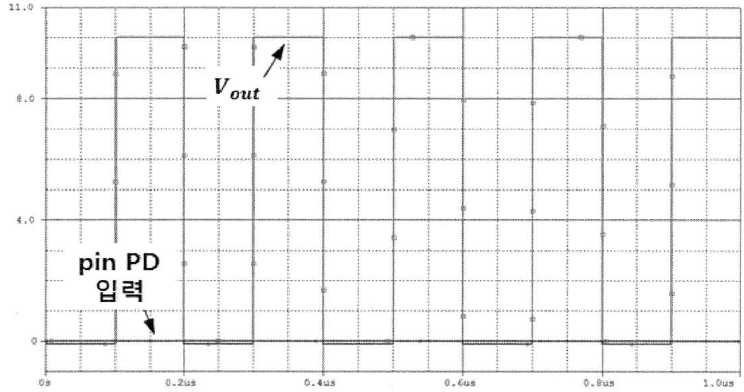

(b) $(R_1 = 10k\Omega, R_2 = 47k\Omega, R_3 = 330\Omega, R_c = 1k\Omega, C = 0.01\mu F)$

[그림 8.19] (a) 저 입력 임피던스 전압 전치 증폭기, (b) 시뮬레이션 결과.

그러나 광 검출기 쪽의 저 효율의 부하저항 R_3 (통상적으로 수백 Ω 이하)로 인하여 열 잡음이 증가하는 문제점이 발생한다. 대역폭을 유지하기 위하여 저 이미터 전류에서 고 이득 전류를 주는 특성을 가진 트랜지스터를 선택함으로서 전치증폭기의 열잡음을 낮출 수 있는 가능성은 있다.

[그림 8.19] (b)는 $R_1 = 10k\Omega$, $R_2 = 47k\Omega$, $R_3 = 330\Omega$, $R_c = 1k\Omega$, $C = 0.01\mu F$ 의 파라미터 값을 사용하여 시뮬레이션 한 결과이다. 저 레벨의 입력 신호에도 충분한 전기적 출력을 제공함을 볼 수 있다.

저 잡음 동작을 위한 전치증폭기는 전단에 고 임피던스가 통합되었거나 또는 트랜스임피던스 증폭기를 사용한다. 이 회로 구조에 적용하는 상세 설계는 저 잡음 성능과 결합된 고 이득에 용이하므로 수신감도를 증대할 수 있다. 공통 컬렉터 회로에 합체한 바이폴라 접합 트랜지스터는 고 임피던스 전단 증폭기를 구현하는데 사용할 수 있는 반면 전계효과 트랜지스터는 저 잡음 특성을 위한 응용에 적용할 수 있다. 또한 접지된 소스 전계효과 트랜지스터 접속은 고 임피던스 전단 증폭기를 제공하는 유용한 회로이다. pin PD를 위한 고 입력 임피던스를 제공하는 공통 소스 전계효과 트랜지스터 전치증폭기는 [그림 8.20] (a)와 같다. 공통 소스로 동작할 경우 전계효과 트랜지스터의 전력이득과 출력임피던스는 높으며 다음 단의 잡음 기여를 최소화 한다.

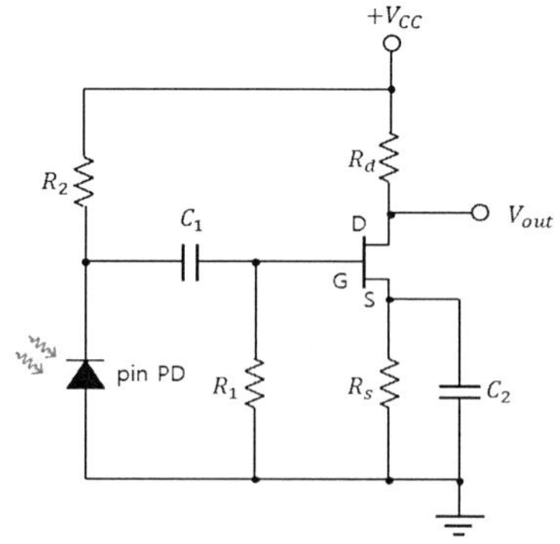

(a)

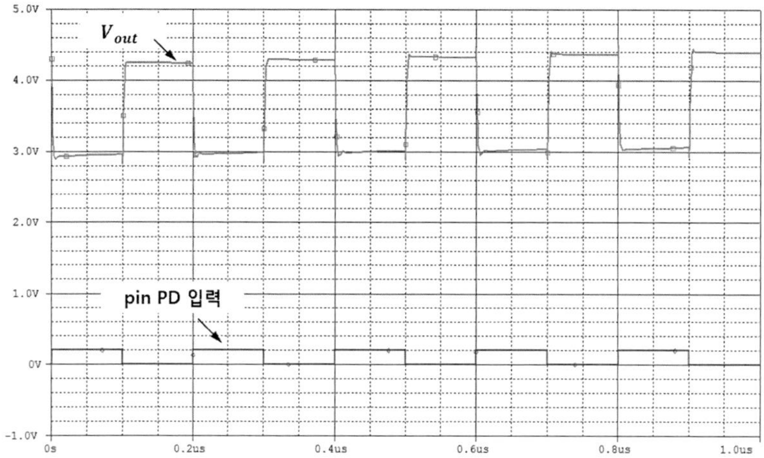

(b) $(R_1 = 100k\Omega, R_2 = 1k\Omega, R_d = 1.5k\Omega, R_s = 330\Omega, C_1 = 0.01\mu, C_2 = 0.01\mu)$

[그림 8.20] (a) 고입력 임피던스 FET 공통소스 전치증폭기, (b) 시뮬레이션결과.

[그림 8.20] (b)는 $R_1 = 100k\Omega$, $R_2 = 1k\Omega$, $R_d = 1.5k\Omega$, $R_s = 330\Omega$, $C_1 = 0.01\mu$ $C_2 = 0.01\mu$의 파라미터를 이용한 시뮬레이션 결과이다. 트랜스 임피던스 전치증폭기는 고 입력 임피던스 증폭기의 단점을 극복하기 위하여 설계한다. 이것은 부궤환 저항 R_F를 가지는 저 잡음 고 임피던스 증폭기를 활용한다.

트랜스 임피던스 증폭기는 고 입력 임피던스 증폭기 보다 동적 범위가 넓다. 입력 저항과 궤환 저항의 결합 저항이 매우 작기 때문에 등화기가 필요 없다. 이것은 광검출기의 시상수가 작다는 것을 의미하므로 응답속도가 빠르다. 출력 저항이 작기 때문에 증폭기는 픽업 잡음, 누화, 전자파 간섭에 덜 민감하다. 증폭기의 전달 특성은 사실상 궤환 저항이므로 쉽게 제어되고 안정화될 수 있다. 비록 트랜스 임피던스 증폭기는 고 임피던스 증폭기 보다는 민감도가 떨어지지만 대부분의 실제 광대역 설계에서는 2-3 dB 정도이 차이만 보일 뿐이다.

8.6 아이패턴 분석

디지털 광섬유 링크의 성능을 평가하는 가장 일반적인 방법은 [그림 8.21]과 같이 오실로스코프 화면상에 일련의 펄스파형을 중첩시키는 것이다. 3개의 비트로 생성할 수 있는 6 가지의 비트 펄스를 이용하여 전송 링크의 품질을 결정할 수 있다. 각각의 펄스 흔적들은 스크린 상에 자신의 패턴을 그리게 된다. 만약 신호에 잡음이 유입되지 않았다면 각각의 신호 자취는 정확하게 같은 선으로 나타난다.

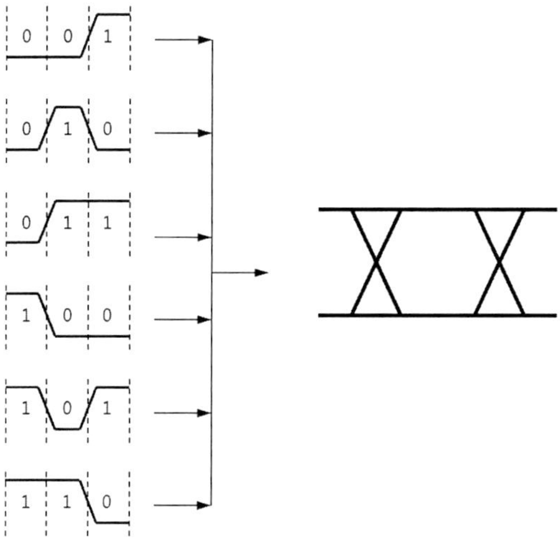

[그림 8.21] 아이 다이어그램의 기본 개념

잡음이 많을수록 신호의 변화폭은 더 커질 것이므로 선의 두께는 수직으로 더 두꺼워진다. 한편 지터가 클수록 선폭은 수평으로 두꺼워진다. 여기서 지터는 펄스가 도달하는 시간의 차를 의미한다. [그림 8.22]는 잡음과 지터가 있는 신호의 아이패턴을 보여준다. 궁극적으로 아이 패턴은 계측기에 도달하는 펄스의 반복성을 측정한 것이다. 전송품질이 더 우수하고 수신된 신호가 좀 더 한결같다면 아이는 더 많이

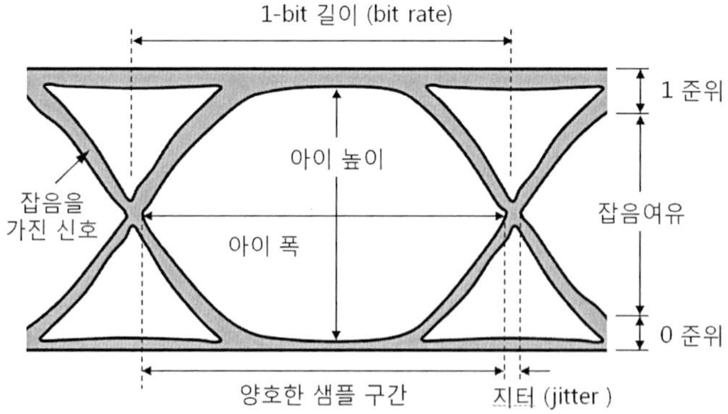

[그림 8.22] 아이 패턴

열릴 것이다. 만약 아이가 닫히기 시작한다면 이것은 전송에러들이 연속하는 다른 비트와 간섭을 한다는 것을 의미한다. 아이패턴을 주의 깊게 관찰하면 광섬유 링크의 성능과 관련된 중요한 정보를 얻어낼 수 있다.

데이터 신호는 아이가 있는 어느 특정 지점에서 샘플링 될 수 있지만 가장 좋은 위치는 중간지점이다. 아이패턴을 해석하는데 있어서 중요한 몇 가지 사항은 다음과 같다.

- 열린 아이의 중심에서 높이는 수신단에서 잡음 여유도를 측정한다.
- 아이의 모서리 부분에서 신호 밴드의 폭은 시스템의 지터를 측정하는 것이며 펄스 타이밍의 변동을 나타낸다.
- 아이의 상단과 하단에 있는 신호선의 두께는 수신단에서의 잡음과 왜곡 정도에 비례한다.
- 아이패턴의 상단과 하단사이의 변이는 아이패턴이 측정되어졌을 때 신호의 상승 시간과 하강시간을 보여준다.

아이패턴을 생성하기 위한 실험 구성도는 [그림 8.23]와 같다.

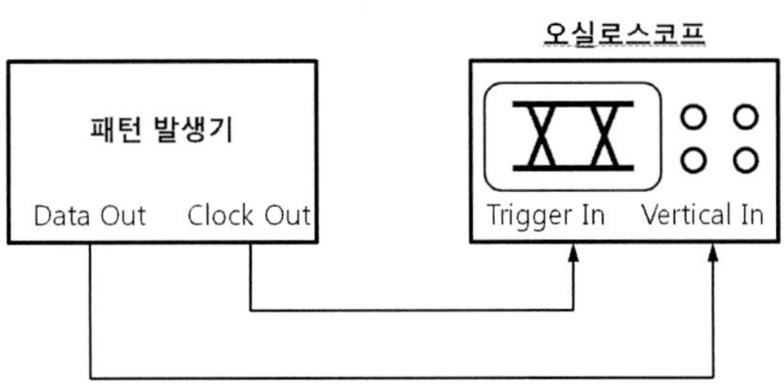

[그림 8.23] 아이패턴을 생성하기 위한 실험 구성도

[실습과제 8.3] 광전송시스템

기본적인 광통신 시스템에 대한 시뮬레이션을 수행하고자 한다. [그림 8.24]는 간단한 송신기와 전송채널, 수신기로 구성된 시뮬레이션 레이아웃이다. 광 송신기는 전기적인 신호를 빛의 형태로 바꾸어서 광섬유에 광 신호를 입사하는 역할을 한다. 송신기는 광원, 전기적 펄스 발생기, 광변조기로 구성

된다. 여기서는 1552.52 nm의 중심파장에서 1 dBm의 광 전력을 가지는 레이저를 마하젠더 변조기로 외부 변조한다. 전송채널은 송신기에서 수신기로 왜곡 없이 광 신호를 수신기로 전송하는 역할을 한다.

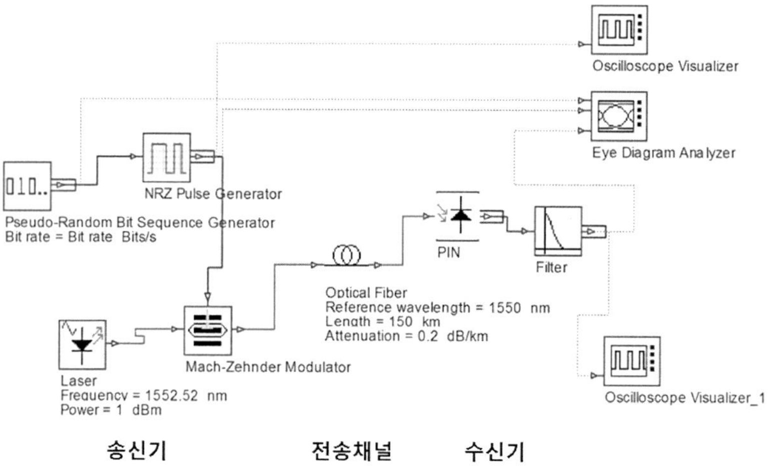

[그림 8.24] 기본적인 광전송 시스템 시뮬레이션 레이아웃

사용한 광섬유의 길이는 50~150 km이며 손실은 1550 nm 파장에서 0.2 dB/km 이다. 수신기는 광 검출기와 저역통과 필터로 구성된다. 0 또는 1 형태의 광학적 펄스신호는 전기적인 전류로 전환되어 판별회로에서 전기적 펄스 신호로 복조된다.

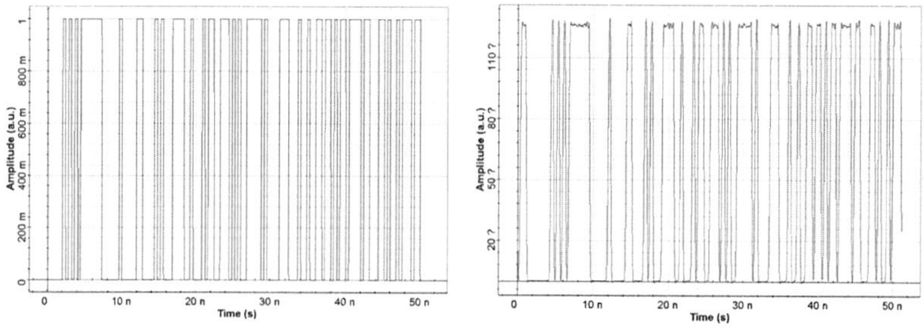

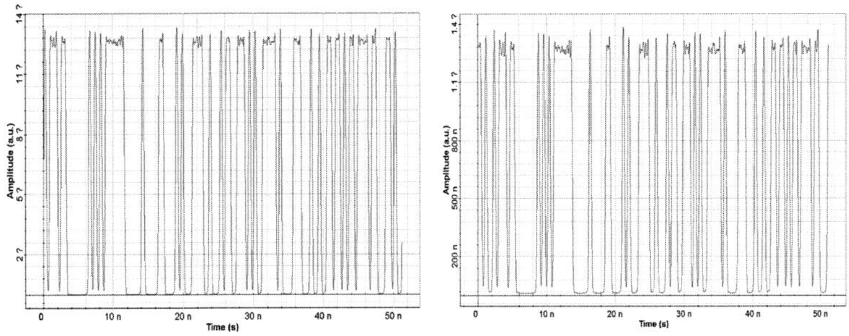

(c) (d)

[그림 8.25] 2.5 Gb/s 변조 입력신호에 대한 수신신호. (a) 변조된 입력신호, (b) 50 km 전송 후, (c) 100km 전송 후, (d) 150 km 전송 후

[그림 8.25]는 2.5 Gb/s 변조 입력신호에 대한 전송거리별 수신신호 특성을 보여준다. 거리가 멀어짐에 따라 수신된 신호의 크기가 급격히 줄어들고 있음을 알 수 있다. 150 km에서 수신된 신호의 세기는 입력신호 대비 60 dB 이상 신호감쇠가 발생한다. 통신 시스템의 성능은 [그림 8.26]의 아이다이어그램으로 확인한다. 100 km까지 아이가 열려있으므로 통신이 가능하지만 150 km에서는 통신이 불가함을 보여준다.

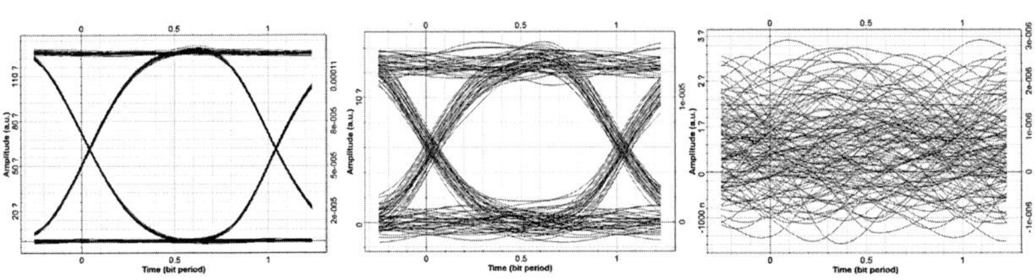

(a) (b) (c)

[그림 8.26] 증폭기 없이 장거리 전송거리에 따른 아이 다이어그램 비교. (a) 50 km 전송 후, (b) 100 km 전송 후, (c) 150 km 전송 후

[실습과제 8.4] 증폭기를 이용한 150 km 광전송시스템

광섬유의 손실을 보상하는 방법으로 광 증폭기를 사용한다. 여기서는 이득 평탄화된 어븀첨가 광섬유 증폭기를 이용하여 손실을 극복하고 장거리 통신

을 할 수 있는 시스템을 시뮬레이션 한다. [그림 8.27]의 시뮬레이션 레이아웃은 [그림 8.24]의 레이아웃에서 광섬유 끝단에 이득이 20 dB인 어븀첨가 광섬유 증폭기를 추가하였다.

[그림 8.28]으로부터 증폭기에 의해 신호세기가 150 km 전송 후 100 배 정도 증가함을 볼 수 있다. 이것은 전송거리가 확대됨을 의미한다.

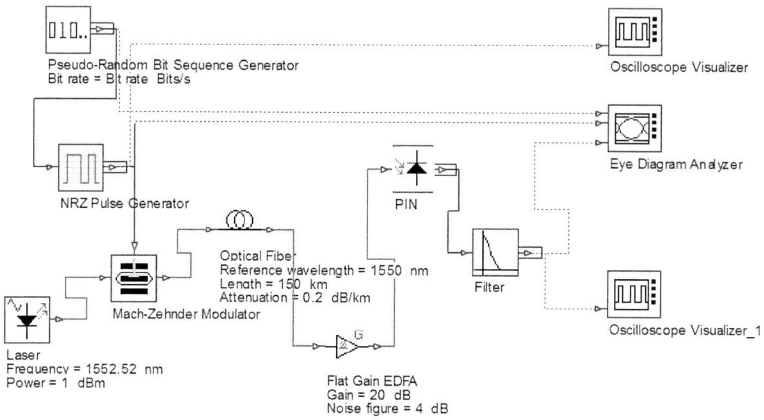

[그림 8.27] 150 km 전송을 위해 어븀첨가 광섬유 증폭기를 추가한 레이아웃

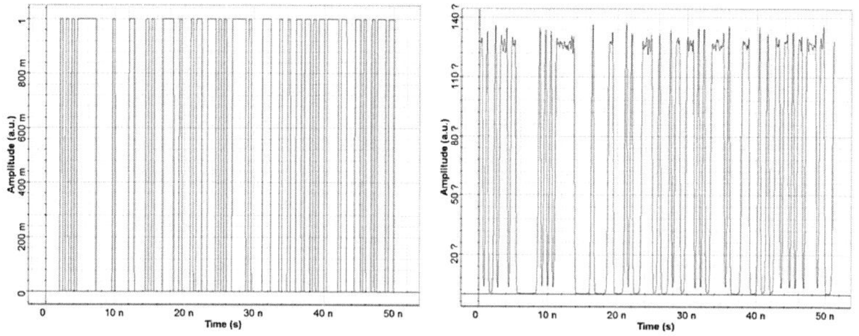

[그림 8.28] 증폭기 삽입 후 수신된 신호. (a) 입력신호, (b) 150 km 전송 후

[그림 8.29]의 아이다이어그램에서 개선정도를 비교하였다. 증폭기에 의해 전송거리가 150 km 에서도 아이가 충분히 열려 있고, 신호세기의 감쇠정도가 증폭기 사용 전 50 km 전송 수준과 비슷함을 확인할 수 있다.

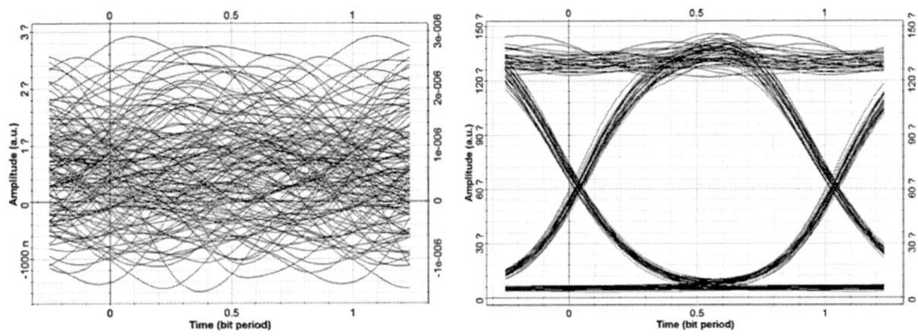

(a) (b)

[그림 8.29] (a) 증폭기 없이 150 km 전송 후, (b)증폭기 추가 후 150 km 전송 후

8.7 통신시스템 설계 시 고려사항

통신 시스템을 위한 두 가지 중요한 기술적 고려사항은 손실설계와 전송능력 (대역폭)이다. 알맞은 성능을 내기 위하여 수신기에 도착해야할 충분한 신호 전력을 계산하는 것이 손실설계이며 전송능력은 원하는 속도로 데이터를 전송할 수 있도록 펄스의 분산 정도 또는 대역폭을 계산하는 것을 의미한다. 전송속도와 전송거리는 반비례 관계에 있으므로 이들 사이의 적절한 타협이 필요하다. 시스템 설계시 고려할 수 있는 변수들을 나열하면 광원의 출력전력, 결합손실, 광원의 선폭, 광원과 송신기의 응답시간, 신호의 코딩, 광섬유의 연결과 연관된 손실, 광섬유의 종류 (단일모드 또는 다중모드), 광섬유의 감쇠와 분산, 코어의 직경, 개구수, 동작파장, 파장분할 다중화, 광 증폭기, 전송기의 직접변조 또는 외부변조, 스위치의 요구조건, 수신기의 감도와 대역폭, 비트오율, 신호 대 잡음비, 시스템의 구성, 광섬유 융착 회수와 결합기 및 분배기 수, 결합기의 유형, 가격 등이다. 이 많은 변수들은 상호 연관성이 있다. 예를 들면 광섬유의 감쇠와 분산은 광섬유의 유형과 동작파장에 달려있다. 이런 연관관계 중에서는 활용가능성에 대한 제한으로 작용하는 것도 있다. 저손실을 위해서는 1300 nm 또는 1550 nm 파장을 이용할 필요가 있지만 광 증폭기는 1550 nm에 잘 맞춰져 있다.

전력설계는 적절한 시스템의 동작을 위하여 수신기에 충분한 빛이 도달되는 것을 보장하는 것이다. 이것은 요구하는 신호 대 잡음비 또는 비트오율을 얻을 수 있게 한다. 설계 시 시스템의 노후, 깨진 케이블의 융착 등과 같은 수리에 대비한 최소한의 요구를 위한 여분을 남겨두어야 한다. 또한 수신기에 부담을 줄 수 있는 너무 높은 전력이 전달되어서도 안 된다. 가장 단순한 형태의 전력설계는 다음과 같다.

$$\text{전송전력} - \text{총 손실} + \text{증폭} = \text{여유분} + \text{수신기 민감도} \tag{8-14}$$

여기서 단위는 데시벨 또는 dBm을 사용하여 간단하게 계산할 수 있게 한다. 송신기 출력과 수신기 입력 사이의 차는 시스템 손실의 총 합과 시스템 여유분을 고려한 것과 동일하다.

일반적으로 광섬유 끝단에서 수신기로 빛이 전달될 때에는 거의 손실이 없는 것으로 본다. 근원적인 문제는 광원의 발광면적과 광섬유 코어와의 매칭이 잘되어 있느냐에 달렸다. 발광면적이 큰 LED의 경우에는 문제가 되는데 만약 광섬유 코어보다 훨씬 크다면 일부 빛은 클래딩으로 빠져갈 것이고 나머지는 광섬유로 유입되지 못하고 흩어져 버린다. 코어로 입사된 빛이라고 하더라도 코어-클래딩 경계에서 전반사 조건을 만족하지 못하는 입사파는 더 이상 진행하지 못하여 손실로 작용한다. 코어의 직경과 개구수가 작을수록 더 많은 손실이 발생하는 것은 자명하다. LED의 경우 계단형 굴절률을 가진 다중모드 광섬유에 효과적으로 결합이 되며 경사형 다중모드 광섬유는 손실 측면에서 불리하다. LED와 결합하기 위하여 단일모드 광섬유를 사용하는 경우는 거의 없다.

LED와 달리 반도체 레이저 다이오드는 광섬유로 더 많은 광 전력을 전달할 수 있다. 이것은 발광면적과 빔 폭이 LED에 비해 훨씬 작고 더 높은 출력 전력을 제공하기 때문이다. 빔 폭이 작다면 단일모드와 같이 매우 작은 직경의 코어로도 빛을 전송할 수 있다. 매우 성능이 좋은 LED로 62.5 um 직경의 경사형 광섬유로 uW 수준의 광결합이 가능하다면 표면 발광 레이저를 사용하여 단일모드 광섬유로 mW 정도의 광결합이 가능할 정도로 차이가 있다. 반도체 레이저는 LED보다 변조 속도도 빠르고 광섬유 결합 전력도 높지만 가격 측면에서는 LED보다 훨씬 고가이다. 또한 레이저는 LED보다 수명이 짧고 온도 안정화를 위해 필요한 부가 장치가 요구된다.

광섬유의 선택은 집광 방정식에 영향을 미친다. 코어 직경과 개구수가 클수록 광섬유는 더 많은 빛을 모을 수 있다. 두 광섬유의 빛을 수집할 수 있는 정도를 비교할 수 있는 수단으로 다음 방정식을 이용할 수 있다.

$$\Delta Loss\,(dB) = 20\log_{10}\left(\frac{d_1}{d_2}\right) + 20\log_{10}\left(\frac{NA_1}{NA_2}\right) \tag{8-15}$$

여기서 d_1과 d_2, NA_1과 NA_2는 두 개의 다른 광섬유에 대한 코어 직경과 개수수를 각각 의미한다.

예제 8.3 • • •

다음과 같은 두 종류의 광섬유가 있다. 이들의 성능을 코어로의 빛 수집 효율로 비교하여라. A 광섬유는 코어 직경이 100 μm 이고 개구수가 0.3인 계단형 굴절률 광섬유, B 광섬유는 코어 직경이 50 μm 이고 개수수가 0.2인 경사형 굴절률 광섬유이다.

풀이

$\Delta Loss\,(dB) = 20\log_{10}\left(\frac{d_1}{d_2}\right) + 20\log_{10}\left(\frac{NA_1}{NA_2}\right)$ 로부터

$\Delta Loss\,(dB) = 20\log_{10}\left(\frac{100\mu m}{50\mu m}\right) + 20\log_{10}\left(\frac{0.3}{0.2}\right) = 9.6\,dB$ 이다.

전력면에서 거의 9배 정도의 차이를 보이므로 손실설계에서 여유가 많이 없다면 광섬유 A를 선택하는 것이 필요하다. 그러나 여기서 고려해야 하는 것은 코어의 직경이 커짐에 따라 펄스퍼짐으로 인하여 대역폭이 줄어드는 것이다.

광섬유 손실은 단위 길이당 감쇠에 전송거리를 곱함으로서 구해진다.

$$\text{전체손실} = \text{dB/km} \times \text{길이} \tag{8-16}$$

여기서 dB/km로 나타나는 광섬유 손실은 광섬유 첫 단에서부터 수백 미터 사이에서 발생하는 일시적인 손실을 고려하지 않고 있다. 통상 이것은 1-1.5 dB 정도이다. 이 손실은 1 km 이상 이후부터는 중요한 요소가 아니다. 경사형 광섬유의 경우에는 장거리 전송 채널로 사용하는 경우가 없기 때문에 이와 같은 일시적 손실이 중요한 영향을 미칠 수도 있다. 단일모드 광섬유에서는 하나의 모드만 존재하므로 훨씬 더 잘 작동한다.

손실 설계에서 항상 언급되는 것이 시스템의 이득 여유이다. 이것은 손실을 계산하는 과정에 발생할 수 있는 불확실성에 대한 부분 (시스템의 성능저하 또는 경미한 수리 시 발생하는 손실)을 어느 정도 수용할 수 있게 한다. 불확실성은 개별소자들의 손실이 어느 범위 안에 있게 되고 수명이 다하거나 고장 시 교체되므로 어쩔 수 없이 발생하게 된다. 어떤 응용이냐에 따라 달라지겠지만 손실여유는 설계자에 의해서 $3-10\,dB$ 정도 더해진다.

광 증폭기는 신호세기를 올려주므로 손실을 극복할 수 있는 수단으로 사용된다. 그러나 가격적 측면을 고려해야하고 적용할 수 있는 파장영역이 1550 nm 부근이라는 점, 아날로그 신호의 경우 신호와 더불어 잡음도 동시에 증폭이 된다는 점이 장점을 상쇄시킬 수 있다. 파장분할 다중화 시스템의 관점에서 본다면 기가비트 신호 증폭이 가능하고 다중파장 영역에서 동작하므로 매우 유리하다. 광 증폭기는 송신기의 바로 뒤에서 후치 증폭기로 사용하여 광섬유에 고출력 신호를 발생시키거나, 장거리 전송 시스템의 중간에서 더 먼 거리 전송을 위한 신호세기를 키우거나, 수신기 전단에서 전치 증폭기 역할을 하여 신호를 수신기에 적절한 수준으로 올리거나, 1×n 결합기 또는 다중화기 전단에서 여러 개의 출력으로 신호가 분배될 수 있도록 증폭하는 역할을 할 수 있다.

이제 손실설계를 어떻게 하는지 살펴보자. [그림 8.30]에서 두 단말기는 두 개 층을 사이에 두고 떨어져 있고 100 m 길이의 다중모드 광섬유로 연결되어 있다. 상호연결은 6개의 광커넥터를 통해 이루어지는데 커넥터 당 손실은 0.7 dB 이다. 850 nm LED를 통한 광섬유의 입사광 전력은 -15 dBm이며 시스템의 통신 속도는 155 Mbps를 지원한다.

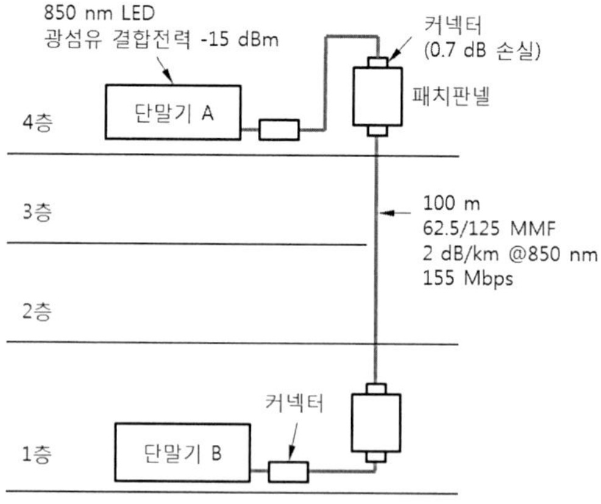

[그림 8.30] 실내 통신망을 위한 손실설계 예

이 시스템의 손실설계는 다음과 같다.

광섬유로 입사된 광전력	:	-15 dBm
커넥터 손실	:	-0.7×6=-4.3 dB
광섬유 손실	:	-2 dB/10=-0.2 dB
시스템 여유분	:	-5 dB

수신기에 요구되는 민감도: -24.5 dB

광통신 시스템에서 전송능력은 아날로그 대역폭이거나 전송할 수 있는 최고 디지털 비트율이다. 만약 단일 파장만 전달한다면 전송능력은 입력신호의 변화에 시스템이 얼마나 빨리 응답하느냐에 달렸다. 주요 제한요소는 송신기와 수신기의 상승시간과 하강시간, 광섬유의 분산이다. 만약 다중파장을 전송한다면 각각 채널별 전송속도뿐만 아니라 파장의 수에 의해 궁극적으로 전송능력이 제한된다.

정확하게 신호를 수신하기 위해서는 전체적인 시간응답이 1 비트가 차지하는 시간보다 작아야 한다. 이 경우 시간 응답은 시스템에서 나타나는 상승시간과 하강시간의 더 긴 쪽을 의미한다. 시간응답이 너무 길면 연속적인 펄스열들은 중첩될 것이고 시스템의 성능은 저하될 것이다. 1 Gbps를 전송하고자 하는 시스템의 응답시간은 1 ns보다 빨라야 한다. 결합기, 광섬유의 융착, 커넥터 등은 응답시간에 심각한 영향을 미치지 못하며 광 증폭기 또한 응답시간의 제약요소가 아니다. 응답시간에 영향을 미치는 중요한 세 가지 요소는 송신기, 채널로써 광섬유, 수신기이다. 전체적인 응답 시간은 다음 식으로 계산한다.

$$\Delta t = \left(\Delta t_{tx}^2 + \Delta t_{rx}^2 + \Delta t_{channel}^2\right)^{1/2} \qquad (8\text{-}17)$$

광섬유의 응답시간은 분산치와 송신기의 스펙트럼 폭을 이용하여 계산해야 한다. 분산에는 모드분산, 재료분산, 도파로 분산, 그리고 편광모드 분산 등이 있다. 총 분산은 다음과 같다.

$$\Delta t_d = \left(\Delta t_{modal}^2 + \Delta t_{chromatic}^2 + \Delta t_{polarization}^2\right)^{1/2} \qquad (8\text{-}18)$$

여기서 $\Delta t_{modal} = \dfrac{L(NA)^2}{4\sqrt{3}\,n_1 c}$ 이고 $\Delta t_{chromatic} = \dfrac{\Delta\lambda L \lambda}{c}\left|\dfrac{d^2 n_1}{d\lambda^2}\right| = \Delta\lambda L D_{chromatic}$ 이다. $D_{chromatic}$은 색분산 계수이다. 어떤 것이 더 중요한 영향을 미치는가는 광섬유의 유형에 달렸다. 다중모드 광섬유에서는 모드분산과 재료분산이 중요한 파라미터가

된다. 단일모드 광섬유에서는 재료분산과 도파로 분산을 합한 색 분산과 편광모드 분산이 지배적이다.

모든 광섬유는 자신의 고유 분산 계수 D를 가지므로 단위길이에 대한 총 분산을 계산할 수 있다. 다중모드 광섬유의 경우 식 (8-19)로 계산된다.

$$\Delta t_{MMF} = \left[\left(D_{modal} \times L \right)^2 + \left(D_{chromatic} \times L \times \Delta\lambda \right)^2 \right]^{1/2} \qquad (8-19)$$

여기서 $\Delta\lambda$는 광원의 선폭이다. 단일모드 광섬유의 경우 식 (8-20)으로 계산된다.

$$\Delta t_{SMF} = \left[\left(D_{chromatic} \times L \times \Delta\lambda \right)^2 + \left(D_{chromatic} \times \sqrt{L} \right)^2 \right]^{1/2} \qquad (8-20)$$

예제 8.4 • • •

850 nm LED 광원으로 155 Mbps 속도의 데이터를 코어직경이 62.5 μm 인 다중모드 광섬유에 전송하여 100 m 진행하였다. 이 광섬유의 모드 대역폭이 250 MHz 일 때 총 분산을 계산하시오. 단, 850 nm에서 색 분산은 100 ps/nm·km, 선폭은 50 nm이다.

풀이

모드 대역폭이 250 MHz이므로 $\frac{1}{250\,MHz} = 5\,ns$ 이므로 모드분산은 $5\,ns/km$ 이다. 100 m 진행한 경우 모드분산은 $0.5\,ns$ 이다. 색 분산을 계산하면

$$\Delta t_{chromatic} = D_{chromatic} \times L \times \Delta\lambda$$
$$= 100\,ps/nm \cdot km \times 0.1\,km \times 50\,nm = 0.5\,ns$$

이므로 총 분산은 $\Delta t_{MMF} = ((0.5\,ns)^2 + (0.5\,ns)^2)^{1/2} = 0.71\,ns$ 로 계산되어 0.71 ns 이다.

예제 8.5 • • •

위 예제에서 LED대신 선폭이 1nm인 레이저를 사용하였다면 총 분산은 얼마인가?

풀이

광섬유가 동일하므로 모드분산은 0.5 ns이다. 색분산은 선폭에 의존하므로

$$\Delta t_{chromatic} = D_{chromatic} \times L \times \Delta\lambda$$
$$= 100\,ps/nm \cdot km \times 0.1km \times 1\,nm = 0.01\,ns$$

이므로 총 분산은 $\Delta t_{MMF} = \left((0.5\,ns)^2 + (0.01\,ns)^2\right)^{1/2} = 0.5\,ns$ 로 계산되어 0.5 ns 이다. 이것은 Gbps 데이터 통신을 가능하게 한다.

예제 8.6 • • •

1550 nm 파장에서 단일모드 광섬유를 통하여 2.5 Gbps 의 신호를 200 km 전송하고자 한다. 분산천이 광섬유에 의하여 이 구간의 색 분산은 2.5 ps/nm·km로 규정되었다. 페브리-페롯 레이저의 선폭이 1 nm 이고 분산 피드백 레이저의 선폭이 0.001 nm 일 때 사용할 수 있는 광원은 어느 것인가? 단, 편광모드 분산은 0.5 ps/ $\sqrt{km}$ 이다.

풀이

선폭이 1nm 인 페브리-페롯 레이저에 대한 색 분산을 구하면

$$\Delta t_{chromatic} = 2.5\,ps/nm \cdot km \times 200\,km \times 1\,nm = 500\,ps$$

2.5 Gbps 데이터 통신을 위해 요구되는 펄스 간격은 400 ps 이므로 분산에 의해 신호간 간섭이 발생하여 적당하지 않다.

선폭이 0.001nm 인 분산 피드백 레이저에 대한 색 분산을 구하면

$\Delta t_{chromatic} = 2.5\,ps/nm \cdot km \times 200\,km \times 0.001\,nm = 0.5ps$ 이다. 편광 모드 분산은 $\Delta t_{polarization} = 0.5\,ps/\sqrt{km} \times \sqrt{200\,km} = 7\,ps$ 이므로 총 분산은 $\Delta t_{SMF} = \left((0.5\,ps)^2 + (7\,ps)^2\right)^{1/2} \simeq 7\,ps$ 이다. 2.5 Gbps 데이터 통신을 위한 펄스폭 400ps 보다 분산이 작기 때문에 시스템에 적당하다.

외부 변조기를 이용한 변조 방식은 반도체 레이저를 직접 변조하는 것 보다 훨씬 빠르고 처핑을 피할 수 있다. 처핑은 고속 변조에서 심각한 제한 요소가 될 수 있다. 직접 변조방식이 0.07 nm 정도의 그다지 크지 않은 처핑이 발생한다고 하더라도 2.5 Gbps로 300 km 정도의 장거리 전송을 생각한다면 펄스 시간간격을 400 ps 이

하로 유지해야한다. 광섬유의 색 분산이 20 ps/nm·km 라면 처핑이 없을 경우 300 km에 대한 색분산은 레이저 다이오드의 선폭에 의해 결정되지만 처핑이 발생한다면 레이저 다이오드의 성능과 무관해 질수 있다. 레이저의 선폭이 0.001 nm라 하더라도 시스템의 선폭은 처핑에 의해 결정되므로 $\Delta t_{chromatic} = 420$ ps가 되어 2.5 Gbps 데이터 전송을 기대할 수 없다.

파장분할 다중화의 범위는 사용된 광섬유 증폭기의 스펙트럼 영역, 광원의 스펙트럼 폭과 분산, 채널당 데이터 율에 의존하며, 파장 선택 결합기가 역 다중화 동안 얼마나 정교하게 파장을 선택하는가에 달렸다. 국제전기통신연합에서는 파장분할 다중화 주파수의 시작인 193.1 THz로 규정하였고 주파수 간격은 100 GHz로 정하였다. 그러나 최근에는 50 GHz 채널간격 기술이 제안되어 표준화보다 산업체 기술이 빨리 진화하고 있음을 보여주기도 한다. 파장분할 다중화에서 가장 중요하게 고려하는 것은 얼마나 많은 파장 채널을 활용할 수 있는가 이다. 전체 통신 시스템의 스펙트럼 대역폭을 채널간격으로 나눔으로써 계산해낼 수 있다. 사용 가능한 파장영역의 범위가 λ_1과 λ_2 사이이고, 채널간격을 $\Delta\lambda_c$ 라 한다면 사용 가능한 채널의 수는 $M = 1 + (\lambda_2 - \lambda_1)/\Delta\lambda_c$이다. 어븀 첨가 광섬유 증폭기 사용이 가능한 1540–1560 nm 구간에서 1.6 nm 채널간격으로 파장분할 다중화를 할 경우 13 개의 채널이 가능하다.

[표 8.1]은 표준화된 광 채널은 아니지만 관련 업체에서 발표하여 상용화되고 있는 가능한 전송율과 채널이다. 만약 한 개의 케이블에 여러 개의 광섬유를 생각하고 있다면 더 높은 전송률을 기대할 수 있다.

[표 8.1] 파장분할 다중화에서 전송율

채널 수	채널당 데이터 율	총 데이터 율
4	2.5 Gbps	10 Gbps
8	2.5 Gbps	20 Gbps
8	10 Gbps	80 Gbps
16	2.5 Gbps	40 Gbps
32	2.5 Gbps	80 Gbps
40	10 Gbps	400 Gbps
80	2.5 Gbps	200 Gbps

8.8 해저 광 케이블

지구상의 통신 시스템에서 가장 큰 규모의 링크는 수중 광섬유 케이블이다. 이 케이블들은 해양을 가로지르고 대륙을 선회한다. 전 대륙이 광 케이블로 연결되어 있기 때문에 대륙 간 통신망의 핵심적인 중추역할을 담당한다. 해저 케이블은 극한에서도 견딜 수 있는 요구조건을 만족해야 한다. 케이블의 제작, 설치 및 유지하는 비용이 상당하므로 가능한 한 전송용량을 높여야 한다. 케이블과 더불어 광증폭기나 중계기도 25년 이상의 설계수명동안 해저에서 동작할 수 있는 강건성이 보장되어야 한다. 관련된 소자나 부품들도 극도의 신뢰성을 보장할 수 있어야 하는데 그 이유는 해저에 매설된 해저 케이블을 복구하거나 수리를 위하여 지상으로 끌어 올리는데 소요되는 비용이 엄청나기 때문이다.

해저 케이블의 설계 및 개발에는 엄청난 도전과 고난이 있었지만 세계를 하나로 묶어주는 절대적인 역할을 수행하였다. 1850년 전기전보를 위하여 영국과 프랑스 간 최초의 해저 케이블이 설치되었지만 어부들에 의해 건져 올려지고, 방수가 충분하지 않는 문제점으로 제 역할을 하지 못하였다. 1851년 보완된 케이블이 다시 설치되어 전보를 위한 기능을 다년간 수행하였다. 1866년 세계 최초의 대서양 횡단 전보 케이블이 개통되어 정상적으로 운영되었다. 전화를 위한 최초의 대서양 횡단 해저 케이블 (TAT-1)이 1956년 영국과 캐나다간 설치되었다. TAT-1은 36 전화회선을 실어 나를 수 있었다. 1983년 서비스된 TAT-7은 마지막 대서양 횡단 동축 케이블로서 4200 아날로그 전화회선을 수용했다. 그러나 이즈음 기술자들은 동축 케이블의 한계를 인식하고 있었다.

통신 위성은 1960년대 등장하였다. 최초의 대서양 횡단 위성 통신인 인텔셋 1은 1965년 발사되었고 240 전화 회선을 수용하였는데 당시 해저 케이블 용량의 2배 정도였다. 1970년에는 해저 케이블보다 더 많은 음성 서비스를 하기에 이르렀다. 동축 케이블이 한계에 다다랐지만 위성통신에 대한 패배를 인정하지 않았는데 정지위성은 지상에서 37,000 km 궤도에 있음으로 인한 시간지연과 마이크로파의 통신보안에 대한 신뢰성이 이 문제가 되었다.

1970년 후반 벨연구소에서는 해저 케이블로서 광섬유를 주목하였다. 1980년대 TAT-8을 설계하였는데 이것이 최초의 대서양 횡단 광섬유 케이블이었다. 두 쌍의 단일모드 광섬유에 1300 nm 광원으로 278 Mbps 전송을 계획하였다. 당시의 수준에서는 대단히 무모한 시도였는데 단일모드 광섬유가 실용화되지 않았으며 반도체 레이저의 신뢰성이 확보되지 못했기 때문이다. 그러나 중계기 간격을 50 km 이상 유지함으로서 중계기 수를 줄일 의도였다. 1988년이 되어서야 원하던 목표를 이룰 수 있었다. 이 후 기술적인 발전을 거듭하여 해저 광케이블을 폭발적으로 성장하였으며 위성이 담당하던 국제전화 서비스를 완전히 대체하였다. 현재 국제 통신의 95 %는 해저 광케이블이 담당하고 있다.

해저 광케이블은 거리에 따라 세 가지 범주로 나눈다. 단거리 시스템은 100 km 이하이며 섬과 육지를 연결하거나 섬끼리 연결하는 것이 일반적이다. 네트워크 관점에서 이 케이블들은 수중을 통해서 단지 전체 네트워크에 연결되는 수준이다. 중거리 시스템은 1000 km 이상에서 운영되며 광섬유 증폭기를 포함한다. 장거리용으로 대양횡단 케이블은 수천 km 이상으로 대륙간 또는 대륙을 가로질러 설치되고 운영된다. 우리나라의 경우 1992년 한국-일본-홍콩을 연결하는 최초의 국제 해저 광케이블이 설치되어 3780 회선급인 280 Mbps 서비스가 개통되었다. 1997년 아시아의 주요 9개국인 한국-일본-홍콩-타이완-필리핀-말레이시아-인도네시아-태국-싱가포르를 연결하는 12,083 km의 ACPN (Asia Pacific Cable Network) 케이블이 개통되어 5 Gbps 용량을 제공하는 통신서비스가 제공되었다. 일본, 미국, 중국, 대만과 직통으로 연결할 수 있는 우리나라 최초의 태평양 횡단 광섬유 케이블은 2000년 개통하여 인터넷, 디지털 데이터 통신 및 광대약 멀티미디어 서비스를 담당하였다. 총 연장길이는 30,000 km 에 다다르며 환형망으로써 시스템 자동 복구가 가능하다.

[표 8.2]는 몇 가지 해저 광케이블을 발전상에 따라 비교한 것이다. 해저 케이블과 같이 육상의 장거리 통신 시스템은 고속의 신호를 전송하므로 전 세계 통신망의 중추역할을 담당한다. 이러한 시스템은 국내 망과 국제 망으로 나눌 수 있는데 어떻게 작동하느냐 보다는 누가 시스템을 운영하느냐로 그 차이를 구분한다.

장거리 육상 통신시스템은 해저 광케이블처럼 점대점 (point-to-point) 연결이 아니라 망조직으로 상호 연결돼 있다는 측면에서 다르며 주로 인구 밀집지역의 중심부를 연결한다. 해저 광케이블의 경우 대서양을 횡단하는 동안 논리적으로 정지점은 없지만 장거리 육상망은 그렇지 않다.

[표 8.2] 해저 광케이블의 비교

유형	TAT-8	TAT-10	SEA-ME-WE-3	Project Oxygen
개통	1988	1992	1998	2000-2002
운영	미국-영국과 프랑스	미국-독일	독일-싱가포르	전세계
데이터율 / 광섬유 쌍	278 Mbps	565 Mbps	2.5 Gbps/ 채널	10 Gbps/ 채널
광섬유 유형	단일모드	단일모드	영분산 (@1580 nm)	NA
중계기 간격	50 km 이상	100 km 이상	×	×
광 증폭기	×	×	○	○
동작파장	1300 nm	1550 nm	1550 nm (8 채널)	1550 nm (16 채널)
총 케이블 용량	560 Mbps	1130 Mbps	40 Gbps	640 Gbps

[그림 8.31]과 같이 부산에서 서울까지 연결된 광케이블은 중간에 위치한 많은 도시를 지나면서 신호를 공유할 수 있도록 한다. 지상의 광케이블은 주로 철로, 고속도로, 또는 기간시설을 따라 매설하는 형태로 구축하므로 해저 광케이블 설치보다는 훨씬 수월하다.

장거리 지상 통신망은 세 가지로 구별된다. 공중통신 네트워크는 장거리 전화망으로부터 진화한 것으로 단말기간의 일시적인 연결통로를 만들어 주어 신호를 교환할 수 있도록 한다. 인터넷은 컴퓨터망 간 또는 인터넷 서비스 간 데이터 패킷을 전단하는 것으로 인터넷 서비스 공급자의 계정으로 모든 사용자에게 서비스가 제공되는 것이다. 사설전용망은 항공사나 은행과 같은 회사에서 장거리 전송망의 일부를 임대하여 서비스를 제공하는 것이다. 관련된 시스템들은 동일한 케이블에 속한 별도의 광섬유를 사용한다. 만약 광케이블에 문제가 발생하여 절단된 경우라면 동시에 서비스가 중단될 것이다. [표 8.3]에서 세대별 광섬유 중계회선 시스템의 성능을 비교하였다.

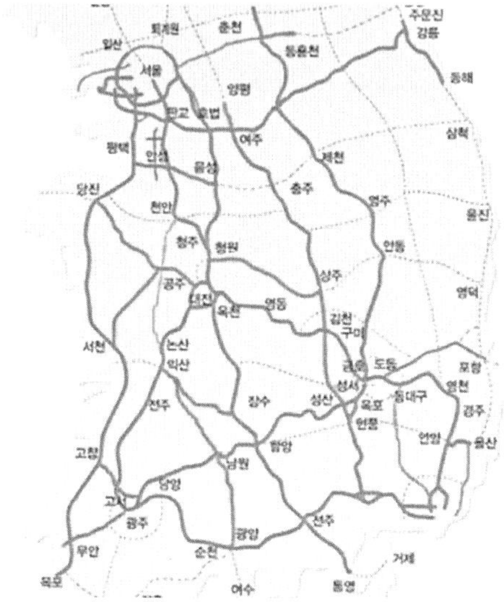

[그림 8.31] 우리나라 초고속 광통신망 (www.ex.co.kr)

[표 8.3] 광섬유 중계회선 시스템의 성능 비교

	1세대	2세대	3세대	4세대	5세대
파장	850 nm	1300 nm	1300 nm	1550 nm	1550 nm
광섬유 유형	경사형 다중모드	경사형 다중모드	단일모드	단일모드	영분산, 단일모드
광섬유 손실	3–4 dB/km	1 dB/km	0.35 dB/km	0.2 dB/km	0.2 dB/km
신호증폭	중계기 8 km	중계기 20 km	중계기 40–150 km	증폭기 50–150 km	증폭기 50–150 km
데이터 율	45 Mbps	90 Mbps	400–2500 Mbps	2.5–10 Gbps	2.5 Gbps/파장

[연습문제]

8.1 발광영역 직경이 $50\mu m$ 인 LED의 광 강도는 100 $W/(cm^2 \cdot sr)$ 이며 산란방사 패턴을 가진다. 개구수가 0.23이고 코어직경이 각각 $65\mu m$ 인 계단형 광섬유에 대한 결합 광 전력을 계산하시오.

8.2 발광영역 직경이 $100\mu m$ 인 LED의 광 강도는 100 $W/(cm^2 \cdot sr)$ 이며 산란방사 패턴을 가진다. 개구수가 0.23이고 코어직경이 각각 $50\mu m$ 인 계단형 광섬유에 대한 결합 광 전력을 계산하시오.

8.3 코어 직경이 $150\mu m$ 이고 개구수가 0.33인 계단형 굴절률 광섬유와 코어 직경이 $62.5\mu m$ 이고 개수수가 0.25인 경사형 굴절률 광섬유가 있다. 두 광섬유가 빛을 수집할 수 있는 효율로 비교하라. 221

8.4 1550 nm LD 광원으로 1.25 Gbps 속도의 데이터를 코어직경이 62.5 μm 인 다중모드 광섬유에 전송하여 10 km 진행하였다. 이 광섬유의 모드 대역폭이 250 MHz 일 때 총 분산을 계산하시오. 단, 1550 nm에서 색 분산은 100 ps/nm·km, 선폭은 1 nm이다.

8.5 계단형 다중모드 광섬유의 코어 굴절률은 1.45이고 개구수는 0.25이다. 공섬유의 재료분산은 250 ps/(nm·km)이며 색분산에서 재료분산이 지배적이다.

(1) 50 nm 선폭을 가진 LED 광원을 사용할 경우 단위 km당 펄스퍼짐을 구하시오.

(2) 이 광섬유에 대한 BL곱을 구하시오.

09
CHAPTER

광 인터커넥션

학습목표

1. 광 인터커넥션 (optcal interconnection) 개념을 이해한다
2. 광 인터커넥션의 요소기술에 대하여 알아본다
3. 광 인터커넥션을 위한 부품에 대하여 알아본다

9.1 광 인터커넥션 개요

스마트폰과 같이 개인 정보통신기기가 많아질수록 매년 발생되는 데이터 량이 증가하고 있으므로 대용량의 데이터를 고속으로 전송해야 할 필요성이 증가하고 있다. 특히, 모든 전자기기를 네트워크로 연결하려는 IoT (Internet of Things)기술이 실현된다면 네트워크를 통한 데이터 량은 점점 더 증가할 것이다. 현재 기간망부터 가입자망까지 광통신망으로 구성하는 이유는 인터넷을 통한 동화상, 데이터 등의 정보를 고속으로 전송하기 위함이며 기간망에서는 Tbps급을 넘어 Exa급 전송기술에 대한 연구도 이루어지고 있다. 이렇게 데이터 량이 증가함에 따라 전기신호에 의해 데이터를 전송하기 위해서는 신호의 주파수를 높여 데이터를 전송하였지만 메인보드나 백플레인 등의 어느 정도 전송거리가 있는 곳에서는 고주파신호의 감쇠가 크고, 데이터처리장치의 성능을 제한하는 요인이 되기도 한다. [표 9.1]은 전기전송과 광전송의 차이점을 나타내고 있는데, 전기전송에서는 대용량의 데이터를 전송하기 위해서는 전송대역, 커넥터밀도, 소비전력, 노이즈 내성, 손실 등의 제한 때문에 어려움이 있기 때문이다. 데이터 전송 시 전기신호 대신 광 신호를 이용하여 네트워크의 병목현상 없이 전송할 수 있는 것이 광 인터커넥션(optical interconnection) 기술이다. 특히, 요즘 관심이 증가하고 있는 빅 데이터나 데이터 량이 많은 과학기술 데이터를 처리하기 위한 슈퍼컴퓨터에는 초고속대용량전송기술

이 절대적으로 요구되어진다. 또한 컴퓨터분야에서도 CPU의 성능은 십여년 전에 비하여 비약적으로 발전하여 CPU-메모리 간의 버스접속에 병목현상이 있어 이를 해결해야할 필요성이 있으며, 병렬 수퍼 컴퓨터에서는 병렬성이 증가됨에 따라 CPU-CPU간, CPU-메모리 간의 전기배선에 의한 신호전송에 한계가 왔다고 인식이 되고 있어 광기술을 이용한 광 인터커넥션기술이 주목을 받고 있다.

[표 9.1] 전기전송과 광전송의 비교

전송방법	전기전송	광전송
대역폭	좁음	넓음
전송속도	늦음	빠름
전송거리	짧음	길다
배선밀도	낮음	높음
노이즈내성	낮음	큼
EMI내성	나쁨	좋음
손실	큼	작음
광전변환	불요	필요
소자크기	작음	큼
전기회로와 집적도	쉬움	어려움
접속성	쉬움	어려움

광 인터커넥션이란 광을 이용하여 부품간, 장치 간 상호접속을 의미하는 것으로 칩 내 접속으로부터 장치 간 접속까지의 수 um로부터 수 m 내외의 신호전송을 위한 접속을 의미한다. 그러므로 광 인터커넥션이 적용될 가능성이 가장 높은 분야중의 하나가 슈퍼컴퓨터이다. ~수십 PFLOPS급의 슈퍼컴퓨터 개발에 광 배선을 적용하려는 이유는 기존의 전기배선으로 슈퍼컴퓨터를 구성하려면 약 20000km의 동축케이블이 필요하며 슈퍼컴퓨터를 설치하기 위한 장소의 면적도 8500m^2정도 필요하며 소비전력도 30 MW정도가 필요하므로 전기배선으로 슈퍼컴퓨터를 구성하기에는 한계가 있기 때문이다. 이외에도 광배선이 적용 가능한 영역은 칩 내 전송, 칩 간 전송, 보드 내 전송, 보드 간 전송, 휴대폰, FPD 등 이며, 이에 대한연구도 활발하게 이루어지고 있다.

광 인터커넥션기술은 소비전력이 작고, 간섭이 없으며, 광은 전기에 비하여 대역폭이 크므로 초고속으로 대용량의 신호를 전송 할 수 있는 장점이 있지만, 신호전송을 위해서 광통신과 같이 송신측에서는 전기신호를 광신호로 변환해야 하고 수신측에서는 다시 광 신호를 전기신호로 변환해야 하는 과정이 필요하다. 이렇게 광신호로부터 전기신호로 변환하는 과정에서 소비전력이 크게 되고, 가격이 올라가고, 모듈이 크지게 되는 단점도 있다. [그림 9.1]은 광 인터커넥션기술과 전기배선의 소비전력을 비교한 것으로 광 인터커넥션은 거리에 따른 소비전력의 변화는 없지만, 광원의 구동드라이버, 수광 소자의 증폭 회로등을 포함하면 1 Gbps의 신호를 전송하는데 약 ~100mW 정도 소모된다.

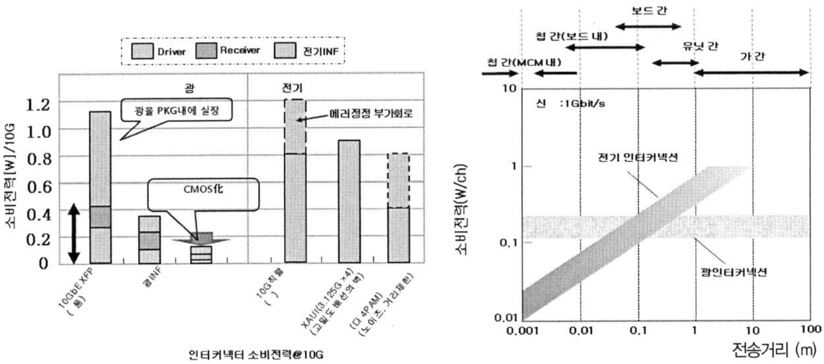

[그림 9.1] 광인터커넥션과 전기배선의 소비전력 비교

반면 전기배선의 경우는 거리에 따라 소비전력이 증가하게 되는데 전송거리가 수 mm 정도 되면 본딩 패드의 용량에 의해 소비전력이 결정된다. 전송거리가 10cm에서 1m 정도 되면 동축케이블이 사용되어지고 소비전력은 약 1W 정도로 된다. 전기배선인 경우는 소비전력이외에도 신호감쇄, 반사, 혼선, skew등의 요소를 고려해야만 한다. [그림 9.2]와 같이 backplane 위의 보드 간 신호 전송하는 경우 신호의 감쇠는 주파수의 제곱근에 비례하여 증가하는 전도체손실 R과 배선판의 유전손실 tan δ에 의한 원인으로 발생한다. 그래서 손실을 줄이기 위해 유전손실이 적은 재료의 기판을 사용하여야 하며, 보드 간 접속 시 커넥터의 종류에 따라서도 손실이 다르게 되므로 적당한 커넥터를 사용하여야 하며, 또 배선과 커넥터의 임피던스 매칭이 되지 않으면 반사가 크게 되어 신호감쇠가 발생하게 된다. 또 전기배선의 가장큰 문제점중의 하나가 실장밀도가 작다는 것이다.

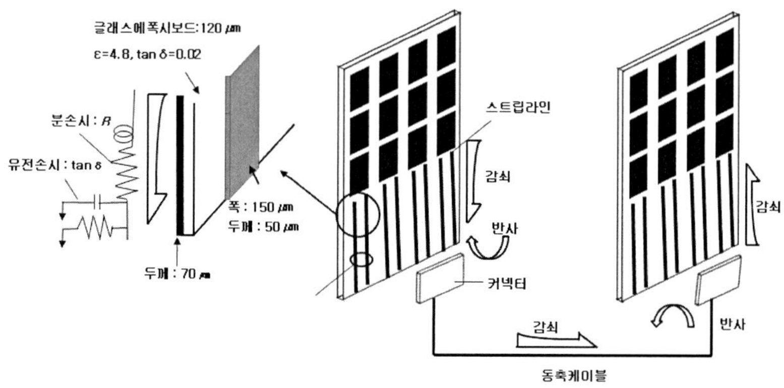

[그림 9.2] 보드간 전기 신호 전송시 반사, 감쇠 요인

전기배선으로 전송용량을 증가시키려면 병렬채널수를 증가시키거나 채널당 전송용량을 증가시켜야 한다. 그렇지만 만약 채널수를 증가시키면 칩패키징의 핀(pin)수가 증대되고, 데이터의 도착시간이 다르게 될 수 있는 문제점이 있다. 이를 해결하기 위해 skew조정회로 등이 필요하며 이외에도 pre-emphasis 기술, 이퀄라이저 기술 등 여러 기술이 필요하게 되는데, 이런 기술들에 의해 집적회로의 크기를 크게 하고 소비전력도 증가되는 원인이 된다. [그림 9.3]은 전기전송과 광전송으로 신호를 전송할 때 신호전송 과정을 보여주고 있는데, 전기전송은 preamp나 이퀄라이저가 필요한 반면 광전송은 전기신호를 광신호로 변환하기 위한 전광소자와 광 신호를 전기신호로 변환하기 위한 광전소자가 필요하다.

구리전선과 광섬유를 사용하여 1 Tbps를 10m 전송할 경우를 비교하면 [표 9.2]와 같이 광섬유를 사용하면 케이블수도 작으며 무게도 크게 줄일 수 있음을 알 수 있다.

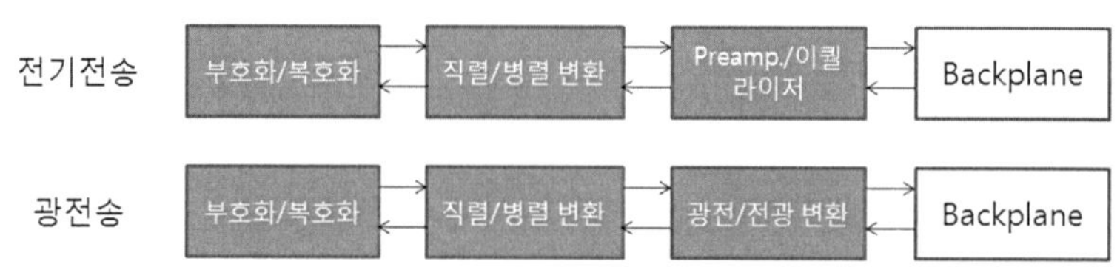

[그림 9.3] 전기전송과 광전송 비교

[표 9.2] 전선과 광섬유로 1Tbps를 10m 전송시 비교

비교항목	전기	광
1케이블단면적	2.45㎟	0.49㎟
최대전송속도/채널	500Mbps	〉10Gbps
케이블 수	2000pair (4000선)	100선
총케이블단면적	9800㎟	49㎟

[그림 9.4]에서 서버 간 통신을 전선으로 구성한 경우는 매우 복잡하게 얽혀있지만 광섬유로 연결한 것은 복잡하지 않게 되어 있어 유지보수에도 좋은 장점이 있음을 알 수 있다.

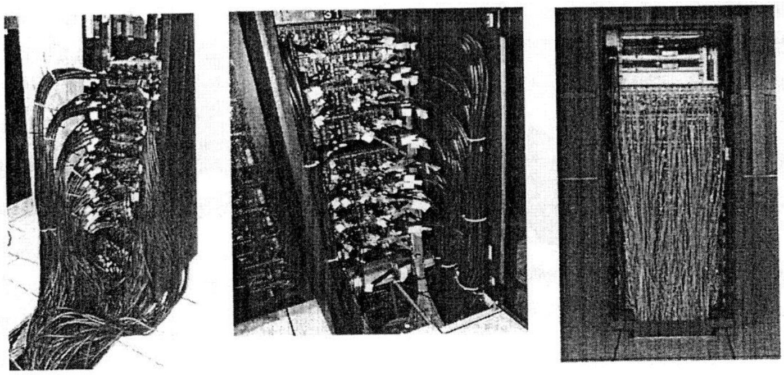

(a) (b) (c)

[그림 9.4] 전기배선과 광배선의 비교. (a) 전선으로만 구성, (b) 전선과 광섬유로 구성, (c) 광섬유로만 구성

광 인터커넥션기술은 장거리 광통신기술과 비슷하지만 [표 9.3]에서 보이듯이 서로 간에 차이점이 있다. 신호처리보드나 스위치보드 간을 연결하는 백플레인 내의 광 신호전송, 보드내의 광 신호전송, 칩내의 광 신호전송, 장치 내에서의 광신호전송화를 위한 광 인터커넥션기술의 발전 과정은 [그림 9.5]와 같다. 일반적으로 장거리 광통신네트워크에서는 고속으로 대용량의 신호를 수백 km이상 멀리 보내기 위해 손실이 매우 작은 광섬유를 사용하지만, 광 인터커넥션의 경우는 전송거리가 짧고, 다채널로 해야 될 경우 공정가격이 저렴해야 하며, 크기가 작아야 되므로 도파로 형태가 주로 사용되고 있다.

[표 9.3] 광인터커넥션과 장거리광통신

항목	광인터커넥션	장거리광통신
전송거리	1 mm ~ 100m	1 ~ 수백 km
전송방식	직력 또는 병렬	직렬
접속 토폴로지	1대1, 1대 다수, 다수 대 다수	1 대 1
파장	850nm, 1.3㎛, 1.5㎛	1.3㎛, 1.5㎛
광원온도범위	변동(20~70℃)	항온
BER	10^{-15} 이하	10^{-9} 이하
전송부호	임의	표준화(scramble)
전송선로	다중모드광섬유, 단일모드광섬유, 박막광도파로, 공간	단일모드광섬유
bit 동기	클럭추출,클럭동기, 다상클럭선택	클럭추출
전력	작다	크다
크기	작다	크다
가격	저가	고가

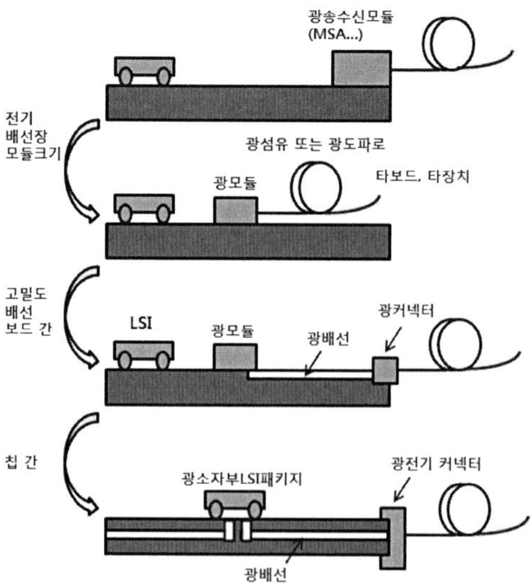

[그림 9.5] 광인터커넥션의 보드간, 보드내에서의 신호전송 발전과정

[표 9.4]는 광으로 신호를 전송하기 위해 전송선로로 사용되고 있는 광섬유와 광도파로를 비교한 것으로 광섬유는 주로 실리카재료가 많이 사용된다. 반면 광도파로로 사용되는 실리카재료는 신뢰성은 좋은 장점이 있으나, 최근에는 공정, 성능을 고려하여 폴리머 재료에 대한 연구가 많이 이루어지고 있다.

[표 9.4] 광섬유와 광도파로의 비교

항목		광도파로	광섬유
자체 특성	재료	실리카, 폴리머	실리카, 폴리머
	단면구조	사각형	원형
	전송손실	약 0.1dB/cm	실리카:<0.001dB/m 폴리머:0.1dB/m
광배선시 특성	제조법	사진식각공정, Imprint법	접착제로 고정
	광분기	쉬움	어려움
	배선교차	어려움	쉬움
	배치정밀도	0.1㎛이하	10~100㎛ 정도

앞으로 광인터커넥션 기술이 적용 될 가능성 높은 칩내, 칩간, 보드내, 보드간, unit 간, 장치간, 기능모듈간의 광인터커넥션 기술에 대하여 설명한다.

9.1.1 칩 내 광 인터커넥션

집적회로 내 전기신호로 고속 전송시 트랜지스터를 소형화하여 클럭속도를 증가시켜 전송하였으나 소자가 작아지면서 누설전류에 의해 소비전력이 증가하고 전송속도도 한계에 이르는 등 문제가 되고 있어, 이를 해결하기 위한 기술로서 광 인터커넥션이 주목을 받고 세계 유수의 기관에서 연구가 이루어지고 있다. 광 인터커넥션 방법으로 반도체 칩내에서 고속으로 대용량의 신호를 전송하기 위해서는 레이저다이오드 (LD), 수광 소자 (PD)와 더불어 도파로를 이용하여야 하므로 전자회로와 광원, 수광 소자를 단일칩에 집적화하기 위한 기술이 요구되어진다. 최근에는 NEC에서 100 um^2 크기에 실리콘 photodiode와 고속 증폭기와 파장다중신호를 전송하기 위한 100 μm 크기의 광 결합기와 분파기를 도파로로 개발하여 칩 내에서 저 전력으로 고속신호전송 가능성을 보고하였다.

9.1.2. 칩 간 광 인터커넥션

현재 많이 사용되고 있는 컴퓨터의 경우도 CPU와 메모리는 처리속도가 빠르지만, 칩간 신호전송은 이에 따라가지 못하고 있다. 컴퓨터가 빠르게 동작하기 위해서는 신호처리속도, 신호전송속도도 빨라야 한다. 그래서 [그림 9.6]과 같이 복수의 LSI 칩사이의 대용량의 신호전송속도를 높이기 위해 전기신호를 광신호로 변환하기 위한 전·광(E/O) 변환소자, 광신호를 전기신호로 변환하기 위한 광·전(O/E)변환소자, 광신호를 전송하기 위한 광도파로를 유전체나 실리콘 기판위에 집적된 구조로 이루어진다. 기본적으로는 칩 내 광 인터커넥션과 비슷하다. 전기배선의 경우 50 Ω의 신호전송로를 사용하면 1 단자 당 약 50 mW의 큰 전력이 필요하다. 10 Gbps 이상의 고속이 되면 고주파 손실이 크게 되어 신호전송거리가 10 cm 이상 되는 경우에는 적용이 어렵다. 반면 광 인터커넥션으로 칩 간 신호를 전송하기 위한 기술로 도파로를 이용한 직접접속과 홀로그램을 이용한 공간접속 등이 있다.

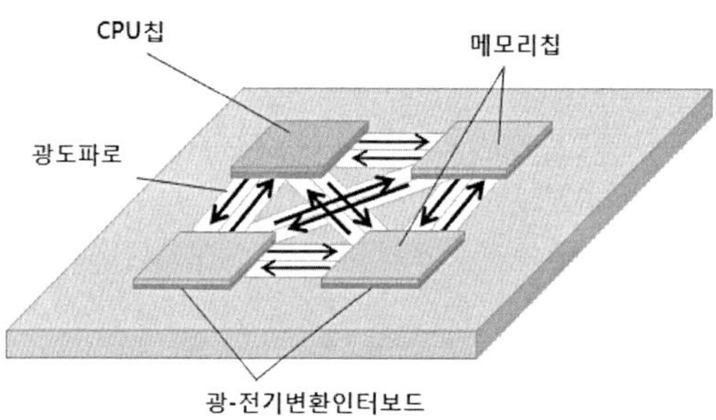

[그림 9.6] 칩간 광인터커넥션 기술

9.1.3 보드 내 광 인터커넥션

[그림 9.7]과 같이 광 입·출력부를 가진 멀티 칩 모듈을 광도파로나 광섬유로 접속하는 것이다. 배선길이는 수cm 정도로 길기 때문에 광 도파를 크게 만들 수 있는 기술이 요구되어진다. 특히 전기배선과 같이 임피던스매칭을 할 필요가 없기 때문에 클록 분배와 같은 1대 다수접속을 1개의 드라이브로 가능한 장점이 있다. 기본적인 구성은 PCB기판위에 광 신호를 전송하기 위한 도파로가 제작되어지고, 그 위에 광원과 수광소자, 전자회로 칩이 같이 패키징 되어진다. 광신호로 전송되어지는 PCB이므로 광PCB (optical print circuit board)라고도 하며, 이 기술은 휴대폰,

스마트폰과 같은 소형의 전자장치에도 적용되어 지고 있다. 이유는 휴대폰이나 스마트폰에 고화소의 카메라나 디스플레이가 적용되고 있어 고속으로 영상신호를 전송해야 할 필요성이 커졌기 때문이며, 소형이며 구부림 특성등의 장점도 가지고 있기 때문이다.

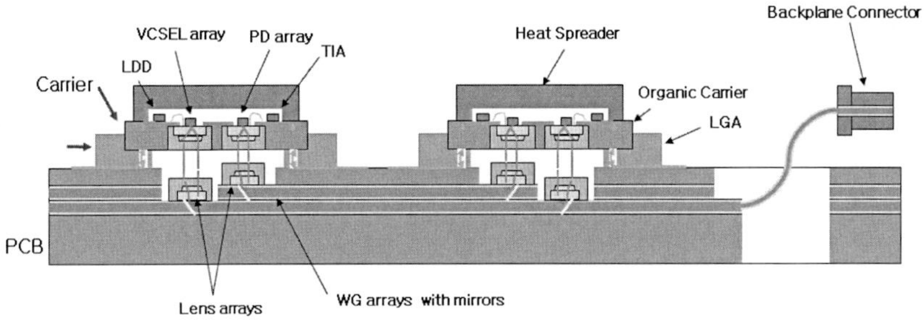

[그림 9.7] 보드내 광배선 구조

9.1.4 보드 간 광 인터커넥션

일반적으로 전자제품에 사용되어지는 PCB에서 전기로 전송할 수 있는 전송속도는 2.5 Gbps가 한계로 생각되어 지고 있다. 그래서 컴퓨터나 교환기 등이 대용량화로 된다면 전기에 의한 보드 간 접속은 용량부족이 발생하기 때문에 신호병목현상이 나타나게 된다. 보드 간에 광으로 신호를 전송하기 위한 방법으로는 광섬유를 이용하여 연결하는 기술과 광도파로를 이용하여 연결하는 두가지 방법이 있다.

[그림 9.8]과 같이 광섬유를 이용하여 신호를 전송하는 것은 배선수가 작은 경우는 간단하게 접속할 수 있다. 테이퍼형태의 광섬유와 다심의 고밀도 광커넥터를 이용하면 보드 당 100개 정도의 접속이 가능하다. 또 광섬유의 손실이 매우 작으므로 전송거리의 제한이 없는 장점이 있어 보드간 뿐만 아니라 장치 간 접속에도 사용가능하다. 그렇지만 연결해야 할 접속선 수가 많으면 부피가 커지게 되고, 제작 및 유지보수 시에도 접속이 제대로 되지 않는 등의 인위적인 실수가 발생 될 수도 있다. 광섬유 이외에도 광을 전송 할 수 있는 매체로 광도파로가 있는데, 이 광도파로를 백플레인에 형성하여 신호를 전송 할 수 있다. [그림 9.9]는 광도파로 재료로 폴리이미드, 불소화 폴리이미드, PMMA가 주로 사용되며, 이들 재료들은 손실이 작아야 하며 사용되어지는 광 파장에서 투명해야 한다. 이외에도 홀로그램이나 grating을 이용하여 보드 간 연결하는 연구도 이루어지고 있다.

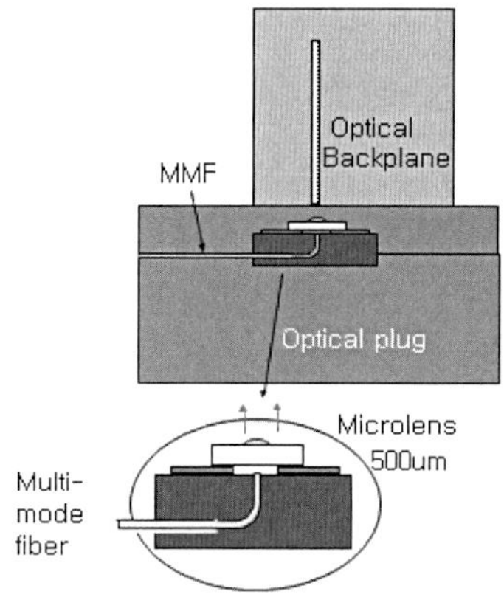

[그림 9.8] 광섬유를 이용한 보드간 연결구조

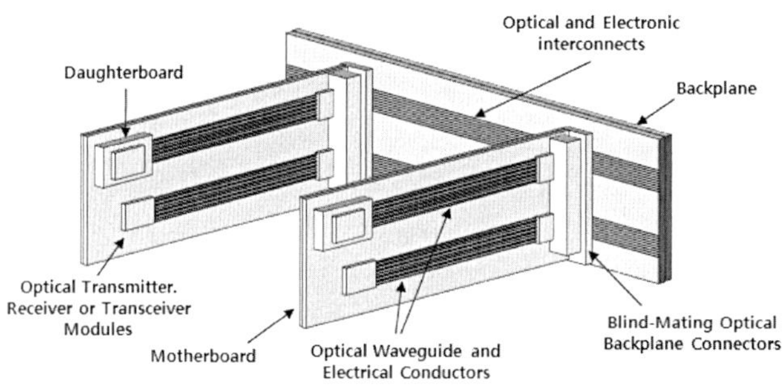

[그림 9.9] 보드간 신호전송위해 광도파로를 이용하여 연결한 구조

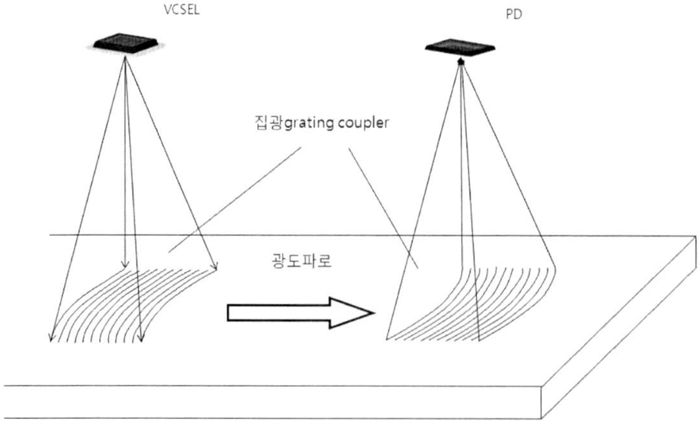

[그림 9.10] grating을 이용한 광의 결합과 분리

[그림 9.10]과 같이 기판위에 홀로그램 렌즈나 격자를 만들어 광도파로나 광섬유에 광을 결합시켜 전송하거나 광도파로나 광섬유를 통해 전송되어온 광을 밖으로 분리시킬 수 있다.

9.1.5 기능 모듈 간 또는 장치 간 광배선

기능모듈간이나 장치 간 광 인터커넥션은 광섬유를 사용하여 접속한다. 전송되는 신호의 대용량화에 따라 고밀도의 멀티 코어 커넥터, 시분할다중기술, 파장분할다중기술을 이용하여 광섬유의 사용수를 줄일 필요가 있다. 또 광 스위치를 접속중간에 설치하여 배선한다면 고장발생시 장치 교환등 유지보수에 도움이 된다. 장치 간 광 신호 전송을 위해서는 보드 끝부분에 송수신 모듈이 있고, 여기에 커넥터가 연결된 광섬유를 접속한다. 대용량이 되면 송수신 모듈의 고밀도화가 필요하다. 사용되고 있는 광 송수신 모듈은 [그림 9.11]에 보여 주듯이 MSA (multti-source agreement), SNAP 12 등이 규격화되어 있다. MSA는 저가이지만 작은 것이라도 80mm X 20mm X 10mm 정도로 부피가 크므로 배선수가 증가한다면 보드 끝에 연결해야 하므로 고밀도화에 한계가 있다. 또 LSI로부터 끝단까지는 전기신호로 전송되기 때문에 신호의 열화가 생길 수 있다. 이런 이유로 LSI 근처에 광 송수신 소자나 구동 IC, 증폭기를 실장하고 광섬유나 도파로로 끝단의 광커넥터까지 배선한다면 고밀도화로 할 수 있다.

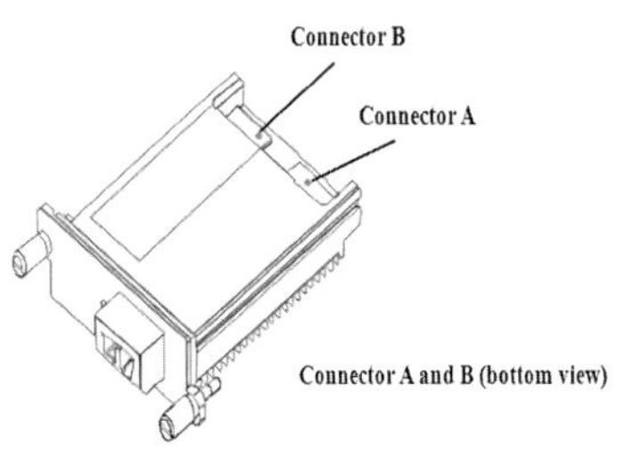

(a)

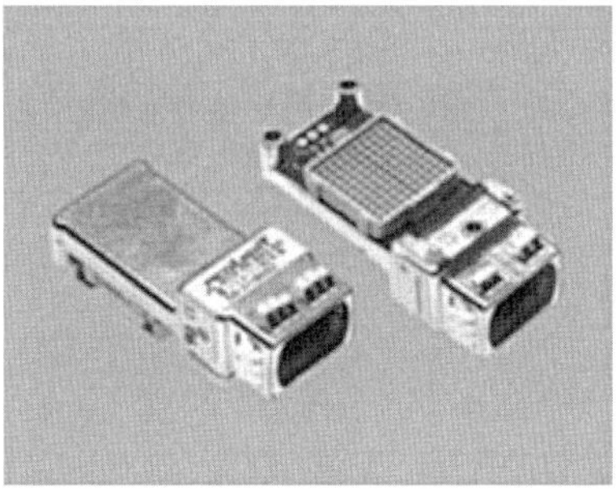

(b)

[그림 9.11] (a) MSA 외관과 (b) Optical Module SNAP12 Parallel Module (Picolight)

9.2 광 인터커넥션의 요소 기술

광 인터커넥션 기술이 여러 분야에 적용되기 위해서는 전자회로와 광소자간의 실장 기술이 중요하다. 특히 전기-광변환소자 (E/O, O/E)를 실장한 광배선판의 구조는 용도에 따라 다르므로 표준화가 요구된다. 광 배선에서 E/O, O/E 소자의 중요한 특성은 속도, 소비전력, 신뢰성, 가격, 밀도 등이다. 현재 E/O 소자로서는 VCSEL (vertical cavity surface emitting laser)이 많이 사용되고 있으며, O/E 소자로는 pin-PD가 사용되고 있다. 특히 장치 내, 보드 내 광 인터커넥션과 같이 짧은 거리의 경우는 송신 power가 클 필요가 없다. 하지만 광원으로부터 나오는 광을 크기가 작은 광섬유나 광도파로에 결합효율이 높게 커플링시켜야 하며, 또 광전송로를 따라 전송 된 광을 수광소자가 많이 받아들일 수 있도록 하는 것이 중요하다. 또 광도파로의 재료 특성, 정렬기술, 실장기술이 광 인터커넥션에서 중요하므로 앞으로 해결해야 될 광 인터커넥션 기술의 과제는 다음과 같다.

9.2.1 광결합

광원에서 나오는 광을 광전송로인 광섬유나 광도파로에 광을 결합시키는 방법에는 두 가지 방법이 많이 사용되고 있다. 첫째는 광을 광섬유나 광도파로에 직접 결합하는 방법과 렌즈를 이용하여 결합하는 방법이 있다.

광을 광섬유나 광도파로에 직접결합하는 가장 간단한 결합으로 [그림 9.12]에서 보여주고 있다. 광을 광섬유의 코어내로 결합시킬 때는 광섬유코어와 광원을 일치시켜야 한다. 광도파로에 광을 결합시키고자 한다면 광원에서 나온 광이 미러에서 반사되어 광도파로내로 결합이 되도록 도파로가 45도의 각도를 가지도록 제작이 되어야 한다. 이러한 직접결합은 렌즈가 필요 없으므로 부품가격, 제조가격은 싸게 된다. 그러나 광원으로부터 조사되는 광은 회절에 의해 빔 직경이 넓게 되기 때문에 광전송로와의 결합을 좋게 하기 위해서는 아주 가깝게 있어야 한다. 또 각도가 있는 광을 전반사시키기 위해서는 코어재료와 클래딩재료의 굴절률차가 큰 광전송로를 사용해야 하는 등의 제약이 있다. 같은 방법으로 광이 광전송로를 전송한 후 수광 소자에 결합되는 경우에도 광전송로에서 나오는 광의 퍼짐에 주의해야 한다. 전송로 보다 큰 수광 면적을 가진 수광 소자라면 문제가 되지 않지만, 같은 크기이거나 크기가 작다면 효율이 나빠질 수 있으므로 주의를 기울여야 한다. [그림 9.13]은 기판위에 있는 다중모드 광도파로와 광원 또는 수광 소자와의 결합을 나타내고 있다.

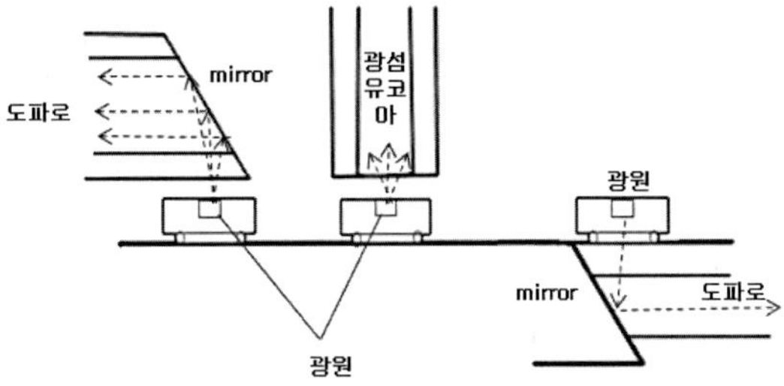

[그림 9.12] 광소자와 광도파로와의 직접결합

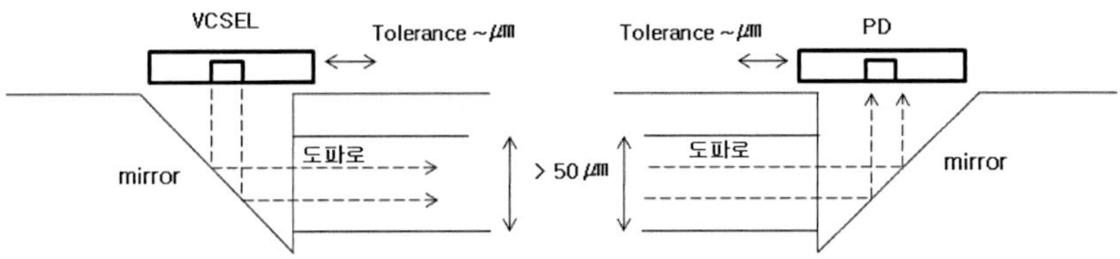

[그림 9.13] 광원과 다중모드 도파로의 결합과 다중모드 도파로와 수광소자의 결합

[그림 9.14]는 마이크로 렌즈를 이용하여 광을 도파로에 결합하는 구조를 보여주고 있다. 마이크로 렌즈는 굴절률형과 회절형이 있다. 마이크로 렌즈는 광원으로부터 나오는 광을 모으거나 혹은 평행광으로 만들어 광섬유나 광도파로에 결합되도록 한다. 이를 위해 광소자와 광전송로와의 거리는 자유롭게 설정 할 수 있다. 코어와 클래딩의 굴절률차가 작은 광도파로에도 사용가능한 장점이 있다. 또 광 빔경이 수 ㎛이상 퍼진 후에 광섬유나 광도파로에 결합시키기 때문에 광 정렬 여유가 있어 정

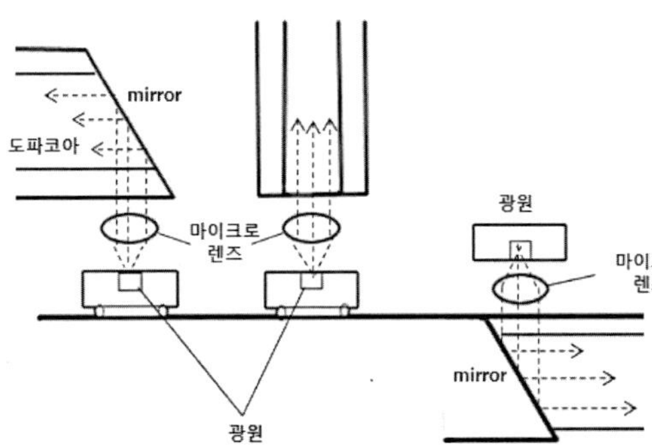

[그림 9.14] 마이크로 렌즈를 이용하여 광을 광전송로에 결합 메카니즘

렬비용을 줄일 수 있다. 그러나 렌즈의 제작비용이나 실장비용이 전체 가격에 영향을 줄 수 있다. 또한 광전송로로부터 나오는 광을 집광하여 수광 소자에 조사되므로 결합효율을 높일 수 있다. 이와 같이 부품수가 증가하거나 고밀도실장을 위해서는 좋지 않지만, 사용면에서는 좋은 점이 있다.

9.2.2 광전송로 종류 및 광도파로 제작

일반적으로 사용되어지는 통신용 광섬유는 3장에서 언급되었듯이 단일모드와 다중모드가 있으며, 두 종류 모두 클래딩 직경은 125㎛이고 피복을 포함한 직경은 250㎛이다. 일반적인 광섬유의 최소 구부림 반경이 30mm정도 되므로 기기내의 좁은 공간에서 설치하기에는 무리가 있으므로 구부림 반경이 더 작아야 한다. 광 인터커넥션을 위해 개발된 광섬유는 구부림 반경이 5mm까지 되는 제품도 있으며, 고밀도화를 위해 125㎛ 간격을 가진 광섬유 리본도 개발되어 있다. 고밀도화를 위해서 개발된 광섬유 리본은 12개의 광섬유로 이루어져 있으며, 피치간격은 125㎛ 로 되어 유연성도 있지만, 현재 사용되고 있는 MT 페룰의 피치간격이 250㎛ 이므로 피치를 맞추어야 하는 문제점이 있다. 또 광섬유리본에서 심선간의 피치에 대해서는 단일모드 광섬유의 경우는 광섬유 코아 직경이 5㎛이므로 피치간격을 줄이는 것이 가능하지만 광접속시 정렬이 어려울 수 있다.

광전송을 위한 도파로 재료로는 실리카와 폴리머재료가 많이 사용되어지고 있다. 실리카재료는 전송손실이 작은 장점이 있지만 유연성이 좋지 않은 단점이 있다. 그래서 유연성도 있고 제작공정이 쉬운 폴리머재료가 요즘에 많은 주목을 받고 있다. 광도파로도 광섬유와 같이 단일모드와 다중모드가 있으며 광 인터커넥션으로는 다중모드가 많이 적용되고 있다. 다중모드 폴리머 광도파로는 저가로 제작이 가능하여 보드 간, 보드 내, 칩 간의 광 배선에 적용이 가능하다. 폴리머재료를 광 인터커넥션에 적용하기 위해서 고려되어야 할 요소로는 첫째, 재료 손실이 작아야 한다. 둘째, 도파로 제작이 쉬워야 하며 도파로 표면도 매끈해야 한다. 셋째, 장기신뢰성이 좋아야 한다. 넷째, 굴절률제어가 쉽게 할 수 있어야 한다.

다중모드 폴리머 도파로를 제작하는 몇 가지 방법이 [그림 9.15]에 보여주고 있는데 각 기술의 특징은 다음과 같다.

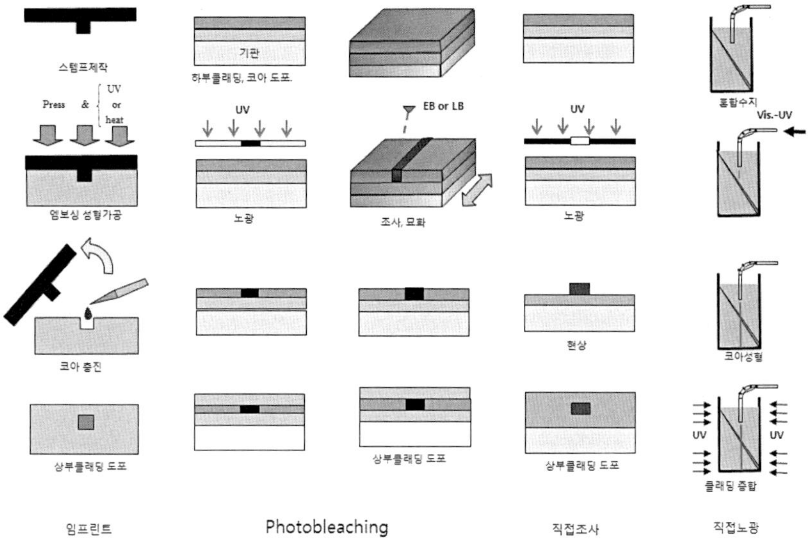

[그림 9.15] 다중모드 도파로 제작방법

① 임프린트 기술

임프린트 기술은 nm부터 mm 단위까지 패턴형성이 가능하고 고throughput 등의 장점이 있어 반도체공정이나 광도파로제작에 적용이 되고 있다. 제작방법으로는 LIGA(Lithographie Galvanoformung Abformung), 사진식각 기술 등을 이용하여 고정밀도로 제작이 가능하다. 임프린트 공정은 패턴이 형성되어 있는 스탬프를 이용하여 열과 압력을 가하여 스탬프와 같은 모양을 제작하는 방법으로 스탬프 제작도 중요하다. 최근에는 스탬프 제작비용을 줄이기 위해 폴리머나 실리콘 고무를 스탬프로 사용하기도 한다. 광도파로를 위한 하부 클래딩 형성을 위해서 열 엠보싱이나 자외선 엠보싱, 사출성형, microtransfer molding 법이 사용되고 있으며, 온도나 압력 등을 조절하여 최적화하여야 한다. 스템프를 분리할 때 도파로나 스템프가 파손되지 않도록 표면처리 등을 한다, 임프린트법으로 제작된 패턴에 도파로 코어로 작용되도록 하기 위해서는 경화수지를 충진하여 빈공간이 발생되지 않도록 하는 것이 중요하다. 마지막으로 상부클래딩으로 작용되는 기판을 올리면 도파로 제작이 완성된다. 일반적으로 많이 사용되고 있는 재료는 PMMA와 polyimid이다.

② photobleaching

재료에 광을 조사하게 되면 재료의 광학적 성질이 변하게 되는 현상을 이용한 것이 photobleaching법이다. photomask를 이용하여 도파로를 형성하고자 하는 영역에 자외선광을 조사하면 재료의 굴절률이 변하여 도파로를 형성하게 된다. 대면적의 패턴형성에 유효하지만 체적수축의 허용범위, 굴절률제어 등이 중요 요소이다.

③ E-beam조사

CAD를 이용하여 전자빔이나 레이저를 폴리머 또는 모노머에 직접 조사하여 패턴을 형성하는 것으로, 폴리머의 경우는 조사한 영역의 굴절률을 변화시키거나 developing에 의해 패턴을 형성하게 된다. 최근에는 불소화폴리이미드에 전자빔을 조사하여 도파로를 제작하는 방법과 fs 레이저를 이용하여 다 광자 흡수에 의해 3차원 광도파로를 제작한 결과도 보고되었다.

④ 자기형성도파로

저가로 고정밀도로 도파로를 제작하기 위한 방법으로 [그림 9.16]과 같이 자기형성 도파로법이 있다. VCSEL 광원과 접속하려는 광전송로 사이에 광경화성수지혼합액을 충진하고, VCSEL로부터 광을 조사함과 동시에 광전송로로 부터도 광을 입사시켜 광경화성수지혼합액을 노광시킨다. 전반되는 광은 자기수속효과에 의해 광경화성수지혼합액을 중합, 경화시켜 도파로 코아가 형성되고, 형성된 도파로를 광이 전반하면서 중합을 일으키고 계속해서 도파로가 형성된다. 이러한 방법으로 도파로가 형성되므로 위치 어긋남을 보상할 수 있을 정도로 정밀도 높게 도파로를 제작할 수 있다. 수지재료로서는 광을 흡수하고 중합이 이루어지므로 중합후에 투명해야 하고 굴절율이 높게 되는 재료여야 한다. 이것을 위해서는 저가의 재료, 제조공정을 간단화 시킬 수 있는 기술개발이 요구되어진다.

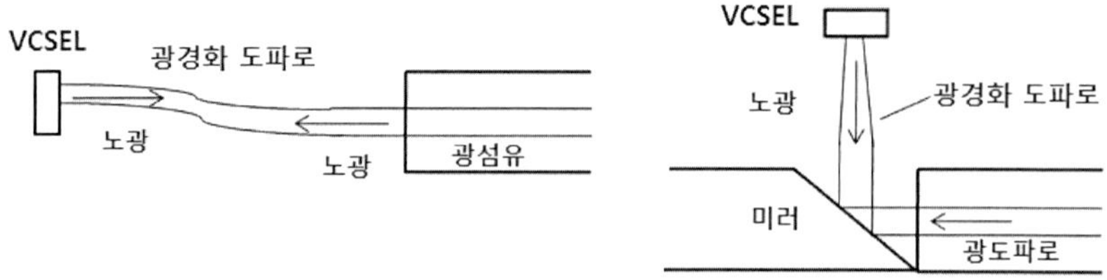

[그림 9.16] 자기형성법을 이용한 도파로제작

9.2.3 광커넥터

광 인터커넥션에 적용되는 광섬유는 코아 직경이 작아야 한다. 또 [그림 9.17]에서 보이듯이 광 인터커넥션에 사용되는 리본광섬유의 간격은 125㎛이고 광도파로의 경우는 50㎛ 정도이므로 접속용의 전용커넥터가 필요하다. 그리고 보드 내, 보드간, 장치간의 접속 시 광섬유만을 사용하는 경우와 광도파로를 사용하는 경우에 따라 접속형태가 다르게 된다. 보드 내에서 광 모듈과 광섬유의 접속에서는 접속 코어수가 8~24 코어로 커넥터를 작게 하는 것이 실장밀도를 높게 하는 것이다. 또 VCSEL 광원이 기판에 대해 수직으로 발광하는 경우 광이 기판에 평행하게 되도록 광 경로변경을 위한 방법도 광 접속부의 크기를 제한하는데 영향을 미친다. 여기에 사용되어지는 커넥터로 MT, 소형 MT, 직각커넥터가 고려될 수 있다.

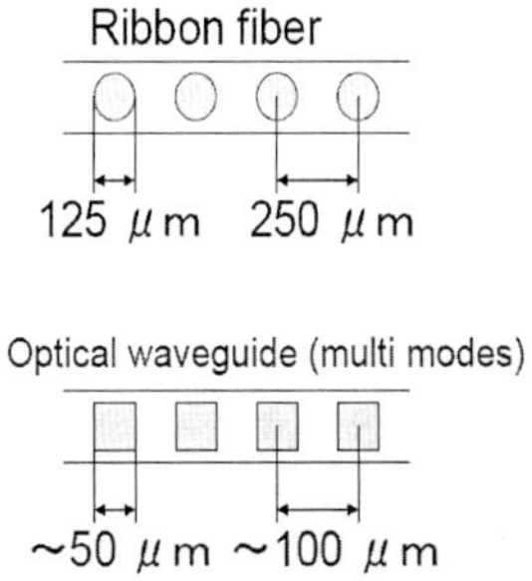

[그림 9.17] 광 인터커넥션에 사용되어지는 리본광섬유의 간격과 광도파로간격

보드위에서의 광 인터커넥션은 [그림 9.18]과 같이 3가지 방법이 있다. 첫째, 보드끝부분에 광모듈을 설치하여 광섬유를 접속하는 방법으로 [그림 9.19]에는 실제 적용된 사례를 보여주고 있다. 두 번째는 집적회로 주변에 광모듈을 설치하여 광섬유로 접속하는 방법이며, 세번째는 직접회로 주변에 광모듈을 설치해서 광도파로로 접속하는 경우로 광도파로의 신뢰성, 커넥터 탈착회수에 대한 저항성등에 대한 특성이 요구된다. 광인터커넥션의 접속방법은 [그림 9.18]의 (a), (b), (c) 순으로 발전하게 될 것으로 생각된다.

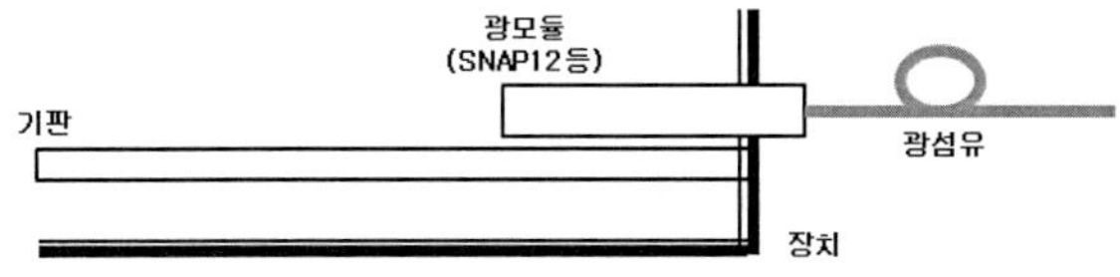

(a)

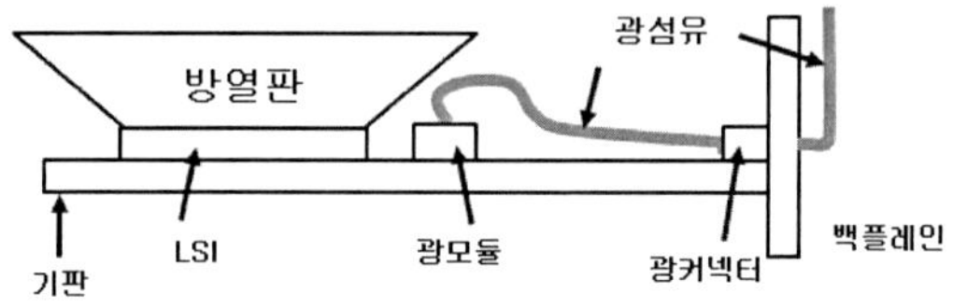

(b)

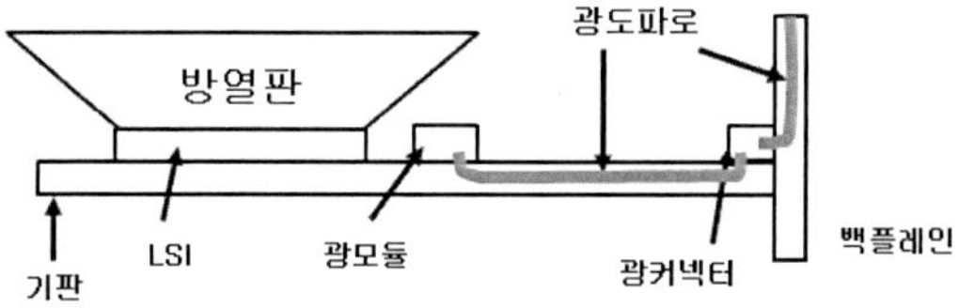

(c)

[그림 9.18] 보드상에서 광배선 방법

[그림 9.19] 인텔의 50G 광 접속 시제품
(http://www.it.co.kr/news/mediaitNewsView.php?nSeq=1758307)

광도파로를 이용하여 광 인터커넥션을 할 경우 칩 간, 보드 내, 보드 간 광 인터커넥션용 폴리머 도파로는 0.1dB/cm정도로 손실이 작은 재료가 개발되었으며, 제조공정도 발달되어 있기 때문에 저비용, 저소비전력화를 위한 연구가 필요하다. 또 광원으로 사용되어지는 VCSEL이 기판에 대해 수직으로 발광하므로 기판에 평행하게 광이 진행하도록 위해 45도 미러나 구부러진 도파로, 커넥터를 실장한 광 모듈에 대한 연구도 이루어지고 있다. [그림 9.20]은 자외선 에폭시를 코어 재료로 오레핀계열의 수지를 클래딩재료로 사용해서 사출성형으로 제작된 3차원 도파로를 이용한 광 트랜시버를 보여주고 있다. 또 광섬유와 수광 소자와의 결합을 위해서는 마이크로렌즈어레이를 형성하므로 정렬 어긋남도 ±10㎛ 정도이고 5 Gbps로 100m 까지 전송가능하다. 폴리머 도파로를 이용하면 광 경로를 자유롭게 변환하는 구조도 가능하므로 응용분야는 점점 더 많아 질것이다.

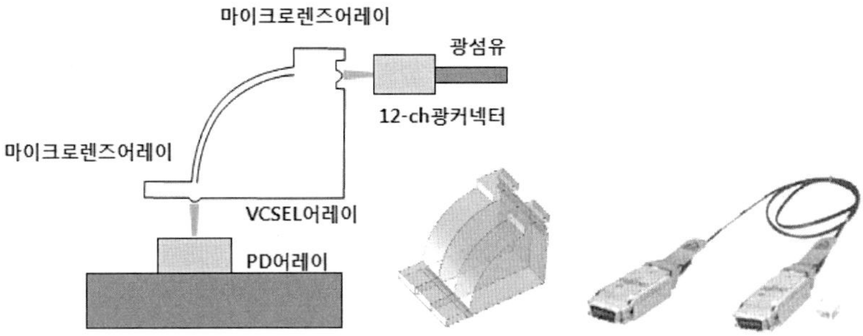

[그림 9.20] 3차원 폴리머 광도파로로 된 광트랜스버

9.2.4 광원

광 인터커넥션용의 광원으로는 측면발광의 레이저 다이오드보다 표면발광인 VCSEL이 주목을 받고 있다. 측면발광레이저다이오드는 출력 빔이 타원형으로 광섬유나 광도파로에 결합이 좋지 않은 단점이 있지만, 표면발광레이저다이오드는 수직으로 공동을 가지며 출력빔은 원형으로 광섬유나 광도파로에의 결합이 좋은 장점이 있으며 또한 레이저를 일정면적에 배열하여 제작할 수도 있어 측면 발광레이저다이오드보다 유리한 장점이 있다. 광 인터커넥션기술에서 광모듈의 소형화를 위해서는 발광, 수광 소자의 소형화, 배선의 피치감소 등이 요구되는데, 광 모듈 소형화를 위해서는 레이저드라이브 등의 IC칩의 소형화가 요구되어진다. 하지만 이러한 IC칩을 소형화 하면 칩으로 부터의 발열밀도가 높아지는 문제가 발생된다. 특히 레이저다이오드는 온도에 따라 성능이 열화 되므로 온도를 85도 이하가 되도록 유지하는 것이 중요하다. 따라서 드라이버와 광원의 면적을 작게 하면서 저 전력화를 위한 기술개발이 필요하다. 이를 위해 고밀도 저 전력이 가능한 실리콘 광기술이 주목을 받고 있다.

9.3 광 인터커넥션 기술의 적용분야

광 인터커넥션 기술을 이용하여 슈퍼컴, 핸드폰 등에 적용하기 위한 연구가 국내외에서 이루어지고 있으며, 핸드폰에 적용한 시제품은 개발 완료되어 상용화를 눈앞에 두고 있다. 이외에도 자동차, 항공기 등에도 광 배선을 적용하기 위한 연구가 이루어지고 있으며 사례는 아래와 같다.

9.3.1 라우터, 슈퍼컴퓨터

인터넷의 발전으로 인해 데이터 트래픽이 급격히 증가하고 있어 저소비전력, 소형, 고효율의 초고속 통신시스템이 요구되고 있다. 이 요구를 충족하는 광통신 기술은 기간통신망뿐만 아니라 컴퓨터나 라우터 등의 백플레인 (backplane), 휴대폰 등의 민생기기, LAN 등에도 적용하려는 연구가 활발히 연구가 이루어지고 있다. 라우터는 각 네트워크에 접속하는 보드가 여러 개 탑재된 라인카드가 스위치보드를 통해서 접속되어 있으며, 라우터 용량은 증가되어 현재는 1 Tbps를 초과하는 시스템도 있다. 장치의 백플레인은 장치의 모듈, 카드 등을 연결하기 위한 것으로 고속 신호 종단기능과 스위칭 기능이 이루어지는 장치에서 필수요소이다. 이러한 백플레인 (backplane)은 전기를 사용할 경우 소비전력의 관점에서 볼 때 10Gbps가 한계라고 알려져 있어, 앞으로 생성되는 정보 용량이 커지면 광기술을 이용한 광 인터커넥션 기술이 필요하게 된다. 광기술을 적용하면 수Tbps이상도 가능하며, 또 최근 router 나 서버 등 대용량화됨에 따라 소비전력이 문제가 되고 있는데, 미국의 총 소비전력의 1.2 %, 전 세계의 0.8 %가 서버 등 주변기기기기기에서 소비되고 있다. 만약 3 PFLOPS급을 가정한 슈퍼컴퓨터 경우, 노드 간 접속에 필요한 전기배선으로 총길이는 20,000 km정도, 무게는 약 450톤 이고 소비전력도 약 30 MW정도 필요하며 구성하기 위한 면적도 8500m2이 요구 되어지는 문제가 있으므로 광 인터커넥션에 대한 요구가 점점 더 증가하게 된다.

9.3.2 스마트폰 등의 디지털기기

스마트폰 등의 고성능화에 따라 신호전송용량이 커지고 있고, 기기의 소형화, 박막화에 따라 전기전송의 한계에 이르고 있다. 스마트폰의 고화질카메라, 대화면 디스플레이등 고급화 되고 있으며, 또 동영상 촬영 등을 통한 전송용량도 증가하고 있다. 특히 스마트폰 등은 카메라가 2개가 장착되어 있어 전송용량이 증가하면 현재의 병렬신호 전송채널보다 많은 채널이 필요하게 된다. 특히 액정디스플레이와 키패드가 분리되어 있는 휴대폰의 경우 디스플레이와 키패드사이의 힌지에서의 배선공간 확보가 어렵다. 이유는 휴대폰의 디자인이 중요성에 의해 두께는 얇아지고 사이즈는 작아지는 경향으로 부품이 들어갈 공간이 작아지고 있기 때문이다. 힌지부의 매질로서는 플렉시블 프린트 배선판의 다층화, 미세의 동축케이블 등이 가능하지만 굴곡성, 가격면에서 문제가 되고, 특히 미세 동축케이블은 커넥터에 수십 개가 연결되므로 가격이 높아지는 문제가 있다. 스마트폰에서는 application processor가 여러 칩과 연결되어 있어 병렬신호전송을 한다면 핀수가 증가하게 되는 문제가 있다. 이것을 해결하기 위해서는 한 채널당 전송속도를 빠르게 해야 되지만, 이렇게 되면 노이즈문제가 발생하게 된다. 이러한 노이즈 문제를 없애기 위해 노이즈 차단 테이프를 붙이거나 전기전송대신 광전송으로 하려고 하는 이유이다.

휴대폰에서 신호를 광으로 전송하기 위한 광 인터커넥션에 대한 연구는 한국과 일본에서 활발히 연구가 이루어지고 있으며, 휴대폰에 광 인터커넥션을 적용할시 고려사항으로는 손실이 작아야하고, 구부림 손실이 작아야 하고, 칩 실장이 가능해야 하고, 구부림 반경이 최소 1mm 정도 되는 굴곡성 등이 있어야 한다. 특히 휴대폰의 힌지부는 CPU와 디스플레이간 고속전송 뿐만 아니라 제어신호, 전원선 등이 필요한데, 이를 위해 flexible 광 도파를 이용하여 휴대폰에 적용한 예가 [그림 9.21]에서 보여준다.

이외에도 디스플레이와 메모리장치 (DVD, HDD)간의 신호전송, 디스플레이와 CPU 간의 고속신호전송에도 광을 이용하여 전송하기 위해 광 HDMI (high definition multimedia inteface)도 제품화 되어 있다. 광 HDMI 커넥터에는 플라스틱 광섬유가 사용되어지며 전기케이블에 비해 가볍고 전기케이블로는 어려운 5m 이상의 직렬고속 전송도 가능하다.

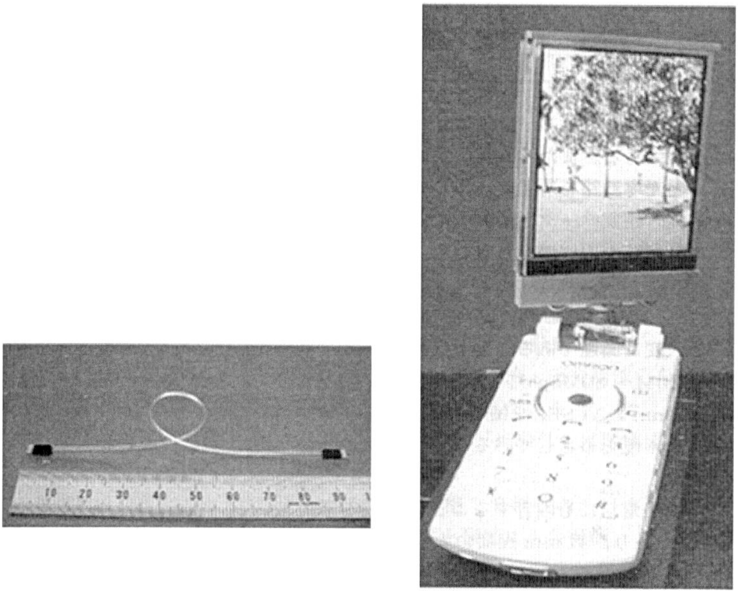

(a) (b)

[그림 9.21] (a) 일본 옴론의 플렉시블 광도파로, (b) 플렉시블광도파를 적용한 휴대폰

9.3.3 그 외 적용분야

광기술의 장점인 노이즈나 EMI에 강하고 장거리전송, 고속 대용량 전송이 가능하므로 여러 분야에 적용이 가능하다. 앞에서 서술한 슈퍼컴퓨터 등은 고속으로 대용량의 신호를 기기 간, 보드 간 등 단거리에 전송하는 광통신기술을 이용한 것으로 실리카 광섬유 등이 사용되어지며, 휴대폰을 포함한 민생기기 등 노이즈에 강하면서 고화질의 영상을 폴리머광섬유나 플렉시블 광도파로를 이용해 광으로 전송하는 것이다. 이외에도 질병진단을 위해 고화질의 영상이 필요한 의료기기간의 고속 영상신호 전송을 위해서 광배선 기술이 사용되어 질수 있다. 또한 가정에서 FTTH를 포함하여 가전기기간에도 광으로 연결된 홈 네트워크가 전 세계적으로 활발하게 진행되고 있으며, 자동차, 비행기 등 수송기계에서 멀티미디어 네트워크를 플라스틱 광섬유를 이용하여 광 네트워크로 연결하는 MOST, IDB 1394 기술 등이 BMW등 고급자동차나 항공기에 이미 적용되고 있다. [그림 9.22]는 광 인터커넥션 기술의 응용분야를 보여주고 있다. [표 9.5]는 해외의 기업체에서 광 인터커넥션에 적용할

폴리머 재료의 특성을 나타낸 것이다.

[그림 9.22] 광배선기술의 응용분야

[표 9.5] polymer를 이용한 광배선용 소자 특성

회사	omron	Matsusita전공	Mitsumi전기	Sumitomo bakelite
Size(mm)	Module 3×6×1	Module 3.6×6.5×1.9	도파로 1×12.5	
전송속도(bps)	1G	2.5G	3G	2.5G×12
전송거리	60mm		〈50cm	
사양 및 손실	0.07dB/cm	0.2dB/cm	온도:−40~85	0.04dB/cm
응용예	휴대폰	휴대폰, 소형가전	휴대폰	

10
CHAPTER

통신성능 시험과 측정

학습목표

1. 광통신시스템에서 성능측정과 관련된 파라미터를 알아본다.
2. 광 스펙트럼분석기를 소개하고 동작원리를 배운다.
3. 광 가시영역 반사 측정기의 기본적 동작원리와 내부 구조를 알아본다.
4. 광섬유 손실측정방법을 배운다.

특정한 응용을 위하여 정확한 소자를 선택하고 적절하게 망 구성이 이루어졌는지 검증하기 위한 다양한 측정 기술들이 광섬유와 광소자의 동작 특성을 특징짓기 위하여 개발되어왔다. 동작 성능을 모니터링 할 수 있는 다양한 방법이 링크상태가 작동중일 때 모든 설계 사양을 만족하는지 검증하기 위하여 필요해졌다. 정밀한 테스트 장비의 다양한 선택은 각각의 측정 범위에 관련되어 제공되고 있다. 링크 설계단계에서 소자를 제공하는 업체의 데이터 시트로 수동소자와 능동소자의 동작 파라미터를 찾을 수 있다. 광섬유의 굴절률 프로파일, 코어와 클래딩의 직경, 차단파장, 또는 광원, 광 검출기, 광 증폭기와 같은 광전자 소자와 관련된 파라미터 등은 고정되어 있으므로 다시 측정할 필요가 없다. 그러나 변하는 파라미터는 동작 조건에 따라서 달라진다. 예를 들면 광섬유의 감쇄와 분산은 광섬유를 케이블로 제조하거나 매설할 때 변한다. 단일모드 광섬유에서 색 분산과 편광모드 분산은 전송거리와 데이터 율을 제한하는 중요한 파라미터이다. 색 분산은 고속 DWDM 링크에서 특히 중요한데 동작 성능이 링크 구성에 의존하기 때문이다. 편광모드 분산은 얻을 수 있는 최고의 데이터 율을 제한하므로 10 Gbps 이상의 고속 통신에서 편광모드 분산의 측정과 감시는 매우 중요하다.

통신링크가 설치되어지고 평가되어질 때 관심 있는 동작 파리미터는 비트오율,

지터, 신호 대 잡음비 등으로 아이 패턴에 의해 표시되어진다. 실제 시스템이 동작 중일 때 측정은 시스템의 유지와 광섬유의 고장 위치, 원격에 위치한 광증폭기와 다른 능동 소자 등의 상태를 결정하기 위하여 필요하다.

[그림 10.1]은 파장분할 다중화 링크에서 특별히 관심 있는 파라미터를 보여준다. 여기에 제시된 여러 가지 요소들이 시스템의 운영에 미치는 영향과 손상들은 네트워크를 설계할 때 세밀하게 검토하여 반영할 수 있고 제어할 수 있다. 다른 파라미터들은 네트워크가 운영되는 도중에 동적으로 보상되어지거나 모니터링 될 필요가 있다. 광 신호는 [그림 10.1]과 같이 광 링크 상에서 다양한 부분을 통과하므로 광 전력, 편광, 스펙트럼의 상태 등의 세 가지 기본 영역에 대하여 측정하고 특성을 나타내어야 한다.

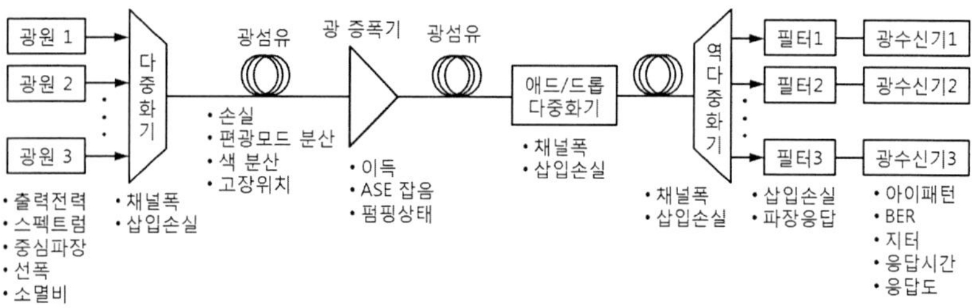

[그림 10.1] 통신시스템에서 성능 측정과 연관된 파라미터

관련되는 측정 장비로는 광 전력 측정기(optical power meter), 광 감쇠기(optical attenuator), 파장가변 레이저(tunable laser source), 광 스펙트럼 분석기(optical spectrum analyzer: OSA), 광 시간영역 반사기(optical time-domain reflectometer: OTDR) 등이 있다. 광 스펙트럼 분석기는 파장의 함수로서 광 전력을 측정한다. 좀 더 정교한 장비로서 편광 분석기와 광 통신 분석기를 들 수 있는데 편광모드 분산, 아이 다이어그램, 펄스 파형 등을 측정하고 분석할 수 있다. 광 전력 감쇠기는 측정 시 과부하 왜곡을 피하거나 측정 장비의 손상을 방지하기 위하여 전력 레벨을 낮추어주는 장비이다. 데이터오율 테스터 장비는 광 링크의 데이터 처리 능력을 평가하기 위하여 표준화된 아이패턴 마스크를 이용하는 장비이다. 광 반사 손실 측정기는 특정 위치에서 총 순방향 전력과 관련하여 총 역방향 전력을 측정할 수 있다. 광시간 영역 반사 측정기는 광섬유를 따라 신호의 감쇠, 광섬유 길이, 커넥터와 융착 부분의 손실, 반사도 정도, 광섬유 손상위치 등을 측정할 수 있는 장비이다. 광통신용 소자를 측정하기 위하여 특별한 광원이 필요하기도 하다. 주로 두 가

지 종류의 광원이 있는데 파장가변 레이저와 광대역 광원이다. 파장가변 레이저는 광소자 또는 광 링크의 파장 의존 응답 특성을 측정하기 위하여 꼭 필요로 하는 광원이다. 선택할 수 있는 파장가변 영역은 1370–1495 nm 또는 1460–1640 nm 이다. 광 출력 전력은 수 dBm 정도이며 전력 안정도는 ±0.02 dB 이하이고 파장의 정확성은 ±10 pm 이하로 매우 정교하다. 단일모드 광섬유와 결합된 고출력 전력을 가지는 광대역 광원은 가 간섭성이 없으며 수동 DWDM 소자를 평가하는데 사용된다. 어븀첨가 광섬유 증폭기의 증폭된 자발방출을 이용하면 광대역 광원으로 활용할 수 있다. 광 출력은 60 nm 파장 대역에서 5.5 dBm 이하의 출력 광 전력을 유지한다.

현재 널리 구현된 파장분할 다중화 시스템은 파장의 함수로 다양한 통신망 요소의 작동을 특징짓기 위한 광 스펙트럼 분석을 요구한다. 이를 위하여 [그림 10.2]와 같은 광 스펙트럼 분석기가 광범위하게 사용되고 있다. 가장 흔한 동작원리 구조는 회절격자 기반의 광학 필터를 사용하는 것으로 0.1 nm 이하의 파장 해상도를 얻을 수 있다. ±0.001 nm 수준의 더 높은 파장 정확도는 마이컬슨 간섭계를 기본으로 하는 파장 미터에 의해 구현된다.

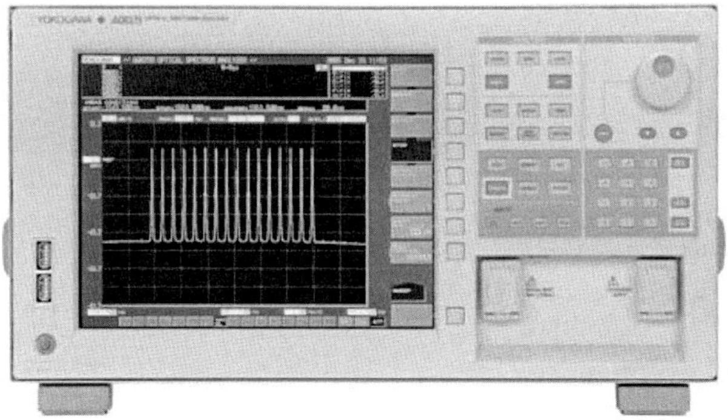

[그림 10.2] 광 스펙트럼 분석기(http://www.yokogawa.com/kr)

[그림 10.3]은 회절격자를 이용한 광 스펙트럼 분석기의 동작 원리를 보여준다. 광섬유로 전송된 빛은 콜리메이터 렌즈에 의해 평행 빔으로 회절격자에 도달한다. 회절격자는 회전할 수 있다. 격자에서 슬릿 또는 필터로 도달한 빛의 스펙트럼은 필터의 폭에 따라 해상도가 결정된다. 일반적으로 광 스펙트럼 분석기의 해상도는 10 ~ 0.1 nm 범위이다.

광 필터의 특성은 동적 영역을 결정하는데 이것은 같은 스왑내의 큰 신호와 작은 신호를 동시에 보이기 위한 광 스펙트럼 분석기의 능력이다. 증폭기의 대역폭은 스왑 시간과 민감도에 영향을 미치는 중요 요소이다. O-대역에서 L-대역까지 걸쳐서 반응할 수 있는 광 다이오드는 주로 InGaAs 기반의 검출기를 이용한다.

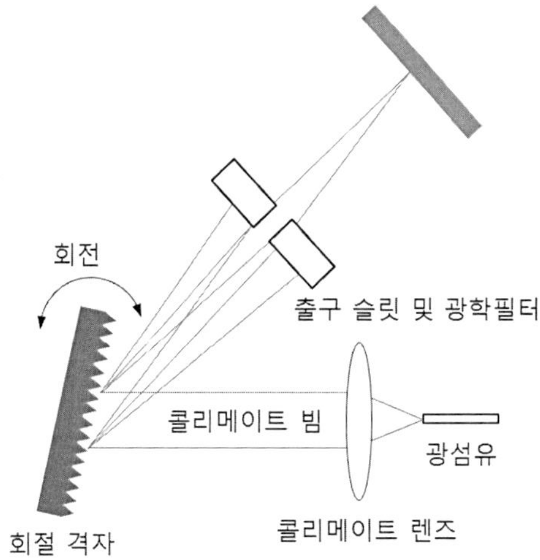

[그림 10.3] 회절격자 기반 스펙트럼의 동작 원리 개략도

[그림 10.4]와 같은 광 시간영역 반사 측정기는 설치된 광 링크의 특성을 평가하기 위하여 많이 사용되고 있다. 링크내의 결함이나 이상을 확인하거나 위치를 찾는 것에 더하여 광섬유의 감쇠, 길이, 손실, 반사도 등을 측정할 수 있다. 이 장비는 기본적으로 광학적 레이더라고 할 수 있다.

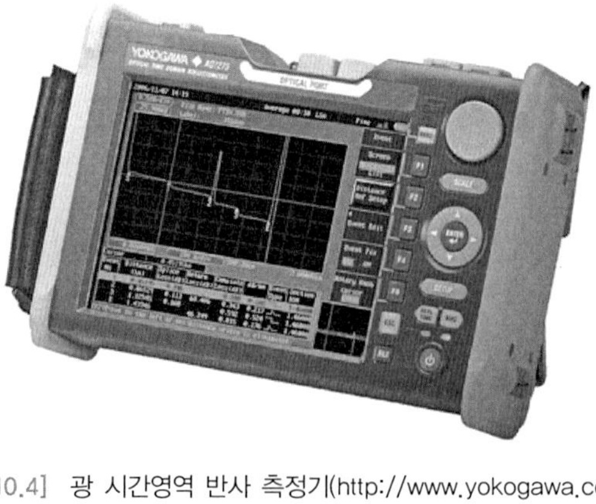

[그림 10.4] 광 시간영역 반사 측정기(http://www.yokogawa.com/kr)

[그림 10.5]에서 보는바와 같이 결합기나 서큘레이터를 이용하여 시험 중인 광섬유 한쪽 끝단으로 좁은 빔 폭을 가진 레이저 펄스를 주기적으로 주입함으로써 작동한다. 광섬유 링크의 성질은 반사되고 후방 산란하는 빛의 파형의 시간적인 특성과 신호세기를 분석함으로서 결정된다. 보통 광원과 수신부, 데이터 인식 및 처리 모듈, 정보저장 장치, 회면 표시기 등으로 구성된다.

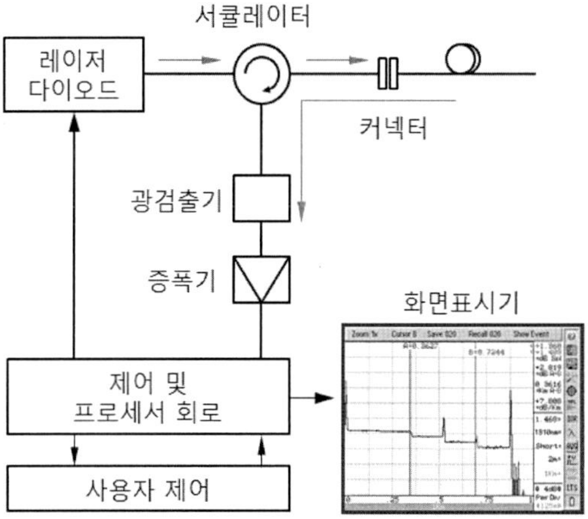

[그림 10.5] 광 시간영역 반사 측정기의 내부 구조

[그림 10.6]은 광 시간영역 반사 측정기의 화면표시기 상에 나타나는 신호의 자취를 보여준다. 세로축은 로그 스케일로서 데시벨 단위의 후방산란 신호를 측정한다. 가로축은 측정 장비와 광섬유 상의 측정위치 사이의 거리를 나타낸다. 여기에는 네 개의 위치에서 뚜렷이 구별되는 후방산란 파형을 보인다. 먼저 광섬유 입력 끝단의 프레넬 반사, 광섬유를 따라 진행하는 입력 펄스에 의한 역방향의 레일레이 산란에 기인하여 서서히 일어나는 감쇠 광섬유 상에 존재하는 커넥터로 인한 광 손실에 기인하는 갑작스런 곡선의 돌출부, 광섬유의 끝단이나 광섬유의 절단 등과 같은 손상 부위에서 발생하는 프레넬 반사로 인한 돌출 파형 등이다. 프레넬 반사와 레일레이 산란은 원칙적으로 후방산란 빛 때문에 발생한다. 유리에서 공기로 수직 입사하는 빛에 대한 반사 전력은 프레넬 공식을 이용하면 다음과 같다.

$$P_r = P_0\left(\frac{n_{glass} - n_{air}}{n_{glass} + n_{air}}\right) \tag{10-1}$$

n_{glass} 와 n_{air} 는 각각 유리와 공기의 굴절률이다. 식 (10-1)을 이용하면 광섬유 끝단이 완전한 수직 절단일 때 입사빔의 4% 정도 반사하는 것을 알 수 있다.

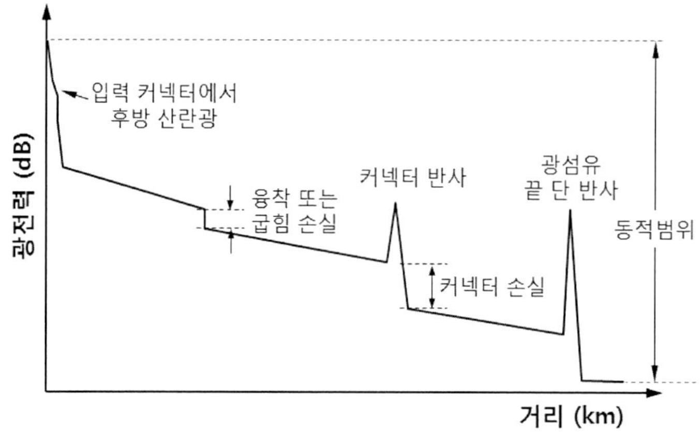

[그림 10.6] 광 시간영역 반사 측정기의 화면상에 기록된 후방산란과 반사된 광 전력

광 시간영역 반사 측정기의 두 가지 중요한 성능 파라미터는 동적범위 (dynamic range)와 측정범위이다. 동적범위는 광섬유 시작단의 후방산란전력과 광섬유 가장 먼 끝단의 잡음 레벨의 최고치 사이의 차이다. 이것은 편도 광섬유 손실로서 데시벨로 표시되는데 이것은 측정할 수 있는 최대 광섬유 손실과 주어진 광섬유의 손실을 측정하는데 요구되는 시간에 대한 정보를 제공한다. 동적 범위는 이벤트 위치 해상도와 이율배반적 관계이므로 적절한 타협이 필요하다. 일반적으로 10 ns 펄스에 대한 거리 해상도는 8 cm 이지만 50 um 펄스에 대해서는 5 m이다. 측정 범위는 광 시간영역 반사 측정기가 얼마나 멀리 일어난 이벤트 (광섬유 융착 및 결합 위치, 광섬유 손상위치 등)를 식별할 수 있느냐이다. 이는 광섬유의 감쇠 계수 α_{fiber} 와 펄스폭에 의해 좌우된다. 동적 범위를 D_{OTDR} 이라고 하면 최대 측정 범위 $R_{\max} = D_{OTDR}/\alpha_{fiber}$ 이다.

예제 10.1 • • •

광섬유의 감쇠 계수가 $0.25\,dB/km$ 이고 광 시간영역 반사 측정기의 동적 범위가 $38\,dB$ 라면 최대 측정 범위는 얼마인가?

풀이

$R_{\max} = D_{OTDR}/\alpha_{fiber}$ 을 이용하여 $R_{\max} = \dfrac{38\,dB}{0.25\,dB/km} = 152\,km$

광섬유에서의 광 전력 감쇠는 흡수, 산란, 도파관 효과에 기인한다. 광섬유 제조자는 개별적으로 기여하는 손실의 크기에 관심이 있지만, 통신 관련 기술자는 광섬유의 전송 손실에 더 많은 흥미를 가진다. 그러므로 총 전송 손실을 측정하기 위한 기법을 알아보자. 광섬유의 손실을 측정할 수 있는 방법은 [그림 10.6]과 같이 광 시간 영역 반사 측정기를 이용하는 방법 이외에 컷백 (cutback) 기술과 삽입손실 방법의 두 가지가 일반적으로 알려져 있다.

컷백 기술은 광섬유의 양쪽 끝단을 이용해야 하므로 파괴검사 방법이다. 전송 손실을 측정하기 위하여 먼저 [그림 10.7]과 같이 광섬유의 가장 먼 끝단에서 광 전력 측정기로 수신 광 전력 (P_{far})을 측정한다. 그 다음 광원에서 수 미터 내에 있는 광섬유 부위를 절단하고 그 위치에서 출력 광 전력 P_{near}를 측정하여 수신 광 전력 P_{far}와 비교한다. 두 광 전력을 알고 있으면 km 당 평균 손실 계수 α_{fiber}를 계산할 수 있다.

$$\alpha = \frac{10}{L} log\left(\frac{P_{near}}{P_{far}}\right) \qquad (10-2)$$

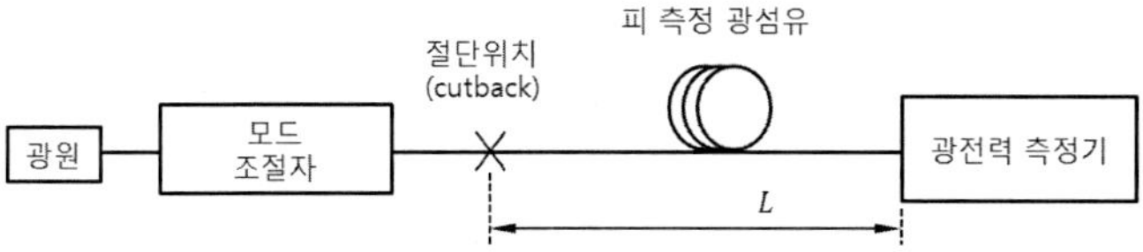

[그림 10.7] 컷백으로 광섬유 손실 측정방법

여기서 L은 두 측정 지점간의 거리로 단위는 km이다.

광섬유 손실을 측정하는 또 다른 방법인 삽입손실 방법은 커넥터를 장착하고 있는 케이블에 대하여 컷백 방법을 사용하지 않을 경우 활용한다. 컷백 방법에 비하여 정확도는 다소 떨어지지만 조립 케이블의 총 감쇠를 얻어내기 위해서 현장에서 사용할 수 있는 측정방법이다. [그림 10.8]은 이를 위한 기본 개념도를 보여준다. 광 전력 주입부와 광 수신부의 끝단은 커넥터로 연결되어 있다.

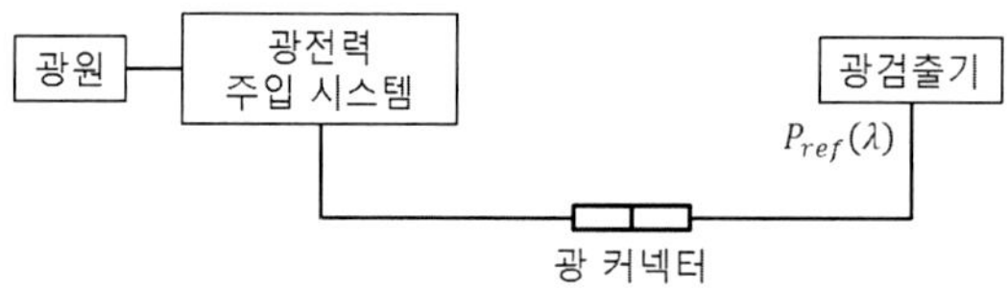

(a) 기준 측정

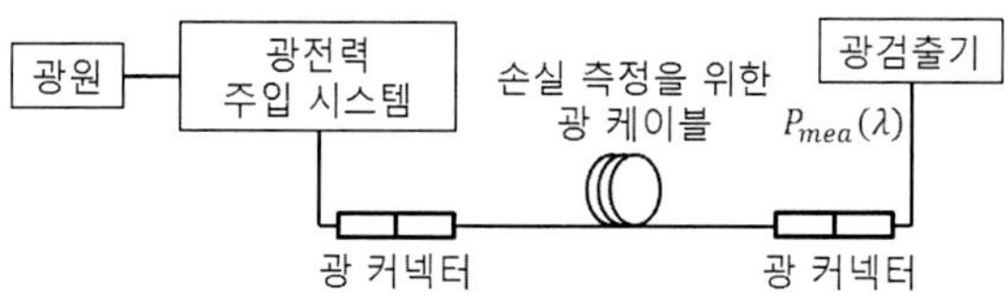

(b) 광케이블의 감쇠 측정

[그림 10.8] 광커넥터를 이용한 광케이블의 삽입 손실 측정 구성도.

파장가변 광원은 시험하고자 하는 광섬유와 동일한 특성을 가진 짧은 길이의 광섬유와 결합되어 있다. 다중모드 광섬유의 경우에는 입사모드를 일정하게 유지하기 위하여 모드 스크램블러가 사용된다. 단일모드 광섬유에서는 기본모드만 광섬유를 따라서 진행할 수 있게 클래딩 모드 제거기를 적용한다. 광학필터와 같은 파장 선택성 소자를 이용하여 파장의 함수로 감쇠 정도를 측정할 수 있게 한다. 삽입손실을 이용한 광섬유의 감쇠를 알아내기 위하여 우선 기준전력을 측정해야 한다. [그림 10.8] (a)와 같이 광 전력 주입 시스템에 달려있는 짧은 길이의 광섬유 커넥터를 수신단의 광섬유 커넥터에 연결하여 주입 전력 $P_{ref}(\lambda)$를 기록한다. 그 다음 [그림 10.8] (b)와 같이 두 커넥터 사이에 측정하고자 하는 광케이블 어셈블리를 장착하여 수신전력 $P_{mea}(\lambda)$을 얻는다. 이때 구해지는 광케이블의 감쇠 α_{cable}은 다음과 같다.

$$\alpha_{cable} = 10 \log \frac{P_{ref}(\lambda)}{P_{mea}(\lambda)} \qquad (10-3)$$

여기서 α_{cable}은 장착된 광섬유 손실과 양끝단의 커넥터 손실을 포함하게 된다.

빛을 이용한 통신에서 기본단위는 광 전력이며 상대적 비교값은 광 전력 미터기로 측정할 수 있다. 광 전력을 이해하기 위해서는 물리적인 기초에 근거하여 에너지, 강도, 밝기 등과 같은 다른 광량과 어떻게 연관되어 있는지 살펴볼 필요가 있다. 광자라고 부르는 빛의 입자는 파장과 연관된 어떤 에너지를 가지고 있다. 광자의 에너지와 파장은 플랑크의 법칙으로 알려진 $E = hc/\lambda$ 관계가 있고, 파장의 관점에서 에너지는 $E(eV) = 1.24/\lambda(\mu m)$ 이다. 여기서 1 eV는 $1.60218 \times 10^{-19} J$ 이다. 광 전력 P는 광자가 광 검출기에 도착하는 비율로 측정한다. 그러므로 광 전력은 시간당 전달되는 에너지의 측정이다. 전달되는 에너지는 시간에 따라 달라지기 때문에 광 전력은 시간의 함수가 되므로 와트(watt) 또는 Joule per second 로 측정된다. 밝기 또는 명도는 단위 발광면적 당 단위 입체각으로 얼마나 많은 광 전력이 방출하는지 측정하는 것이며 단위는 와트 이다.

[그림 10.9]는 시간 함수로 신호펄스의 전력 수준을 보여준다. 시간 축에서 다른 순간 전력레벨 표시 도수는 측정이 언제 이루어지느냐 하는 그 어떤 정확한 순간에 의존하며 얻어진다. 그러므로 광 전력 측정에 두 가지 표준 분류를 적용할 수 있는데 최고치 전력과 평균 전력이다. 최고치 전력은 펄스의 최대전력 레벨이며 이것은 매우 짧은 순간동안 유지될 것이다. 평균 전력은 각각의 펄스가 지속되는 시간과 비교하여 상대적으로 긴 주기에서 평균된 전력 레벨의 측정이다. 측정 시간 주기가 1초라면 이 시간 간격 내에는 많은 펄스가 존재한다. [그림 10.9] (a)의 정현파 경우는 신호간격이 일정하므로 평균 전력은 최고치 전력의 절반이 된다. 그러나 [그림 10.9] (b)는 return-zero 펄스로서 긴 펄스열에 대해서 펄스 1에서는 슬롯의 절반만 전력이 차지하고 펄스 0에서는 펄스가 없으므로 평균 전력은 최고치 전력의 4분의1이 될 것이다. 광 검출기의 민감도는 통상적으로 광 검출기에 영향을 미치는 평균전력 레벨로서 표현하는데 이것은 실제 광섬유 통신 시스템에서 측정은 많은 펄스에 대하여 수행되기 때문이다.

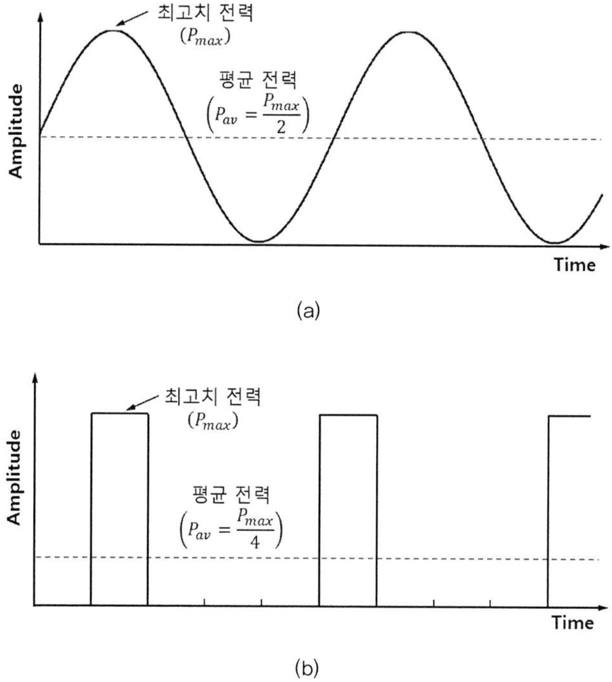

[그림 10.9] 광 신호에 대한 최고치 전력과 평균전력. (a) 정현파, (b) return-zero 펄스

그러나 광원의 출력전력은 최고치 전력으로 명기한다. 그러므로 전력 설계할 경우에 광원의 출력 광 전력을 최고치로 사용할 경우 광섬유로 결합된 입력 광 전력을 광 검출기로 측정할 때에는 최소 3-dB 전력차이가 발생하므로 반드시 고려하여야 한다.

11
CHAPTER

광 무선통신

학습목표

1. 빛을 이용한 무선통신에 대한 개념을 익힌다.
2. 발광 다이오드의 장점을 이용한 가시광 통신을 소개한다.
3. 실내 광무선 통신 채널을 해석할 수 있다.
4. 가시광 통신의 디지털 변조 방식을 이해한다.

이동통신 분야에서 사용자의 급속한 증가와 서비스 데이터 량의 폭발적인 증가로 요구되는 대역폭이 증가하고 있는 추세이다. 차세대 무선통신 시스템에서는 고품위 텔레비전, 컴퓨터 망 응용, 모바일 영상서비스 폰, 화상회의, 고속 인터넷 망 등의 다양한 광대역 무선 서비스를 지원하기 위하여 더 높은 정보전송용량을 요구하게 될 것이다. 지금까지 네트워크 서비스를 위한 채널은 구리선의 동축 케이블, 무선 인터넷 액세스, 광대역 무선 주파수 또는 광섬유를 이용하고 있다. 이러한 기술들은 저마다 장단점을 가지고 있으므로 상호보완적으로 발전하고 있다. 광 무선통신의 경우도 오래된 기술로서 자유공간 채널을 통하여 정보를 가진 빛이 복사하여 전송되는 형태이다. 주로 옥외에서 건물 간 통신 또는 인구밀집도가 떨어지는 외진 지역의 통신서비스를 위하여 상용화되었다. 최근 실내조명이 LED로 전환되면서 광 무선통신이 광대역 통신망의 마지막 액세스 지점의 병목 현상을 해결해 줄 수 있는 기술로 다시 주목받고 있다.

광무선 통신의 기원은 기원전 800년 경 고대 그리스와 로마에서 사용된 봉화에서 찾아볼 수 있다. 동일한 유형의 신호 장치로서 광 신호 기술은 프랑스 항해자들에 의해 1790년대에 사용되었다. 그러나 도파되지 않는 채널에서 광통신 기능을 최초로 시현한 것은 1880년 알렉산더 그라함 벨에 의한 광자폰 (photophone) 실험이었다. 이 실험에서 벨은 태양빛으로 변조된 음성신호를 200 m 정도 전송하려고 시도하였다. 그러나 태양 복사의 간헐적 특성과 제작된 소자가 정교하지 못하여 잘 작동되지는 않았다.

1960년대 레이저가 발명되면서 광 무선통신은 기술적인 중요한 돌파구를 찾을 수 있었다. 1962년 MIT의 링컨 연구소에서 GaAs LED를 이용하여 30 마일 이상 텔레비전 신호를 전송했다고 보고했다. 1963년에는 미국에선 He-Ne 레이저를 이용하여 음성 변조 신호를 118 마일 전송한 기록이 있다. 1970년 일본에서는 상업적 거래를 처리하기 위한 최초의 레이저 링크를 He-Ne 레이저 기반 양방향 통신으로 구현하였으며 통신거리는 14 km 이었다. 이 후부터는 광 무선통신이 기밀을 요하는 군사용으로 주로 연구되고 사용되었다. 1979년 F. R. Gfeller 등에 의해 실내 광무선통신 모델이 제안되었고 1993년 IrDA (Infrared Data Association)에서 적외선을 이용한 데이터 통신을 위한 개방형 표준안을 발표하였다. 반도체 재료와 기술의 비약적인 발전과 더불어 고 출력 LED가 개발되면서 가시광 영역의 파장을 이용한 실내 조명 통신이 주목 받았다. 2003년 일본에서 가시광 통신 컨소시움 (Visible Light Communications Consortium: VLCC)이 설립되어 관련분야의 기술과 표준을 주도하였다. 2009년 한국전자통신연구원을 중심으로 한 가시광 통신 워킹 그룹은 2009년 IEEE 802.15.7의 가시광 통신 표준안을 발표하였다.

실내 무선 통신을 위한 두 영역의 반송파를 고려해 보자. 무선주파수 (radio frequency: RF)를 이용하는 경우 실내뿐만 아니라 실외의 크고 작은 범위의 이동성을 제공한다. 그러나 최종 사용자가 활용할 수 있는 데이터 율은 제한적이다. 로컬 영역의 유선망은 10 Mbps 이더넷이 주종이지만 100 Mbps와 1 Gbps 표준안은 개발 중이다. 이는 고정된 단자를 사용해야 한다. 모바일 연결은 기존의 셀룰러 망을 이용할 수 있다. 무선주파수는 ISM(Industrial Scientific and Medical) 밴드의 2.4 GHz를 주로 사용하여 1-2 Mbps 급의 데이터 율을 제공한다. 그러나 ISM 밴드 주파수를 제외하고는 관련정부부처에서 사용허가를 얻어야 하며 비용을 지불해야 하므로 통신비용이 올라가는 문제점이 발생한다. 그러나 벽을 통과할 수 있으므로 통신시스템 구성에 광파보다 자유로우며 이용자의 자유로운 이동을 보장한다. 매우 제한된 대역폭이 경쟁적으로 사용되므로 다중경로 페이딩 또는 인접 채널간의 간섭이 발생하여 혼선의 염려가 있다. [표 11.1]은 ISM 밴드의 주파수 영역과 사용가능한 나라를 보여준다.

빛이 캐리어 주파수가 되는 광파(light-wave)의 경우 제공되는 대역폭이 넓다. 또한 주파수 (또는 파장) 사용에 제한이 없으므로 라이선스 비용을 지불할 필요가 없다. 벽을 통과할 수 없으므로 공간 제한적인 통신이 가능하여 통신보안이 우수하다. 그러나 원거리 전송을 위해서는 장애물이 없는 시야가 확보되어야 하며 태양광을 비롯한 주변의 빛이 잡음으로 작용한다. 가시선(Line-of-sight: LOS)이 보장되는 경우 레이저 광원을 사용하면 2.5 Gbps 데이터 율로 5 km 이상 통신이 가능하다. 이 경우 통상적으로 수신기의 경우 pin 형 광 검출기나 애버런치 광 다이오드를 사용하므로 직접검출 방식의 광 강도 변조를 사용하며, 더 높은 데이터 율을 요구할 경우 외부 변조기가 적용된다.

[표 11.1] ISM 밴드

주파수영역		대역폭	유효성
6.765 MHz	6.795 MHz	30 kHz	지역의 수용에 따름
13.553 MHz	13.567 MHz	14 kHz	전세계
26.957 MHz	27.283 MHz	326 kHz	전세계
40.660 MHz	40.700 MHz	40 kHz	전세계
433.050 MHz	434.790 MHz	1.74 MHz	유럽, 아프리카, 중동, 구 소련연방, 몽고, 서 페르시아 만, 그 외 지역의 수용에 따름
902.000 MHz	928.000 MHz	26 MHz	미국, 그린란드, 동 태평양 제도 일부
2.400 GHz	2.500 GHz	100 MHz	전세계
5.725 GHz	5.875 GHz	150 MHz	전세계
24.000 GHz	24.250 GHz	250 MHz	전세계
61.000 GHz	61.500 GHz	500 MHz	지역의 수용에 따름
122.000 GHz	123.000 GHz	1 GHz	지역의 수용에 따름
244.000 GHz	246.000 GHz	2 GHz	지역의 수용에 따름

11.1 광 무선 통신 링크 구성

[그림 11.1]은 몇 가지 다른 유형의 광무선 구성을 보여준다. 두 가지 기본적인 구성으로 구분할 수 있는데 [그림 11.1] (a)와 (b)의 확산 경로와 (c)와 (d)의 가시선 경로이다.

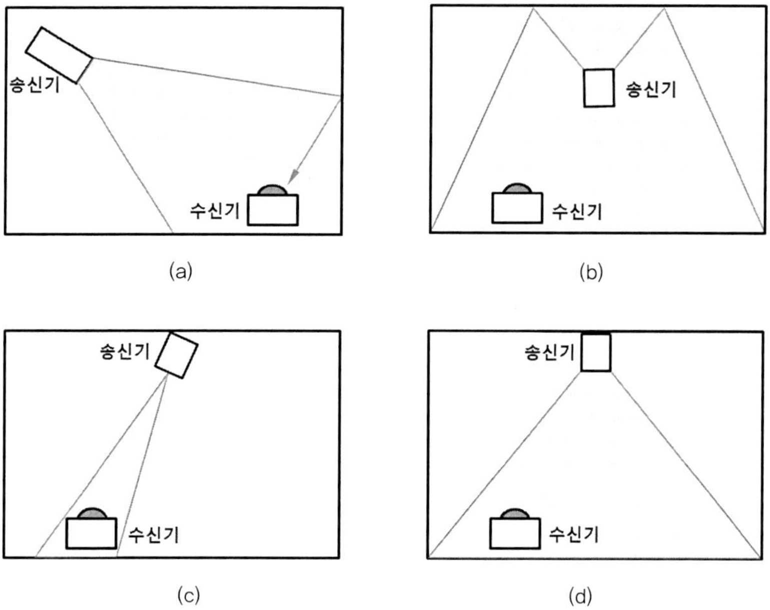

[그림 11.1] 몇 가지 다른 유형의 광무선 시스템 구성. (a)와 (b)는 확산 경로, (c)와 (d)는 직접 경로

확산 시스템에서는 람베르트 방사를 하는 비방향성 광원이 일정공간을 비춘다. 일반 건물 내벽 표면의 높은 반사도는 광학적인 창공을 생성하기 위하여 빛을 산란시킨다. 서비스 영역내의 수신기는 송신기에서 데이터 전송을 위해 변조되어진 복사 빛을 검출할 수 있다. 이 시스템은 일부 빛의 차단에 대해서도 강건한 통신 채널을 확보할 수 있고 송신기와 수신기 사이에 많은 경로가 존재하므로 상호 정렬을 요구하지 않는다. 그러나 다중경로 때문에 수신기에서 심벌 간 간섭이 발생하므로 경로손실이 높다.

또 다른 시스템 구성은 송신기와 수신기간의 조준 가시선을 위한 방향성 경로를 이용하는 것이다. 넓은 가시선을 확보할 수 있는 방법은 [그림 11.1] (d)이다. 천장에 설치된 송신기를 이용하여 서비스 영역을 비쳐주지만 벽면에서의 반사는 최소화시켜 강한 가시선이 존재할 수 있도록 한다. [그림 11.1] (c)와 같이 송신기의 빔 폭이 좁아지면 경로손실을 줄일 수 있으며 데이터 율을 높일 수 있다. 그러나 좁은 빔 폭을 가지는 경우에는 수신기의 이동에 대한 추적 기능이 추가되거나 서비스 영역에서 이동통신의 셀 구조가 요구된다.

수신기의 경우 [그림 11.2]와 같은 세 가지 유형을 고려할 수 있으며 [그림 11.1]의 링크 구성에 잘 부합 할 수 있는 조합으로 구현하여야 한다. [그림 11.2] (a)는 송신기와 수신기가 마주보고 있으며 송신빔이 좁은 직접정렬에 적합하다. 직접정렬의 경우 정보전송용량과 대역폭이 확산형 보다 높고 전력효율이 좋은 장점을 보인다. 그러나 이동성에 있어서는 송신기와 수신기에 추적기능이 필요하다. [그림 11.2] (b)와 (c)는 직접형 뿐만 아니라 다중 방향의 신호도 수집해야하는 확산형에도 적용할 수 있는 구성이지만 시스템이 복잡해진다.

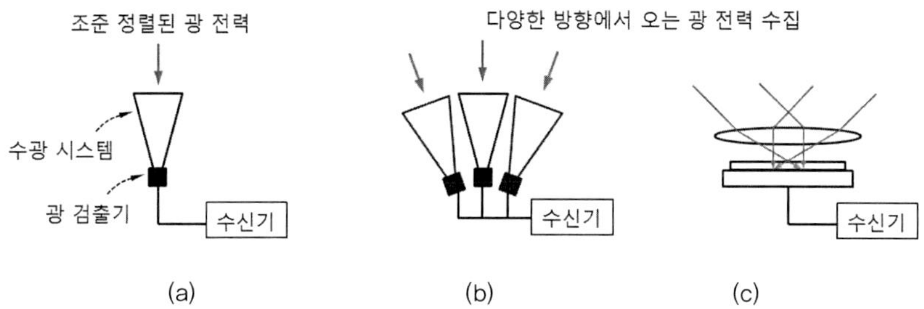

[그림 11.2] 수신기 링크 구성. (a) 단일 수광기, (b) 다중 수광기, (c) 렌즈에 의한 다중 방향 수광 집적회로

11.2 실내 광무선 통신 채널해석

11.2.1 강도변조/직접검출

무선통신시스템을 위한 변조기술은 진폭, 위상, 주파수 변조 등을 포함한다. 수신기는 한개 또는 그 이상의 안테나를 적용하고 있는데 각각은 헤테로다인 또는 호모다인 하향 변환기에 이어져 있으며 이것은 국부발진기와 믹서로 구성된다. 믹서의 동작효율은 캐리어와 국부발진기의 전자기파 모드가 동일한가에 따라 달라진다. 하향변환기 출력은 전기적 신호이며 이것의 전압은 수신된 캐리어 전기장의 크기에 선형적이다.

저가형 광무선 시스템에서는 단일 전자기 모드에 감지할 수 있을 정도의 신호전력을 수집하는 것은 극도로 어려운 일이다. 공간적으로 비 간섭적인 수신은 진폭, 위상, 주파수 변조를 위한 효율적인 헤테로다인 또는 호모다인 하향 변환기를 구성하는데 어려움을 초래한다. 광 무선 링크를 위하여 당장 사용할 수 있는 변조기법은 강도변조이며 이것은 원하는 파형이 캐리어의 순시 전력으로 변조되는 것이다. 가장 실용적인 하향변환 기법은 직접 검출이며 이것은 광 검출기가 수신된 순시 전력에 비례하는 전류를 생성하는 것이다. 즉 수신된 전기장의 제곱에 비례한다.

[그림 11.3]은 강도변조/직접검출 기법의 광무선 채널의 모델링이다. 송신된 파형 $X(t)$는 LED에서 방사된 순시 광 전력이다. 수신파형 $Y(t)$는 광 검출기에 수신된 광자에 의한 순시전류이다. 광 검출기의 수광 면적이 파장보다 작다면 다중 경로에 의한 페이딩이 우려되지만 다행스럽게도 통상의 검출기 면적은 파장의 수백만 제곱 파장이므로 염려하지 않아도 된다. 여기서 채널을 베이스밴드 선형 시스템으로 모델링할 수 있는데 주파수 응답 측면으로 나타낼 수 있으며, 식 (11-1)은 $h(t)$의 푸리에 변환에 해당한다.

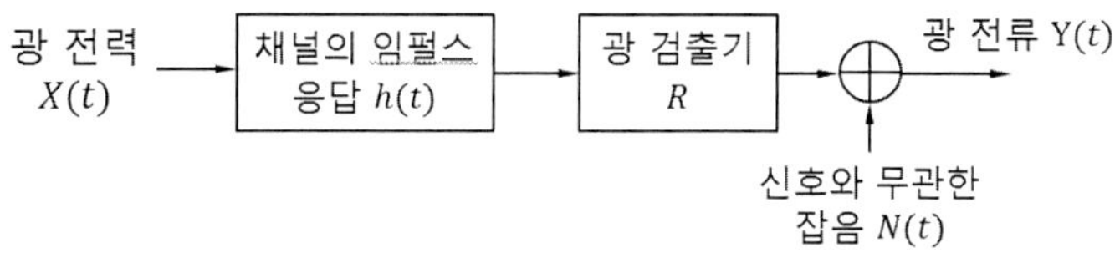

[그림 11.3] 임펄스 응답 특성을 가지는 시불변 시스템의 모델링

$$H(f) = \int_{-\infty}^{\infty} h(t)\, e^{-j2\pi ft}\, dt \tag{11-1}$$

입력 광 전력 $X(t)$와 출력 광전류 $Y(t)$의 선형적 관계는 수신 신호가 많은 전자기 모드로 구성되어 있다는 사실로 귀결한다. 한편 이것이 전파성 단일모드 광섬유에 적용되었을 때 $X(t)$와 $Y(t)$의 관계는 때때로 비선형적이다.

많은 응용에 있어서 광무선 링크는 강한 적외선과 가시 영역의 배경 빛이 있는 환경에서 동작한다. 수신된 배경 빛은 광학 필터로 최소화될 수 있지만 여전히 산탄잡음이 추가되는데 이것이 잘 설계된 수신기의 잡음원을 제거하는 한계로 남아 있다. 수신기에 좁은 선폭의 광 필터를 적용한다고 하더라도 검출기로 유입되는 주위의 강한 빛은 비트당 10^7–10^8 광자의 비율로 일정한 산탄잡음을 발생시킨다. 신호에 의해 생성되는 산탄잡음은 무시하고 주변에서 유도되는 산탄잡음을 가우시안으로 모델링하여 $N(t)$를 정의한다. 그러므로 [그림 11.3]은 베이스밴드 채널모델로 식 (11-2)로 요약할 수 있다.

$$Y(t) = RX(t) \otimes h(t) + N(t) \tag{11-2}$$

[그림 11.4] (a)는 직접 검출방식의 광 강도변조 기반 광 무선통신시스템의 개략

도이다. 송신기와 수신기 사이 방향성의 정도와 시야가 트인 가시선의 존재에 따라 몇 가지 구성을 고려할 수 있다. 광 신호 직접 검출의 광 강도 변조가 원가측면과 복잡성 정도 면에서 광 무선통신 시스템을 구현하는 실질적인 방법이다. [그림 11.4] (b)는 통신 채널 해석을 위한 등가도이다. 광원의 구동회로는 변조신호 m(t)에 의해 직접 변조된다. 이것은 광원 $x(t)$의 강도가 차례로 변하는 것을 의미한다. 수신기는 광 검출기로 입사되는 순간 광 신호에 직접 비례하는 광전류 $y(t)$를 발생한다. 직접 검출방식 광 강도변조 기반 무선 광통신 시스템은 광의 고주파 성질이 숨겨진 등가 베이스밴드 모델을 허용한다. R은 광 검출기의 응답도, $h(t)$는 베이스밴드 채널 임펄스 응답, $n(t)$는 신호와 무관한 산탄잡음이다.

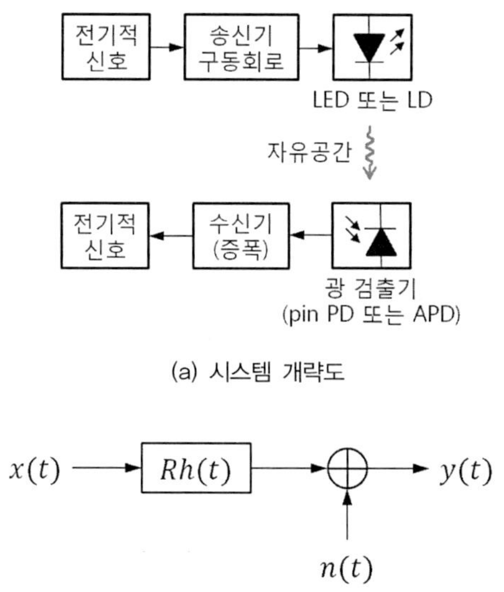

(a) 시스템 개략도

(b) 채널 모델링을 위한 등가회로

[그림 11.4] 직접 검출방식의 광 강도변조 기반 무선통신 시스템.

[그림 11.4] (b)의 등가회로는 식 (11-3)으로 나타낼 수 있다.

$$\begin{aligned} y(t) &= Rx(t)\otimes h(t)+n(t) \\ &= \int_{-\infty}^{\infty} Rx(\tau)h(t-\tau)dt+n(t) \end{aligned} \tag{11-3}$$

여기서 ⊗ 는 컨볼루션을 의미한다. 임펄스 응답 $h(t)$는 실내 광무선 통신 채널에서 다중경로 분산의 영향을 분석하거나 전산 모의할 때 사용되어지며 여기서는 가산 백색 가우시안 잡음(additive white Gaussian noise: AWGN)으로 모델링하였다.

$$h(t) = \begin{cases} \dfrac{2t_0}{t^3 \sin^2(FOV)} & t_0 < t < \dfrac{t_0}{\cos(FOV)} \\ 0 & \text{그 외} \end{cases} \tag{11-4}$$

여기서 t_0는 최소지연시간이다. 식 (11-4)는 가산 백색 가우시안 잡음을 가지는 전통적 선형 필터 채널로 단순화되어지므로 광무선 시스템은 여러 측면에서 종래의 전기적 또는 무선 통신시스템과는 다르다. 채널 입력 $x(t)$가 순시 광 전력을 나타내므로 음의 값이 될 수 없다.

$$x(t) \geq 0 \tag{11-5}$$

그리고 평균 전송 광 전력 P_t는 식 (11-6)으로 주어진다.

$$P_t = \lim_{T \to \infty} \left(\frac{1}{2T} \int_{-T}^{T} x(t) dt \right) \tag{11-6}$$

평균 수신 광 전력은 식 (11-7)와 같다.

$$P = H(0) P_t \tag{11-7}$$

여기서 $H(0)$는 채널의 DC 이득으로 $H(0) = \int_{-\infty}^{\infty} h(t) dt$ 이다. 무선 통신 채널에서는 신호 대 잡음비 (SNR)가 수신 광 전력에 비례하지만 광무선 링크에서는 수신 광 전력 제곱에 비례한다. 비트율 R_b를 가지는 디지털 링크의 성능은 수신기의 전기적 신호 대 잡음비와 관련되어지며 SNR은 식 (11-8)과 같다.

$$SNR = \frac{R^2 P^2}{R_b N_0} = \frac{R^2 H^2(0) P_t^2}{R_b N_0} \tag{11-8}$$

여기서 N_0는 잡음 스펙트럼 밀도이다. 광 시스템에서는 상대적으로 높은 광 전송전력이 요구되며 단지 제한된 경로손실은 허용될 수 있다.

광무선 채널의 전달함수는 식 (11-9)로 정의되어진다.

$$H(f) = H_{LOS} + H_{diff}(f) \tag{11-9}$$

여기서 H_{LOS}는 가시선에 의한 기여도이며 변조 주파수와는 무관하다. 단지 송신기와 수신기의 거리와 좌표에 의존한다. H_{diff}는 확산에 의한 기여도를 의미하지만 대부분의 실내에서는 거의 동질적이며 등방성이다.

다음은 LED를 광원으로 사용하고 수광 면적이 넓은 광 검출기를 가진 실내 광무선 시스템의 가시선 채널에 대한 전송 모델을 구해보자. LED의 복사 강도 패턴의 각 분포는 람베르트 방사 강도를 사용하여 식 (11-10)으로 모델링한다.

$$R_0(\phi)=\begin{cases}\dfrac{(m+1)}{2\pi}\cos^m(\phi) & -\dfrac{\pi}{2}<\phi<\dfrac{\pi}{2}\\ 0 & \phi\ge\dfrac{\pi}{2}\end{cases} \tag{11-10}$$

여기서 $\phi=0$에서 최대 방사 전력을 갖는다. m은 식 (11-11)과 같이 광원의 지향성을 나타내는 람베르트 모드수이며 LED의 광 전력이 절반으로 떨어지는 반각 $\phi_{1/2}$에 관련된다.

$$m=\frac{-\ln(2)}{\ln(\cos\phi_{1/2})} \tag{11-11}$$

방사 광 강도 $I(\phi)$는 식 (11-12)로 주어진다.

$$I(\phi)=P_t\frac{(m+1)}{2\pi}\cos^m(\phi) \tag{11-12}$$

광 수신기는 광 검출기의 유효 수광 면적에 비례하는 광 전력 P를 검출한다. 그러나 수광 면적이 늘어나면 가격이 상승하고 대역폭이 줄어들며 수신 잡음이 증가하는 문제가 있다. 수광 면적을 늘리는 효과를 얻기 위해서 집광기 (optical concentrator)를 적용하는 것이 바람직하다. 장거리 전송에는 망원경의 구조가 적용되고 자유공간 광 링크에서는 이미지 집광기가 사용될 수 있다. 근거리에서는 집광기가 꼭 필요한 것은 아니다.

반사손실을 무시한다면 순수 검출기에 집광기와 필터가 추가된 경우 유효 신호 수집영역은 식 (11-13)으로 주어진다.

$$A_{eff}(\psi)=\begin{cases}A_r\,T_s(\psi)\,g(\psi)\cos\psi, & 0\le\psi\le\psi_c\\ 0, & \psi>\psi_c\end{cases} \tag{11-13}$$

여기서 A_r은 광 검출기의 물리적 면적, ψ는 수신기 축을 기준으로 입사각을 나타낸다. $T_s(\psi)$는 필터의 신호투과, $g(\psi)$는 집광기 이득, ψ_c는 집광기의 시야각이다. 일반적으로 $\psi_c \le \pi/2$ 이다. 비이미지 집광기는 이득과 시야각 사이에 거래관계가 있다. 내부 굴절률 n을 가지는 이상적인 비이미지 집광기의 광 이득은 식 (11-14)로 나타난다.

$$g(\psi) = \begin{cases} \dfrac{n^2}{\sin^2\psi_c} & 0 \le \psi \le \psi_c \\ 0 & \psi > \psi_c \end{cases} \tag{11-14}$$

식 (11-14)에서 집광기의 시야각 ψ_c 가 줄어들면 시야각 내의 입사각 조건에서 이득이 증가함을 일 수 있다.

반구형 렌즈는 대표적인 비이미지 집광기이며 상용화된 제품에 많이 적용되고 있다. 넓은 시야각을 가지고 무지향성 이득을 얻을 수 있다. 특히 비방향성 링크에 적합하게 만들 수 있다. 반구형 시야각은 전 시야범위에서 $\psi_c \approx \pi/2$이고 이득 $g = n^2$이다. 반구형 수신기가 진정한 무지향성은 아닐지라도 유효면적은 $A_{eff}(\psi) = A_r n^2 \cos\psi$ 이다.

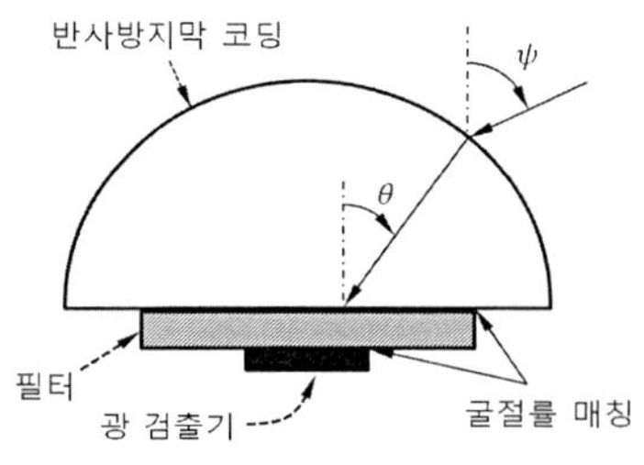

(a) 평판형 광 필터를 가진 반구

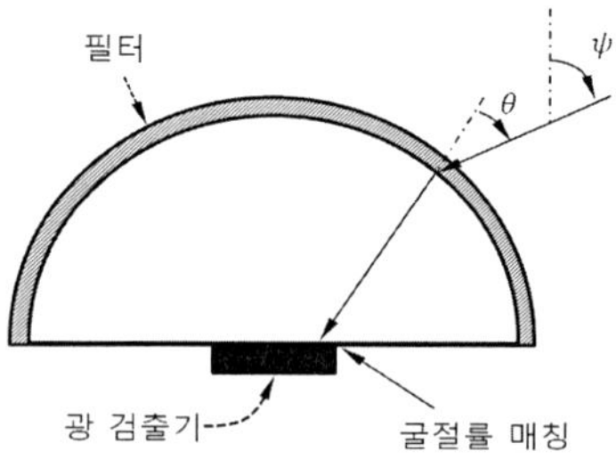

(b)반구형 광 필터를 가진 반구

[그림 11.5] 반구형 렌즈에 의한 비이미지 집광기 구조.

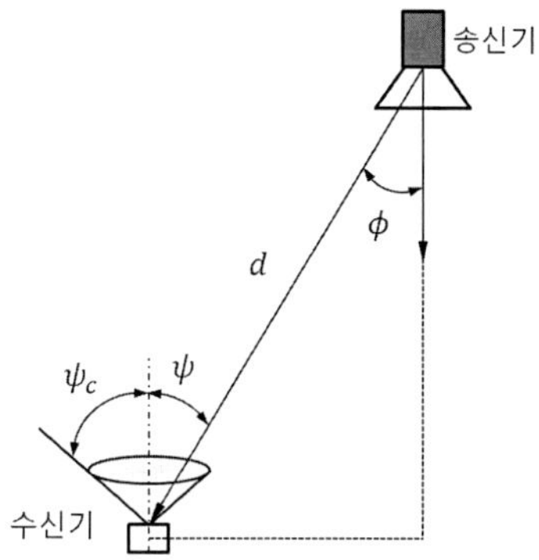

[그림 11.6] 가시선 전송 모델의 개략도

[그림 11.6]은 가시선 전송 모델의 개략도이다. 실내 광무선 통신 거리는 상대적으로 짧기 때문에 흡수나 산란에 의한 감쇠가 매우 작다. 람베르트 광원, 투과형 광학 대역통과필터 $T_s(\psi)$, 비이미지 집광기 이득 $g(\psi)$를 가지는 통신 링크를 고려할 때 송신기에 대해 거리 d, 각 ϕ의 위치에 있는 수신기의 DC 이득을 추정하면 식 (11-15)가 된다.

$$H(0)_{LOS} = \begin{cases} \dfrac{A_r}{d^2} R_0(\phi)\, T_s(\psi)\, g(\psi) \cos\psi & 0 \le \psi \le \psi_c \\ 0 & \text{그 외} \end{cases} \tag{11-15}$$

$H(0)$는 송신기와 수신기간 거리의 제곱에 반비례한다. 만약 거리와 $R_0(\phi)$가 고정이라면 $H(0)$ 증가에 가장 큰 영향을 미치는 것은 검출기의 면적 A_r을 크게 하거나 집광기의 이득 $g(\psi)$를 증가시키는 것이다.

식 (11-15)를 이용하면 수신광 전력은 식 (11-16)이 된다.

$$P_{LOS} = H(0)_{LOS}\, P_t \tag{11-16}$$

짧은 가시선 링크에서 다중경로 분산은 큰 문제가 되지 않는다.

[실습과제 11.1] 실내 광무선 채널에서 수신광 전력 분포

[그림 11.6]에서 조명의 반치각 $\theta = 65^\circ$, 광원의 초기 전력은 50mW, 광 검출기의 유효면적은 $1\,cm^2$, 광필터 이득은 1, 광 검출기의 렌즈 굴절률은 1.5, 수신기의 시야각은 60°, 바닥에서 실내조명까지 높이는 2.5 m일 때 가시선 경로에 의한 수신 전력 분포를 보이시오.

풀이

식 (11-15)과 (11-16)을 이용하여 시뮬레이션 할 수 있는 MATLAB 코드를 작성한다.

```
% MATLAB codes

P_LED=50;
A_r=1e-4;
Ts=1;
n_index=1.5

FOV=60*pi/180;
Gain_lens=(n_index^2)/sin(FOV);

theta=65;
m=-log10(2)/log10(cosd(theta));

lx=5; ly=5; lz=3;
h=2.5;
XT=0; YT=0;
Nx=lx*10; Ny=ly*10;
x=-lx/2:lx/Nx:lx/2;
y=-ly/2:ly/Nx:ly/2;
[XR, YR]=meshgrid(x,y);
d=sqrt((XR-XT(1,1)).^2+(YR-YT(1,1)).^2+h^2);
cosphi_A1=h./d;
H_A1=(m+1)*A_r.*cosphi_A1.^(m+1)./(2*pi.*d.^2);
P_r=P_LED.*H_A1.*Ts.*Gain_lens;
P_r_dBm=10*log10(P_r);

meshc(x,y,P_r_dBm);
xlabel('X (m)');
```

```
ylabel('Y (m)');
zlabel('Received Power (dBm)');
```

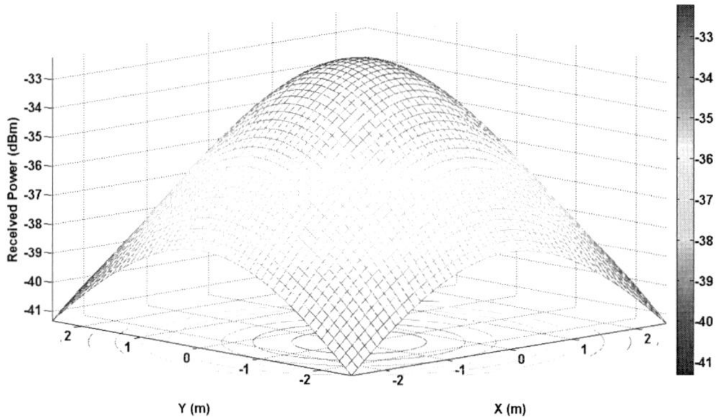

(a)

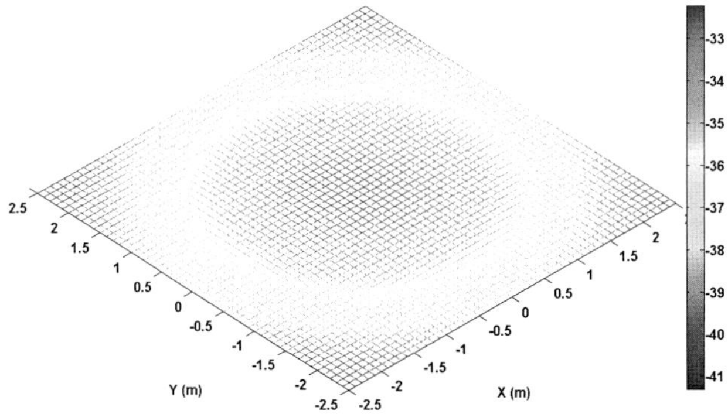

(b)

[그림 11.7] 50 mW LED에 의한 수신 전력 분포. (a) 3차원 분포, (b) 2차원 분포

11.3 실내 가시광 통신

2000년 이후 고휘도 LED가 개발되면서 저탄소 배출의 에너지 절감형 디지털 조명과 이를 응용한 가시광 통신이 주목받는 주제로 떠올랐다. 즉 LED를 조명용으로 사용하면서 데이터 통신도 동시에 할 수 있다는 아이디어에서 비롯되었다. 이 기술을 위한 주요 원동력은 고체소자 조명의 증가와 대중화, 기존의 조명인 형광등과 백열등에 비해 매우 긴 수명, 높은 데이터 율과 대역폭, 보안, 그리고 인체에 무해한 파장 등을 들 수 있다. 동일한 LED로 조명과 통신의 두 가지 기능이 가능하다는 사실은 가정의 실내 통신망뿐만 아니라 사무실의 조명 인프라를 이용한 고속통신, 자동차간 통신, 항공기 객실의 고속통신, 열차에서의 통신, 교통신호등의 관제와 통신 등으로 적용할 수 있는 장을 마련해 놓았다. 우리나라를 비롯하여 유럽과 호주 등 세계 각국에서는 향 후 백열등의 사용을 금지할 예정이므로 LED 조명에 대한 관심과 기대는 더 커진다고 볼 수 있다.

11.3.1 가시광 통신 개념

처음으로 가시광 통신 개념이 등장한 것은 2003년 일본 케이오 대학 부설 나카가와 (Nakagawa) 연구소이며, 그해 11월 가시광 통신 컨소시움 (Visible Light Communications Consortium: VLCC)이 결성되었다. 2004년 휴대용 컴퓨터와 차량장착 컴퓨터 간 고속통신을 LED를 이용하여 시연하였다. 2007년 후지 텔레비전에서 LCD의 백라이트로 사용하는 LED를 이용하여 개인 휴대용 단말기로 정보를 전송하는 시연을 하였다. 같은 해 VLCC에서는 가시광통신 표준과 가시광 식별 시스템 표준을 제안하였다. 2008년 유럽에서는 적외선과 가시광 기술을 광 무선통신에 이용하는 것을 포함하는 홈 네트워크를 위한 국제표준을 개발하는 오메가 프로젝트를 시작하였다. 2010년 미국에서는 다양한 전자 장치들 간 통신을 위한 가시광 기술을 개발하였다. 한국에서도 국책 연구소와 기업에서 관련 기술개발에 참여하고 있으며 2011년 가시광 통신 표준안인 IEEE 802.15.7이 발표되었다.

가시광 통신에서 가장 중요한 요소는 가시광 LED의 스위칭 특성이다. LED는 매우 빠르게 온오프 (on/off)로 스위칭될 수 있는 능력을 가지므로 방사되는 광 전력을 이용하여 데이터 전송을 할 수 있다. 이러한 광 신호 변조는 무선통신의 변조보다 시스템이 훨씬 단순하고 저비용이다. 어떠한 조명도 이러한 능력을 보여주진 못한다. LED는 교통신호등, 자동차, 항공기, 기차 등에 이미 적용되고 있으며 기존의 가정, 사무실, 가로등에도 점진적으로 대체될 것이 명확하므로 고 휘도 LED의 활용성은 증가하면서 가격을 더 떨어질 것으로 예상한다. 고휘도 반도체 조명과 가시광 통신은 기존의 전력선과 조명 인프라를 활용할 수 있다. 무선통신 주파수와 혼선을 유발하지 않고 인체에 무해하므로 전자파 장애가 심각한 문제를 야기할 수 있는 곳에 적합하다. 예를 들면 병원의 경우 다양한 검사장비들과 생명과 직결되는 의료장비들이 전자파 장애로 오작동을 해서는 안 된다. 이러한 환경에 가시광 조명 인프라는 안전한 통신 대안이 될 수 있다. 표 8.2에서 가시광, 적외선, 무선통신 기술을 상호 비교하였다.

[표 11.2] 가시광, 적외선, 무선통신 기술의 비교

구분	무선통신 (RF)	적외선 (IR)	가시광통신 (VLC)
대역폭	규제/제한적	제한없음 (800–1600nm)	제한없음 (400–700nm)
전자파 간섭	있음	없음	없음
송수신간 가시선	무관	필요함	필요함
통신거리	장단거리, 실외가능	장단거리, 실외가능	단거리, 실내
통신보안	떨어짐	좋음	좋음
표준안	완전함	실내(IrDa), 실외 진행중	IEEE 802.15.7 (2011년)
서비스	통신	통신	조명+통신
잡음원	모든 전기 또는 전자기기	태양+주변 빛	태양+주변 빛
소비전력	보통	저 전력	저 전력
이동성	매우 좋음	제한적	제한적
통신반경	매우 넓음	제한적	제한적

11.3.2 시스템 구성

[그림 11.8]은 가시광 통신 링크의 블록 다이어그램을 보여준다. 기존의 조명등에서 정확한 디밍(dimming)은 극복해야할 과제로 회자되었지만, LED에서는 디밍 수준을 정교하게 제어하는 것이 비교적 쉬운데 이것은 온오프 스위칭에 대한 응답시간

이 수 십 나노초 (ns) 이하로 짧기 때문이다. 상대적으로 높은 주파수에서 구동전류를 변조함으로서 사람의 눈이 인지할 수 없을 정도의 스위칭 속도로 온오프 제어되므로 가능하다. 그러므로 LED로부터 방출되는 빛은 반복적인 고주파로 낮은 평균 전력 펄스 흐름의 형태이다. 평균 광속은 디밍 신호의 폭에 선형적으로 비례한다. 응용범위와 안전요구 사항에 따라 송신기는 LED 또는 반도체 레이저가 될 수 있다. 조명을 이용한 가시광 통신에서는 LED가 선호되어진다. 실내조명용으로 사무실이나 가정에서는 200–1000 룩스 (lux)의 조도가 요구된다. 조명용 LED는 백색광으로서 적색(~625 nm), 녹색(~525 nm), 청색(~470 nm)의 삼원색 LED 칩을 결합하여 백색을 발생시킨다. 이 소자는 파장분할 다중화의 가능성을 제공하므로 가시광 통신에서 주목하고 있다. 또 다른 백색광은 청색 LED에 황색 형광물질을 첨가하여 제작한다. 형광물질은 청색 LED에서 발생된 단파장의 일부를 흡수하고 황색보다 장파장으로 천이된 빛을 방출한다. 적색 천이 발광 빛은 형광물질에 흡수되지 않고 방출된 청색 빛과 가산적으로 혼합되어 백색을 만들게 된다. 현재는 청색 LED에 황색 형광물질을 첨가한 소자가 가격경쟁력이 있으므로 선호되어지고 있다. 그러나 형광물질로 인하여 변조 대역폭이 수 MHz로 제한되는 문제가 있다.

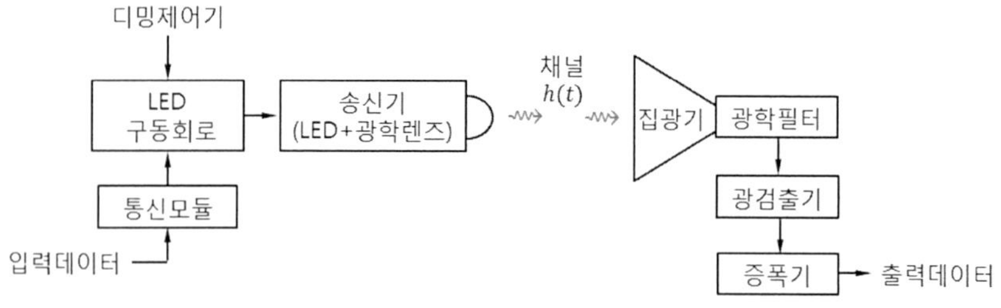

[그림 11.8] 가시광 통신 시스템의 개략도

11.3.3 가시광 통신 시스템 모델링

LED의 밝기를 나타내기 위하여 광도 (luminous intensity)를 사용한다. 전송된 광 전력은 LED로부터 방출된 총 에너지를 의미한다. 그러므로 광도는 입체각 당 광속이며 식 (11–17)로 주어진다.

$$I = \frac{d\Phi}{d\Omega} \tag{11-17}$$

여기서 Φ는 광속이며 Ω는 공간각도이다. 광속은 식 (11-18)으로 계산되어진다.

$$\Phi = K_m \int_{380}^{780} V(\lambda)\Phi_e(\lambda)\,d\lambda \tag{11-18}$$

여기서 Φ_e는 에너지 플럭스, $V(\lambda)$는 표준 광도곡선, K_m은 최대 시계이다. 555 nm에서 최대 시계는 약 683 lm/W이다. 전송된 광 전력 P_t는 식 (11-19)로 주어진다.

$$P_t = K_m \int_{\lambda_{\min}}^{\lambda_{\max}} \int_0^{2\pi} \Phi_e\,d\theta\,d\lambda \tag{11-19}$$

여기서 $\lambda_{\min}$과 $\lambda_{\max}$는 광 검출기의 민감도 곡선에 의해 결정된다.

조도는 빛이 조사된 표면의 밝기로 나타낸다. 광축 상에 있는 한 개의 LED 광도를 $I(0)$라하고 람베르트 분포라고 가정한다면 광 분포를 예측할 수 있다. 방사강도는 조사 각도 ϕ에 의존하므로 조도는 ϕ의 함수가 된다.

$$I(\phi) = I(0)\cos^m(\phi) \tag{11-20}$$

여기서 m은 광원의 지향성을 나타내는 람베르트 모드수로 식 (11-11)과 같다.

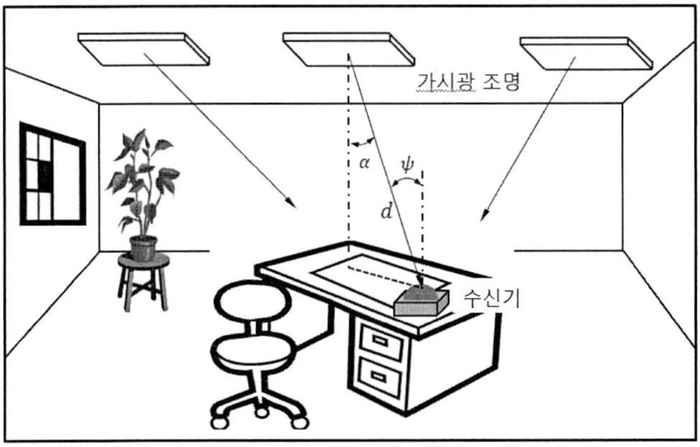

[그림 11.9] 가시광 LED의 조도

[그림 11.9]와 같이 여러 개의 LED 조명을 고려하거나 배열된 LED일 경우 각각의 단일 LED는 점광원으로 보인다. 책상위의 특정 위치를 (x, y) 좌표로 나타낼 때 이 지점에서 다중 LED에 의한 수평조도는 식 (11-21)로 계산된다.

$$I_{hor} = \sum_{i}^{LEDs} \frac{I(0)\cos^{m}(\phi_i)\cos(\psi_i)}{d_i^2} \qquad (11\text{-}21)$$

여기서 ϕ_i는 i 번째 LED의 방사각, ψ_i는 i 번째 LED에 의한 수신기 입사각이다. d_i는 i 번째 LED와 수신기간 거리이다.

또한 광 링크에서 수신기의 수신 전력은 복수개의 LED를 고려하여 식 (11-22)로 주어진다.

$$P_r = \sum_{i}^{LEDs} P_{ti} H_i(0) \qquad (11\text{-}22)$$

여기서 P_{ti}는 i 번째 LED의 광 출력 전력이며 $H_i(0)$는 i 번째 LED에 의한 수신기의 DC 이득이다.

다수의 분산된 광원으로 LED 배열을 고려하는 것이 좀 더 현실적인 해석이 된다. 대부분의 실내에는 충분한 조도를 확보하기 위하여 다수개의 조명을 사용하고 있으며, 이는 또한 공간적 다양성을 제공하여 조명이 차단되는 현상을 방지할 수 있다. 그러나 확산형 광 무선통신 관점에서는 다중경로에 위한 심벌 간 간섭으로 고속 데이터 통신에 한계가 있다. 이러한 문제를 해결하기 위한 몇 가지 선택조건이 주어질 수 있다. 광원의 배치를 변경하거나 수신기의 시야각을 줄이는 것 또는 다중화 기법 적용뿐만 아니라 적응형 코딩과 등화기술 등이 예가 될 수 있다.

[그림 11.10]과 같이 100 개의 LED가 정방형으로 배열된 조명 4개가 $5 \times 5\,m^2$

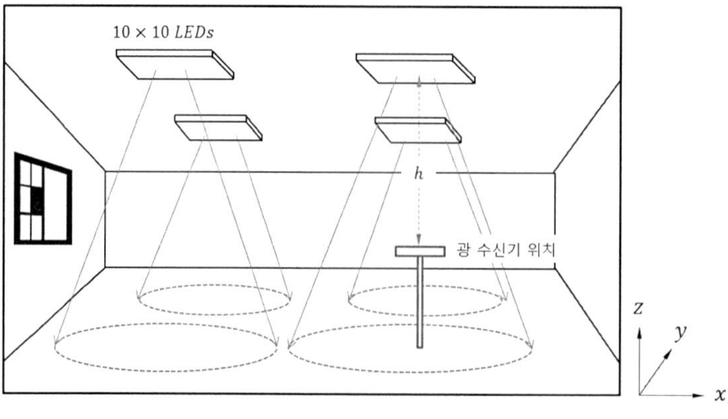

[그림 11.10] 다중 LED 조명이 설치된 실내 공간 개략도

크기의 천장에 설치되어 있다고 가정하자. 각 LED의 광 전력은 500 mW이고 수신기는 바닥으로부터 0.85 m에 위치해 있다. LED 조명의 좌표는 [그림 11.11]과 같다. 각각의 조명은 인접한 2 개의 벽면에서 각각 1.25 m 씩 떨어진 곳에 설치되었다고 가정하였다. 100개의 LED가 배열되어 만들어진 한 개의 조명을 단일광원으로 가정하였고 이를 총 광 전력으로 나타내었다. 식 (11-15)와 식 (11-22)를 이용하여 조도분포와 수신단의 광 전력분포를 구하는 시뮬레이션을 위한 MATLAB 코드를 작성하였다. 해석을 위해 사용한 매개변수와 해당 값들은 [표 11.3]에서 보여준다.

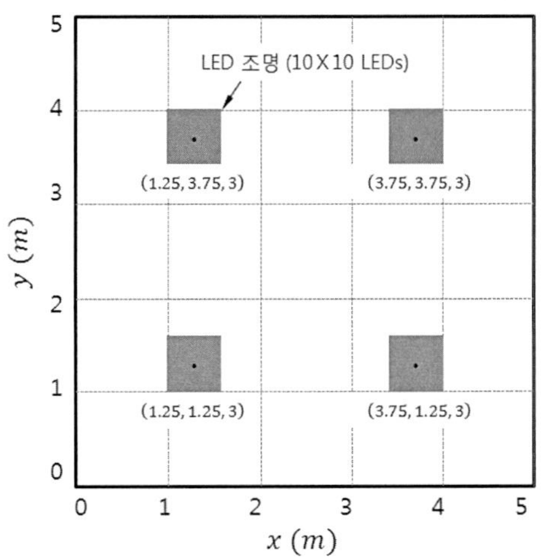

[그림 11.11] 조도분포와 광 전력분포를 계산하기 위한 모델

[표 11.3] 조도분포와 광 전력 분포를 계산하기 위한 매개변수와 해당 값

구분	매개변수	사용값
실내	방의 크기	$5\times5\times3\ m^3$
조명	4개 LED 조명 좌표	[그림 11.11] 참조
	반치전력 폭의 절반각도	70°, 20°
	LED 1개당 송신전력	500 mW
	조명당 LED 개수	10×10=100
수신	수신기 위치	바닥에서 0.85 m
	활성영역	$1\ cm^2$
	시야각의 절반각도	60°

% 조도분포와 수신단의 광 전력분포를 계산하는 MATLAB 코드

```
P_LED=500;
nLED=10;
P_total=nLED*nLED*P_LED;
theta=20;
m=-log10(2)/log10(cosd(theta));
Ar=1e-4;
Ts=1;
index=1.5;
FOV=60;
G_con=(index^2)/(sind(FOV).^2);
lx=5; ly=5; lz=3;
h=2.15;
[Xm,Ym]=meshgrid([-lx/4 lx/4], [-ly/4 ly/4]);
Nx=lx*5; Ny=ly*5;
x=linspace(-lx/2, lx/2, Nx);
y=linspace(-ly/2, ly/2, Ny);
[XR,YR]=meshgrid(x,y);
D1=sqrt((XR-Xm(1,1)).^2+(YR-Ym(1,1)).^2+h^2);
cosphi_1=h./D1;
receiver_angle=acosd(cosphi_1);
H_1=(m+1)*Ar.*cosphi_1.^(m+1)./(2*pi.*D1.^2);
H_2=fliplr(H_1);
H_3=flipud(H_1);
H_4=fliplr(H_3);
P_rec_1=P_total.*H_1.*Ts.*G_con;
P_rec_1(abs(receiver_angle)>FOV)=0;
P_rec_2=fliplr(P_rec_1);
P_rec_3=flipud(P_rec_1);
P_rec_4=fliplr(P_rec_3);
P_rec_total=P_rec_1+P_rec_2+P_rec_3+P_rec_4;
P_rec_dBm=10*log10(P_rec_total);
%meshc(x,y,P_rec_dBm);
 H_total=(H_A1+H_A2+H_A3+H_A4)*100000000;
 meshc(x,y,H_total);
xlabel('X (m)');
ylabel('Y (m)');
zlabel('Illuminance (lx)');
%zlabel('Received Power (dBm)');
```

[그림 11.12]는 4 개의 LED 조명에 의한 계산된 조도분포를 보여준다. 여기서 벽면에 의한 반사광은 고려되지 않았다. [그림 11.12] (a)에서 조명의 반치전력 폭 절반각 (Semi-angle of Full Width Half Maximum)이 70° 일 때는 320-900 럭스(lux)의 조도 분포를 보이고 있다. 4개의 조명이 겹치는 중앙부위를 비롯하여 조명이 있는 위치에는 900 럭스 부근이지만 벽면 방향으로 갈수록 조도가 급격히 떨어짐을 알 수 있다. [그림 11.12] (b)는 반치전력 폭의 절반 각이 20° 일 때 조도분포이다. 조명의 조사 각이 작기 때문에 조명 아래 부분에 조도가 집중된다. 따라서 조도분포가 균일하지 못하고 450-4,000 럭스까지 큰 차이를 보인다.

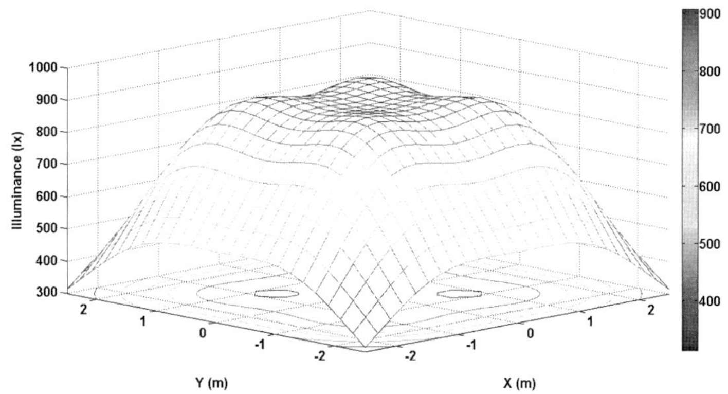

(a)

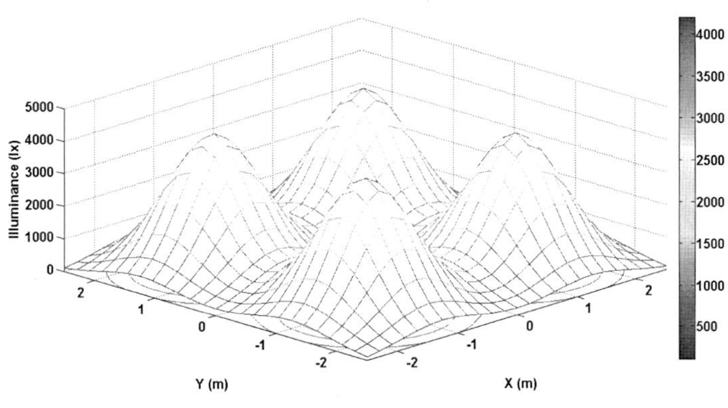

(b)

[그림 11.12] LED 조명의 조도분포. 반치전력 폭의 절반각도= (a) 70°, (b) 20°

[그림 11.13]은 통상적으로 책상의 높이가 0.85 m라 두고 수신광 전력의 분포를 계산한 결과이다. 조명의 반치전력 폭 절반각이 70°일 경우 [그림 11.13] (a)에서 최대 광 전력은 1.5 dBm, 최소 광 전력은 -4.5 dBm이다. 벽면이 있는 구석진 곳을 제외하면 -1 dBm 이상의 고른 전력분포를 보인다. [그림 11.13] (b)는 반치전력 폭 절반각이 20° 일 경우의 광 전력 분포이다. 조명의 좁은 조사각으로 인하여 광 전력 분포가 균일하지 못하고 위치에 따라 다소간의 편차를 보인다. 최대 광 전력은 6.5 dBm, 최소 광 전력은 -6.5 dBm으로 최대 13 dBm의 차이를 보인다. 국부적으로 높은 신호 대 잡음비를 얻을 수 있는 영역이 있지만 다른 영역은 음영이 될 수 있다.

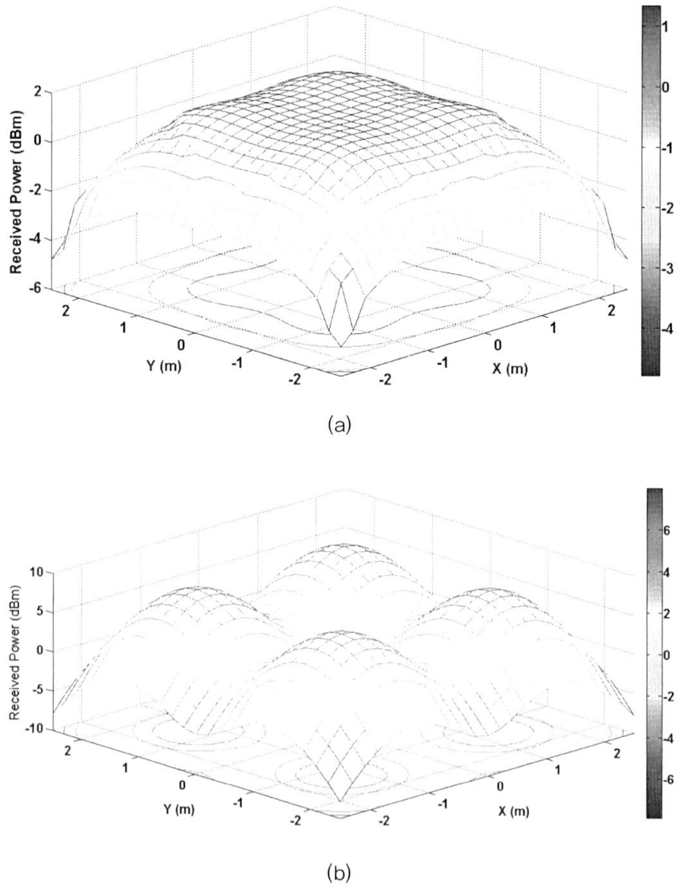

[그림 11.13] 광 수신기의 광 전력분포. 반치전력 폭의 절반각도= (a) 70°, (b) 20°

11.4 가시광 디지털 변조

11.4.1 온-오프 키잉 (On-Off Keying: OOK)

온-오프키잉(on-off keying: OOK)는 우선 보기에도 간단하기 때문에 광통신에 있어서 강도변조/직접검출 (Intensity modulation/Direct detection: IM/DD)을 위해 가장 잘 알려진 기술이다. 비트 "1"은 주어진 비트의 지속시간동안 일부분 또는 전체를 광 펄스가 차지하는 것으로 나타내고 비트 '0"은 광 펄스가 없는 것으로 나타낸다. 이것은 RZ와 NRZ 변조에 적용할 수 있다.

[그림 11.14]는 평균 송신전력 P_{avg}에 대한 OOK-NRZ와 OOK-RZ를 보여준다. 여기서 T_b 비트 지속시간이다. OOK는 단순성 때문에 4 Mbps 이하의 IrDA 또는 Fast IR 링크의 상용 광무선 시스템에 사용되고 있다. 576 kbps와 1.152 Mbps의 데이터 율에 대해서는 통상적으로 펄스지속시간이 비트지속시간의 1/4이 된다.

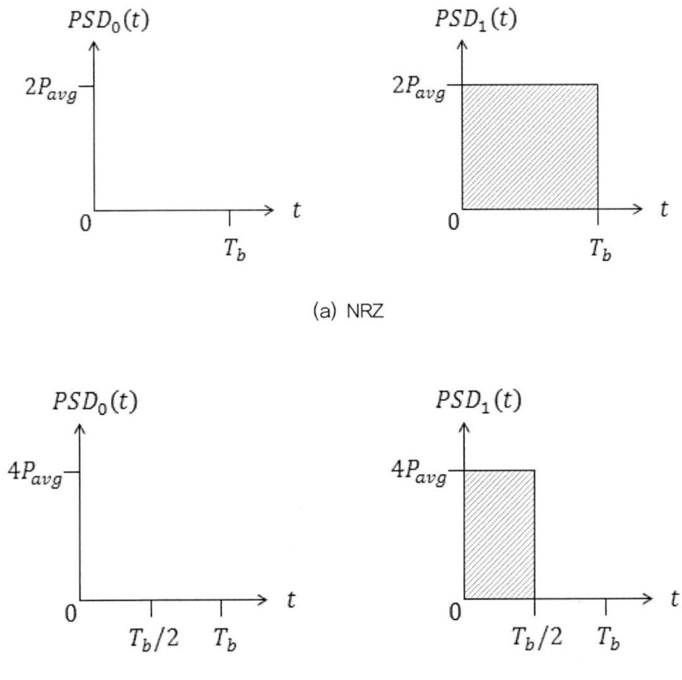

[그림 11.14] OOK 변조로 전송된 신호의 파형. (a) , (b)

비트 0과 비트 1이 서로 독립적이고 동일하게 분포한다고 가정하면 OOK-NRZ의 전력 스펙트럼 밀도 (Power spectral density: PSD)는 식 (11-23)으로 듀티비가 50 %일 경우 OOK-RZ의 전력 스펙트럼 밀도는 식 (11-24)로 주어진다.

$$PSD_{OOK-NRZ}(f)=(P_r R)^2\, T_b\left(\frac{\sin\pi f T_b}{\pi f T_b}\right)^2\left[1+\frac{1}{T_b}\delta(f)\right] \tag{11-23}$$

$$PSD_{OOK-RZ}(f)=(P_r R)^2\, T_b\left(\frac{\sin\pi f T_b/2}{\pi f T_b/2}\right)^2\left[1+\frac{1}{T_b}\sum_{n=-\infty}^{\infty}\delta\left(f-\frac{n}{T_b}\right)\right] \tag{11-24}$$

여기서 $\delta(\ )$는 디랙-델타함수 (Dirac delta function)이다.

% MatLAB codes

```
p_avg=1;
R=1;
Rb=1;  % Bit rate
Tb=1/Rb;
df=Rb/100;
f=0:df:5*Rb;

x_NRZ=f*Tb;
temp_NRZ=(sinc(x_NRZ)).^2;
a_NRZ=2*R*p_avg;
p_NRZ=(a_NRZ.^2*Tb).*temp_NRZ;
p_NRZ=p_NRZ/((a_NRZ^2)*Tb);

x_RZ=f*Tb/2;
temp_RZ=(sinc(x_RZ)).^2;
a_RZ=R*p_avg;
p_RZ=(a_RZ^2*Tb).*temp_RZ;
p_RZ=p_RZ/((a_RZ.^2)*Tb);

plot(f/Rb, p_NRZ, 'b--',f/Rb, p_RZ, 'r' );
```

[그림 11.15]는 OOK-NRZ와 OOK-RZ (듀티비 50%)에 대한 전력 스펙트럼 밀도를 비교한 그래프이다. 전력 축은 비트 지속시간으로 나눈 평균전력으로 정규화 되었고 주파수 축은 비트 율에 의해 정규화 되었다. 베이스밴드 변조 기법에서 요구되

는 대역폭은 전송된 신호의 전력 스펙트럼 밀도에 대하여 직류에서부터 첫 번째 널 위치까지 간격으로 정의된다.

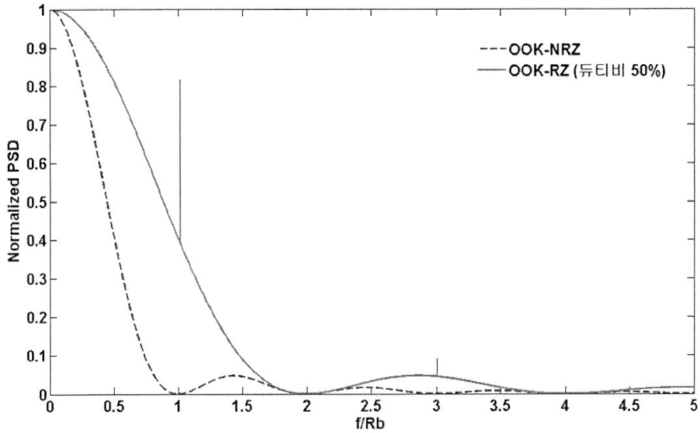

[그림 11.15] OOK-NRZ와 OOK-RZ(듀티비 50%)의 전력 스펙트럼 밀도

예측한 것과 같이 듀티비가 50%인 OOK-RZ의 요구 대역폭은 OOK-NRZ에 비하여 2배이며 이것은 펄스폭이 절반이기 때문이다. 그리고 두 가지 기법 모두 가중치 P_r^2을 포함하는 임펄스 항을 가지고 있다. 특히 OOK-RZ는 데이터 율의 홀수배가 되는 곳에서 임펄스 항을 가진다. $f = BR$ 에서의 임펄스는 수신기에서 클록신호를 회복하기 위하여 사용될 수 있다. OOK-NRZ는 데이터율의 정수배에서 스펙트럼 널 (spectral null)을 가진다. OOK-NRZ와 OOK-RZ는 직류와 저 주파수에서 상당한 전력을 가지고 있다. 이 특징은 전기적 고역통과 필터는 인공조명과 같은 주변 빛에 의해서 발생하는 간섭을 효과적으로 억제할 수 없음을 의미한다. OOK-NRZ는 2의 전력효율과 1의 대역폭 효율을 가진다. OOK-RZ는 OOK-NRZ와 동일한 전력효율을 보이지만 대역폭 효율은 듀티비에 따라 달라진다. 듀티비 $\gamma = 1/4$ 이면 대역폭 효율은 0.25이다.

11.4.2 펄스위치변조(pulse position modulation: PPM)

대역폭 요구조건이 주요 관심사항이 아닌 가시선 광무선 통신에서는 매우 우수한 전력 효율을 보이는 PPM이 실제 응용 측면에서는 가장 매력적인 선택으로 여겨진다. PPM은 직교 변조 기법으로 펄스 변조군의 한 종류이며 OOK에 비하여 전력 효율이 개선되었다. 그러나 대역폭이 증가하고 복잡도가 높아지는 비용을 지불해야 한다.

[그림 11.16]은 OOK와 4-PPM의 전송신호 파형을 비교한 것이다. 여기서 L-PPM은 L개의 시간 슬롯 중에 1개에 펄스를 배치하는 것으로 $L = 2^M$ 이다. $M > 0$ 인 정수로 비트 해상도를 나타낸다. OOK-NRZ에서 $M = 2$ 비트이므로 PPM은 4 슬롯으로 하나의 비트를 표현한다. 그러므로 OOK-NRZ에서 한 비트 시간간격 T_b는 PPM의 슬롯 간격 $T_{s(PPM)}$과 식 (11-25)로 관계된다.

$$T_{s(PPM)} = \frac{T_b M}{L} \tag{11-25}$$

두 전송파형을 비교할 때 PPM을 적용하면 수신기에서 신호를 복조하기 위하여 슬롯 뿐만아니라 심볼의 동기화도 요구되므로 시스템의 복잡도가 증가하는 결과를 낳는다. 그럼에도 불구하고 소비전력효율이 우선 요구되는 레이저 통신뿐만 아니라 광무선 통신 시스템을 위한 변조기술로서 PPM이 가장 광범위하게 사용되고 있다.

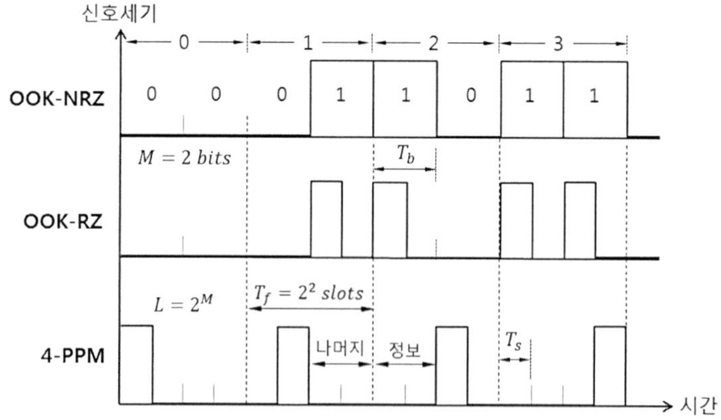

[그림 11.16] OOK와 PPM의 파형 비교

L-PPM의 전송펄스 형태는 식 (11-26)으로 주어진다.

$$x(t)_{PPM} = \begin{cases} 1, & t \in [(m-1)T_{s(PPM)}, mT_{s(PPM)}] \text{에 대하여} \\ 0, & \text{그 외} \end{cases} \tag{11-26}$$

여기서 $m = 1, 2, ..., L$ 이다.

그러므로 일련의 PPM 심벌은 식 (11-27)으로 주어진다.

$$x(t)_{PPM} = LP_r \sum_{k=0}^{L-1} c_k p\left(t - \frac{kT_{symbol}}{L}\right) \tag{11-27}$$

여기서 c_k는 일련의 PPM 심볼이며, $p(t)$는 크기가 1이고 펄스간격이 T_{symbol}/L인 펄스함수이다. T_{symbol}은 심볼간 간격이고 LP_r은 PPM 심볼의 최고치 광 전력이다.

L-PPM의 전력 스펙트럼 밀도는 식 (11-27)로 주어진다.

$$PSD_{PPM}(f) = |P(f)|^2 \left[PSD_{c(PPM)}(f) + PSD_{d(PPM)}(f)\right] \tag{11-28}$$

여기서 $P(f)$는 펄스파형의 푸리에 변환이고 $PSD_{c(PPM)}$과 $PSD_{d(PPM)}$은 각각 연속적 성분과 이산적 성분을 나타내며 다음과 같다.

$$PSD_{c(PPM)} = \frac{1}{T_{symbol}} \left[\left(1 - \frac{1}{L}\right) + \frac{2}{L} \sum_{k=1}^{L-1} \left(\frac{k}{L} - 1\right) \cos\left(\frac{k2\pi f T_{symbol}}{L}\right)\right] \tag{11-29}$$

$$PSD_{d(PPM)}(f) = \frac{2\pi}{T_{symbol}^2} \sum_{k=-\infty}^{\infty} \delta\left(f - \frac{kL}{T_{symbol}}\right) \tag{11-30}$$

[그림 11.17]은 L이 4, 8, 16일 때 PPM의 전력스펙트럼을 비교한 그래프이다. OOK와는 다르게 PPM의 전력스펙트럼은 모든 L에 대하여 직류 ($f = 0$)에서 영으로 떨어지지 않는다. 이러한 현상은 직류상에서 기준을 벗어나는 저항의 증가를 가져옴으로서 인공조명에 의한 간섭을 해소하기 위하여 고역통과를 적용할 때 더 높은 차단 주파수를 사용하는 것이 허용된다. 세 가지 L에 대하여 전력이 영으로 떨어지는 첫 번째 위치를 비교해 보면 L이 클수록 요구 대역폭이 증가함을 알 수 있다. 또한 곡선 아래 면적을 비교함으로 L이 증가함에 따라 검출된 전력도 증가함을 알 수 있다.

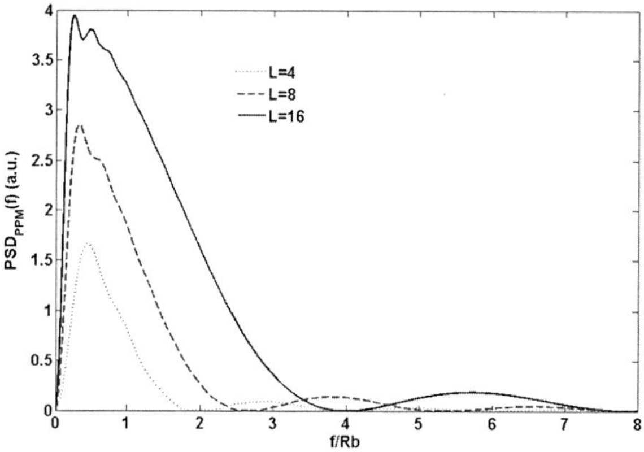

[그림 11.17] L-PPM의 전력 스펙트럼 밀도

참고문헌

1. G. P. Agrawal, Fiber-optic communication systems, 4th ed., Wiley, 2010
2. G. Keiser, Optical fiber communications, 4th ed., McGraw-Hill, 2010
3. S. V. Kartalopoulos, Introduction to DWDM technology, IEEE press, 2000
4. C. R. Pollock, Fundamentals of optoelectronics, Irwin, 1995
5. G. Einarsson, Principles of lightwave communications, Wiley, 1996
6. H. J. R. Dutton, Understanding optical communications, Prentice Hall, 1998
7. J. M. Senior, Optical fiber communications-principle and practice, 3nd ed., Prentice Hall, 2009
8. D. K. Mynbaev and L. L. Scheiner, Fiber-optic communications technology, Prentice Hall, 2001
9. J. C. Palais, Fiber optic communications, 5th ed., Prentice Hall, 2005
10. S. O. Kasap, Optoelectronics and photonics-principle and practices, Prentice Hall, 2001
11. J. Hecht, Understanding fiber optics, 3rd ed, Prentice Hall, 1999
12. D. Derickson, Fiber optic test and measurement, Prentice Hall, 1998
13. OptiSystem 6.0 tutorials, Optiwave, 2007
14. B. G. Streetman, S. K. Banerjee, Solid state electronic devices, 6th ed., Prentice Hall, 2006
15. A. Gilat, MATLAB-an introduction with applications, Wiley, 2008
16. Z. Ghassemlooy, W. Popoola, and S. Rajbhandari, Optical wireless communications, CRC Press, 2013.
17. M. R. Feldman, Appl. Opt. 27, 1742, 1988
18. K. Suematsu, et al, 古河電工時報, 111, 50, 2003.
19. www.nikkeibp.co.jp
20. J. W. Goodman et al. Proc. IEEE 72, 850, 1984
21. S.Claudine, Proc. SPIE 1389, 600, 1990
22. http://www.omron.co.jp

23. A. L. Glebov, C. J. Uchibori, and M. G. Lee, IEEE Photon Tech, Lett., 19, 547, 2007
24. Sioda, Board level optical interconnection, Kougyoutyousakai, 2007
25. K. yukimatsu, Optical switching and Optical interconnection, kouritsusyuppan, 1998.
26. 광인터커넥션 보급을 향해 제언, 일렉트로닉스실장학회, 2008.
27. 김응수, 한국대학정보화협의회, 뉴스레터 29호, 2010.2

[연습문제 정답]

1장

1.1 채널용량 $C = 16.7\,Mbps$

1.2 AD 사이의 전력비=0 dB

1.3 $100\,mW \rightarrow 20\,dBm$

1.4 $-3\,dB$

1.5 $0.2\,\mu s$

1.6 $P_{out(dBm)} = -30\,dBm$

$P_{out} \simeq 1\,\mu W$

1.7 $C \simeq 11.7\,Mbps$

2장

2.1 $v_p = 2.073 \times 10^8\,m/s$

$v_g = 2.052\,m/s$

2.2 $\theta_c = 60.07^\circ$

2.3 m=1

2.4 $\theta_B = 41.88^\circ$

2.5 $r = 0.13$

$S_R = 0.016\,S_i$ (입사광의 1.6%)

2.6 (1) $\theta_c = s80.63^\circ$

(2) $\delta_p = 1.52\,\mu m$

(3) $\Delta z \approx 35\,\mu m$

(4) $\delta_{TE} = 83^\circ$, $\delta_{TM} = 166.64^\circ$

3장

3.1 $\phi_a = 30^\circ$

3.2 (1) $n_2 = 1.47$

(2) $M_{1300\mu m} = 88$

$M_{1550\mu m} = 62$

(3) $\phi_a = 29.6^\circ$

3.3 (1) $V_{1300\mu m} = 13.29$

$V_{1550\mu m} = 11.14$

$1nW \rightarrow -60\,dBm$

3.4 $d < 5.44\mu m$

3.5 $d \simeq 61.5\,\mu m$

3.6 (1) 단일모드가 아니다.

(2) $d \leq 9.87\,\mu m$

(3) $\lambda_c = 1.57\,\mu m$

3.7 $R_{mc} = 13\,\mu m$

3.8 $R_{sc} = 39\,mm$

4장

4.1 $E_p(380nm) = 5.23 \times 10^{-19}\,J$

$E_p(980nm) = 2.03 \times 10^{-19}\,J$

4.2 $N = 4.27 \times 10^{18}$

4.3 $\lambda(nm)_{GaN} \simeq 365\,nm$

$\lambda(nm)_{AlAs} \simeq 574\,nm$

4.4 $P_{int} \simeq 133\,mW$

4.5 $\eta_{ext} = 0.016$

$P_{ext} \simeq 2\,mW$

4.6 $P_{ext} = 3.1\,mW$

4.7 $E_g = 0.92\,eV$

$\lambda(nm) = 1348\,nm$

5장

5.1 0.04%

5.2 $g_{th} = 42.6/cm$

5.3 $\delta f = 85.7\ GHz$

$m = 8333$

5.4 $m = 4000$

$\sigma = 0.849\ nm$

5.5 $\frac{d\lambda_m}{dT} \equiv 0.03\,nm/K$

5.6 $Al_{0.32}Ga_{0.68}As$

6장

6.1 $\lambda_{cutoff}(Si) = 1.128\,\mu m$

$\lambda_{cutoff}(Ge) = 1.852\,\mu m$

6.2 $R \simeq 0.99\,A/W$

6.3 $I_p = 2.25\,\mu A$

6.4 (1) $\lambda = 1.3\,\mu m$

(2) $P_o \simeq 14\,\mu W$

6.5 $R = 7.25 \times 10^5\,\lambda$

6.6 $M = 59$

6.7 $BW \simeq 424 MHz$

7장

7.1 $C = 75\ Gbps$

BL곱$= 3.75\ Tbps \cdot km$

7.2 $L_c \simeq 0.65\,mm$

7.3 (1) 51.6 %

(2) 0.32 dB

(3) 통과전력 삽입손실$= 3.47\,dB$

결합전력 삽입손실 $= 3.12\,dB$

(4) -47 dB

7.4 $\lambda_B = 1534\,nm$

8장

8.1 $P_{c,step} = 0.326\,mW$

8.2 $P_{c,step} = 0.326\,mW$

8.3 $\Delta Loss(dB) = 10\,dB$

8.4 (1) $\Delta t_{MMF} = 24.18\,ns/km$

(2) $B \times L = 8.3\,MHz\,km$

찾아보기

저자 소개

손경락

경북대학교 전자공학과에서 학사학위를 받았으며 동대학원에서 석사/박사학위를 취득하였고, 현재 국립 한국해양대학교에서 전자통신공학과 교수로 재직 중이다.
주 관심분야는 광통신시스템, 광섬유센서, 가시광통신, 수중통신, 센서네트워크 등이다.

김응수

경북대학교 전자공학과에서 학사학위를 받았으며 동대학원에서 석사와 일본 게이오 대학에서 박사학위를 취득하였고, 현재 부산외국어대학교 디지털미디어학부 교수로 재직 중이다. 주 관심분야는 도파로 광소자, 광센서 및 바이오센서, 폴리머광섬유, 가시광통신, 비선형광학, 광인터커넥션 등이다.

본 교재는 교육부의 산학협력 선도대학(LINC) 육성사업비를 받아 집필한 것입니다.

한국해양대학교 LINC 사업단

정가 19,000원

기초입문 광통신공학

2014년 1월 10일 초판 인쇄
2014년 1월 20일 초판 발행
저 자 : 손경락 · 김응수
발행자 : 우명찬 · 송 준
발행처 : 홍릉과학출판사
주 소 : 서울시 강북구 인수동 455-60
142-885
등 록 : 1976년 10월 21일 제5-66호
전 화 : (02) 999-2274~5, 903-7037
팩 스 : (02) 905-6729
e-mail: hongpub@hongpub.co.kr
http://www.hongpub.co.kr
ISBN: 979-11-5600-015-0

저자와의 협의하에 인지생략